面向高等职业院校基于工作过程项目式系列教材

企业级卓越人才培养解决方案规划教材

U0176885

大数据应用开发案例实践教程

（第2版）

天津滨海迅腾科技集团有限公司　编著

天津大学出版社

TIANJIN UNIVERSITY PRESS

图书在版编目（ＣＩＰ）数据

大数据应用开发案例实践教程（第2版）/ 天津滨海迅腾科技集团有限公司编著. — 天津 : 天津大学出版社, 2021.1（2024.7重印）

面向高等职业院校基于工作过程项目式系列教材　企业级卓越人才培养解决方案规划教材

ISBN 978-7-5618-6852-2

Ⅰ.①大… Ⅱ.①天… Ⅲ.①数据处理－高等职业教育－教材 Ⅳ.①TP274

中国版本图书馆CIP数据核字(2020)第267444号

DASHUJU YINGYONG KAIFA ANLI SHIJIAN JIAOCHENG

出版发行	天津大学出版社	
地　　址	天津市卫津路92号天津大学内（邮编：300072）	
电　　话	发行部：022—27403647	
网　　址	www.tjupress.com.cn	
印　　刷	廊坊市海涛印刷有限公司	
经　　销	全国各地新华书店	
开　　本	787mm×1092mm　1/16	
印　　张	17.25	
字　　数	437千	
版　　次	2021年1月第1版　2024年7月第2版	
印　　次	2024年7月第2次	
定　　价	69.00元	

面向高等职业院校基于工作过程项目式系列教材
企业级卓越人才培养解决方案规划教材
指导专家

基于工作过程项目式教程
《大数据应用开发案例实践教程》

主　编： 王新强　侯庆志

副主编： 王永乐　刘晓丹　文　月
　　　　　丁　辉　种子儒

前　言

大数据时代的来临在引领无数技术变革的同时也在悄无声息地改变着各行各业。随着大数据技术的发展和传统技术的革新,现在医疗、交通、金融、电商等多个行业已经在使用大数据技术对疾病预防、出行规划、股票预测、行为分析等方面的海量数据进行处理。

本书以不同类型数据的处理、分析为主线进行讲解,包含离线数据分析、实时数据分析和推荐系统制作等知识。全书知识点的讲解由浅入深,使每一位读者都能有所收获,也保证了整本书的知识深度。

本书包含 3 个单元,即基于离线数据的处理与分析、基于实时数据的处理与分析、基于用户数据构建推荐系统。每个单元由不同的任务组成,单元 1 包括 HBase 冠字号查询系统、Hive 航空公司客户价值数据预处理与分析、Pig 股票交易数据处理;单元 2 包括 Apache Flink 热门商品统计、ELK 日志实时分析、Structured Streaming 职位需求信息实时统计,单元 3 则对 Spark MLlib 歌手推荐系统进行讲解。

本书内容详细、条理清晰,每个任务都通过学习目标、学习路径、任务描述、任务技能、任务实施、任务总结、英语角和任务习题 8 个模块进行相应知识的讲解。其中,学习目标和学习路径模块对本任务包含的知识点进行简述,任务实施模块对本任务中的案例进行步骤化的讲解,任务总结模块作为最后陈述,对使用的技术和注意事项进行总结,英语角模块解释本任务中专业术语的含义,使读者全面掌握所讲内容。

本书由王新强、侯庆志担任主编,王永乐、刘晓丹、文月、丁辉、种子儒担任副主编。任务 1-1 由王新强负责编写,任务 1-2 由侯庆志负责编写,任务 1-3 由王永乐负责编写,任务 2-1 由刘晓丹负责编写,任务 2-2 由文月负责编写,任务 2-3 由丁辉负责编写,任务 3-1 由种子儒负责编写。

本书理论简明、扼要;实例操作讲解细致,步骤清晰,实现了理实结合,操作步骤后有对应的结果图,便于读者直观、清晰地看到操作结果,牢记书中的操作步骤。希望本书使读者对 Hadoop 知识的学习过程更加顺利。

天津滨海迅腾科技集团有限公司

2020 年 11 月

目　录

单元 1　基于离线数据的处理与分析

单元 2　基于实时数据的处理与分析

单元 3　基于用户数据构建推荐系统

单元 1 基于离线数据的处理与分析

任务 1-1——HBase 冠字号查询系统

通过冠字号查询的实现,了解 HBase 的相关知识,熟悉 HBase 指令和 HBase 过滤器的使用,掌握 HBase 数据导入与备份、HBase 性能优化等操作,具有使用 HBase 知识实现冠字号查询的能力,在任务实施过程中:

● 了解 HBase 的相关知识;

● 熟悉 HBase 指令和 HBase 过滤器的使用;

● 掌握 HBase 数据导入与备份、HBase 性能优化等操作;

● 具有使用 HBase 知识实现冠字号查询的能力。

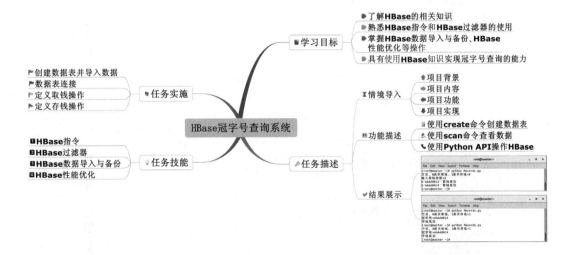

【情境导入】

目前对钞票进行识别,一般采用看、摸、听、测四种方式,但并不是很准确,可以建设冠字号查询系统进行识别,以冠字号查询为手段,有效解决银行对外误付假币的问题,从源头解决伪钞问题。本系统采用的方案是基于冠字号的,每张人民币的冠字号是唯一的,如果有一个大表把所有的人民币及其对应的操作(在什么时间、什么地点存入或取出)记录下来,在进行存取时就可以根据冠字号进行查询,看此冠字号对应的纸币在大表中保存的情况,这样就可以确定此冠字号对应的纸币是否为伪钞。本任务通过对 HBase 相关知识的学习,最终实现冠字号的查询。

【功能描述】

● 使用 create 命令创建数据表;
● 使用 scan 命令查看数据;
● 使用 Python API 操作 HBase。

【结果展示】

通过对本任务的学习,能够使用 HBase 的相关知识实现冠字号的查询,结果如图 1-1-1 和图 1-1-2 所示。

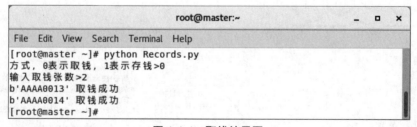

图 1-1-1　取钱结果图

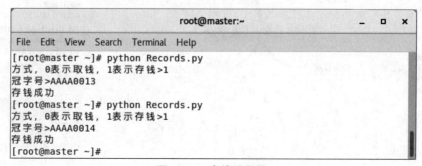

图 1-1-2　存钱结果图

技能点 1　HBase 指令

　　HBase 指令指能够在 HBase Shell 中操作 HBase、HBase 数据表和表中数据的相关命令,根据操作对象的不同,可以将这些命令分为数据定义指令、数据操作指令、HBase 管理指令等。

1. 数据定义指令

　　数据定义指令主要用于 HBase 数据表的相关操作,包括表的创建、查询、修改、删除等,常用数据定义指令见表 1-1-1。

表 1-1-1　常用数据定义指令

指令	描述
create	创建表
list	查看 HBase 中所有表
describe	查看表的相关信息
alter	修改列族信息
disable	使表无效
enable	使表有效
is_enabled	判断表是否有效
drop	删除表
exists	判断表是否存在

　　● create

　　create 命令主要用于创建数据表。该命令可以接收两个参数,第一个参数为数据表名称,第二个参数为列族名称。列族名称可以是一个也可以是多个,名称之间以逗号“,”连接。语法格式如下。

```
create ' 数据表名称 ',' 列族名称 ',' 列族名称 1',……
```

　　下面使用 create 命令创建一个名为 HTable 的数据库表,该表包含 cf 列族和 df 列族,命令如下。

```
create 'HTable', 'cf', 'df'
```

结果如图 1-1-3 所示。

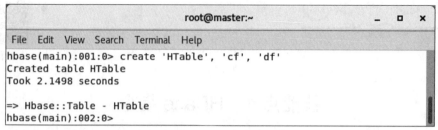

图 1-1-3　表创建

● list、exists

list、exists 是两个查看表是否存在的命令。其中，list 命令会将当前 HBase 中包含的所有数据库表的名称以列表的形式返回，直接使用即可；而 exists 命令则用于判断某个数据库表是否存在，并返回 true（存在）或 false（不存在），在使用时需要指定数据库表名称。

下面使用 list 和 exists 命令分别进行数据库表的查看并判断数据表"HTable"是否存在，命令如下。

```
list
exists 'HTable'
```

结果如图 1-1-4 所示。

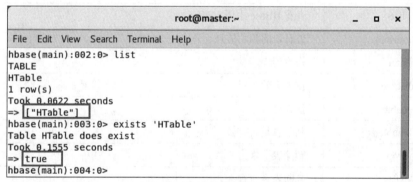

图 1-1-4　表查看

● describe

describe 命令主要用于查看指定表（包含列族及其相关信息），在使用时只需在 describe 后面加上表名称即可，语法格式为"describe ' 表名称 '"。

下面使用 describe 命令查看数据表"HTable"的相关信息，命令如下。

```
describe 'HTable'
```

结果如图 1-1-5 所示。

图 1-1-5 表信息查看

describe 命令返回的信息见表 1-1-2。

表 1-1-2 describe 命令返回的信息

属性	描述
NAME	列族
BLOOMFILTER	过滤器
VERSIONS	数据版本
IN_MEMORY	缓存方式
KEEP_DELETED_CELLS	删除后是否保存数据
DATA_BLOCK_ENCODING	数据块编码方式
TTL	超时时间
COMPRESSION	压缩算法
MIN_VERSIONS	最小存储版本数
BLOCKCACHE	是否使用数据块缓存数据
BLOCKSIZE	HFile 数据块大小
REPLICATION_SCOPE	是否使用 Replication 机制，值为 1 时表示使用

● alter

alter 命令主要用于 HBase 表列族的相关操作,包括列族信息修改、列族添加、列族删除等,根据列族操作的不同,其有不同的使用方式。在修改列族信息时可以使用"属性 => 值"的方式,对于不存在数据的列族会添加相应的数据,对于已存在数据的列族则会对列族中的所有数据进行修改。在修改多个列族信息时,可以使用逗号","连接,语法格式如下。

```
alter ' 表名称 ',{ 属性 => 值 , 属性 1=> 值 1,……}, { 属性 => 值 , 属性 1=> 值
1,……},……
```

列族的添加相对于列族信息的修改比较简单,只需将列族的修改内容替换为需要添加的列族即可,多个列族可以通过逗号","连接,语法格式如下。

```
alter ' 表名称 ',' 列族名称 ',' 列族名称 1',……
```

目前,列族的删除有两种方式:一种是通过属性 NAME 指定列族后将 METHOD 属性设置为 delete 进行列族的删除;另一种是通过 delete 属性指定列族进行删除。需要注意的是,当数据库表中只有一个列族时,不能将其删除。语法格式如下。

```
alter ' 表名称 ',{NAME=>' 列族名称 ',METHOD=>'delete'},{NAME=>' 列族名称
1',METHOD=>'delete'},……
alter ' 表名称 ','delete'=>' 列族名称 ','delete'=>' 列族名称 1',……
```

下面使用 alter 命令分别进行列族信息的修改、列族的添加、列族的删除操作,命令如下。

```
# 修改列族的版本
alter 'HTable',{NAME=>'cf',VERSIONS=>3}
# 添加列族
alter 'HTable','ef'
# 删除列族
alter 'HTable', {NAME => 'df', METHOD => 'delete'}
```

结果如图 1-1-6 所示。

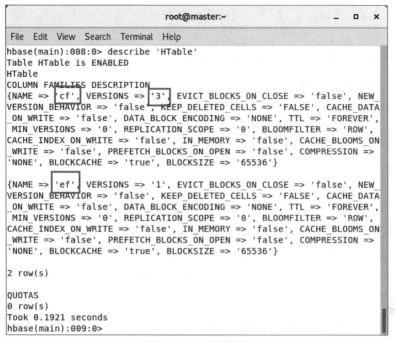

图 1-1-6　列族操作

● disable、enable、is_enabled

disable、enable、is_enabled 是三个用于表状态操作的命令，使用方式相同，只需在命令后加上表名称即可。其中，is_enabled 命令用于查看表的状态，返回值为 true（即表处于启用状态，可以被操作）或 false（即表处于禁用状态，不可以被使用）；disable 命令用于将处于启用状态的表转为禁用状态；enable 命令则跟 disable 命令相反，可以将处于禁用状态的表转为启用状态。

下面分别使用 is_enabled、disable、enable 命令对表的状态进行查询和转换，命令如下。

```
# 查看表的状态
is_enabled 'HTable'
# 禁用表
disable 'HTable'
is_enabled 'HTable'
# 启用表
enable 'HTable'
is_enabled 'HTable'
```

结果如图 1-1-7 所示。

```
root@master:~                    _  □  ✕
File  Edit  View  Search  Terminal  Help
hbase(main):009:0> is_enabled 'HTable'
true
Took 0.0146 seconds
=> true
hbase(main):010:0> disable 'HTable'
Took 0.8735 seconds
hbase(main):011:0> is_enabled 'HTable'
false
Took 0.0115 seconds
=> false
hbase(main):012:0> enable 'HTable'
Took 1.2875 seconds
hbase(main):013:0> is_enabled 'HTable'
true
Took 0.0181 seconds
=> true
hbase(main):014:0>
```

图 1-1-7   表状态查询和转换

● drop

在 HBase 中，drop 命令主要用于进行表的删除，需要注意的是，被删除的表必须处于禁用状态，语法格式如下。

> drop '表名称'

下面使用 drop 命令删除指定的表，命令如下。

> disable 'HTable'
> drop 'HTable'
> list

结果如图 1-1-8 所示。

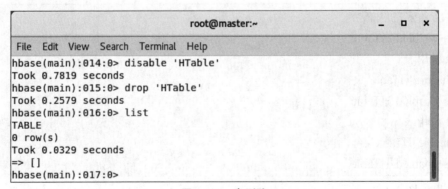

图 1-1-8   表删除

2. 数据操作指令

数据操作指令主要用于 HBase 数据表中数据的相关操作，包括数据的插入、查询、修改、删除等。常用数据操作指令见表 1-1-3。

表 1-1-3　常用数据操作指令

指令	描述
put	向指定的表单元（cell）中添加值
scan	通过对表进行扫描获取对应的值
get	获取行或单元（cell）的值
delete	删除指定对象的值
deleteall	删除指定行所有元素的值
truncate	清空表
count	统计表中的行数
incr	增加指定表行或列的值

● put

put 命令在 HBase 中主要用于实现数据的插入，其接收五个参数：第一个参数为数据表名称；第二个参数为行名称；第三个参数为列族和列名称；第四个参数为列的值；第五个参数为时间戳，如果不设置时间戳，系统会自动插入当前时间作为时间戳。若单元格中已经存在数据，即行名称、列族名称和列名称都存在，在不考虑时间戳的情况下，使用 put 命令会对数据执行更新操作。使用 put 命令的语法格式如下。

put ' 表名称 ',' 行名称 ',' 列族名称 : 列名称 ',' 值 ',' 时间戳 '

下面使用 put 命令向数据表指定列族的指定列中添加数据，命令如下。

```
create 'HTable', 'cf', 'df'
# 向 cf 列族的 id 列中插入数据并设置时间戳为 1
put 'HTable','1','cf:id','1001',1
# 向 cf 列族的 name 列中插入数据
put 'HTable','1','cf:name','zhangsan'
# 向行键为 2 的 cf 列族的 id 列中插入数据
put 'HTable','2','cf:id','1002'
```

结果如图 1-1-9 所示。

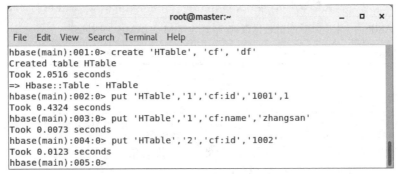

图 1-1-9　数据插入

● scan、get

scan、get 是两个用于查询数据的命令。其中,scan 命令会扫描数据,并将扫描的数据返回;另外,scan 命令可以通过限定词进行数据的条件查询,语法格式如下。

scan ' 表名称 ', { 限定词 =>' 值 ', 限定词 =>' 值 1',……}

需要注意的是,可以不使用限定词,此时会扫描全部数据。

scan 命令包含的常用限定词见表 1-1-4。

表 1-1-4　scan 命令包含的常用限定词

限定词	描述
COLUMNS	按列族和列查询数据,格式为 COLUMNS=>' 列族名称 : 列名称 ',当查询多条时,使用中括号"[]"包含,并使用逗号","连接,格式为 COLUMNS=>[' 列族名称 : 列名称 ',' 列族名称 : 列名称 ',……]
LIMIT	获取数据条数,格式为 LIMIT=> 条数
STARTROW	按行键进行查询, STARTROW 表示起始行键,格式为 STARTROW=>' 起始行键 '
ENDROW	按行键进行查询,ENDROW 表示结束行键,当不指定时,结束行键为末尾,格式为 ENDROW=>' 结束行键 '
TIMERANGE	按时间戳范围进行查询,格式为 TIMERANGE=>[起始时间戳,结束时间戳]

get 命令主要用于表中数据的范围获取,如获取指定行的数据,其接收两个参数,其中第一个参数为表名称,第二个参数为获取的行名称。其同样可以使用限定词,但与 scan 命令支持的限定词略有不同,get 命令包含的常用限定词见表 1-1-5。

表 1-1-5　get 命令包含的常用限定词

限定词	描述
COLUMNS	按列族和列查询数据,格式为 COLUMNS=>' 列族名称 : 列名称 ',当查询多条数据时,使用中括号"[]"包含,并使用逗号","连接,格式为 COLUMNS=>[' 列族名称 : 列名称 ',' 列族名称 : 列名称 ',……]
VERSION	按版本查询数据,格式为 VERSION=> 版本,这个版本不可以大于建表时指定的版本,否则不会显示数据,只会显示建表的最大版本限制的数据
TIMESTAMP	按时间戳进行查询,格式为 TIMESTAMP=> 时间戳
TIMERANGE	按时间戳范围进行查询,格式为 TIMERANGE=>[起始时间戳,结束时间戳]

语法格式如下。

get ' 表名称 ',' 行名称 ', { 限定词 =>' 值 ', 限定词 =>' 值 1',……}

需要注意的是,同样可以不使用限定词,此时会获取指定行的全部数据。

下面分别使用 scan 和 get 命令对数据库表包含的数据进行查看,命令如下。

```
    查询全部数据
scan 'HTable'
    查询列族名称为 cf、列名称为 name 的数据
scan 'HTable',{COLUMNS=>'cf:name'}
    查询全部数据
get 'HTable','1'
    查询列族名称为 cf、列名称为 name 的数据
get 'HTable','1',{COLUMNS=>["cf:name"]}
```

结果如图 1-1-10 所示。

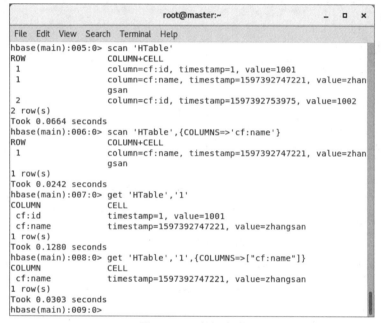

图 1-1-10　数据查询

● delete、deleteall、truncate

delete、deleteall、truncate 是三个用于表数据删除的命令。其中,delete 命令用于删除表、行、列、时间戳等对象的值,作用范围最广,可以接收四个参数:第一个参数为表名称;第二个参数为行名称;第三个参数为列族和列名称,可选用;第四个参数为时间戳,可选用。需要注意的是, delete 命令在进行数据的删除时,并不会立即删除,只会将对应的数据打上删除标记(tombstone),在合并数据时才会删除,语法格式如下。

delete ' 表名称 ',' 行名称 ',' 列族名称 : 列名称 '," 时间戳 "

delete 命令只会删除指定行中符合条件的列,而 deleteall 命令会删除指定行中的全部数据,该命令在使用时只需指定表名称和行名称,语法格式如下。

deleteall ' 表名称 ',' 行名称 '

相比于 delete、deleteall 命令只能删除指定行或列的数据,truncate 命令可以将表中包含

的全部数据删除,语法格式如下。

```
truncate ' 表名称 '
```

下面分别使用 delete、deleteall、truncate 命令进行数据表中数据的删除,命令如下。

```
# 删除 cf 列族的 id 列中的数据
delete 'HTable','1','cf:id'
scan 'HTable'
# 删除行键为 1 的全部数据
deleteall 'HTable','1'
scan 'HTable'
# 删除全部数据
truncate 'HTable'
scan 'HTable'
```

结果如图 1-1-11 所示。

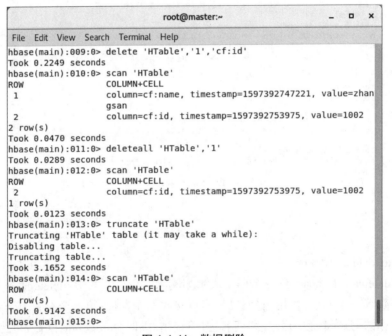

图 1-1-11　数据删除

● count、incr

count 和 incr 是两个用于数据统计的命令。其中,count 命令可以统计 HBase 中数据表的行键数,即行数。需要注意的是,重复的行键和标记为 tombstone 的删除数据不纳入计数,语法格式如下。

```
count ' 表名称 '
```

incr 命令可以实现 HBase 的计数器功能,可以对指定列的值进行递增或递减操作。该命令接收四个参数:第一个参数为表名称;第二个参数为行名称;第三个参数为列族和列名称;第四个参数为值,可选用,当不设置时,使用默认值 1。在使用 incr 命令创建一个新列时初始值为 0,第一次会返回 1。语法格式如下。

```
incr ' 表名称 ',' 行名称 ',' 列族名称 : 列名称 ',' 值 '
```

下面分别使用 count 和 incr 命令对表中的数据进行统计,命令如下。

```
# 统计数据的行数
count 'HTable'
# 对行键为 1 的 cf 列族 total 列的值进行计数,每次加 1
incr 'HTable','1','cf:total'
incr 'HTable','1','cf:total',1
```

结果如图 1-1-12 所示。

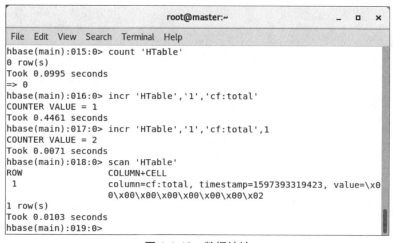

图 1-1-12　数据统计

3. HBase 管理指令

HBase 管理指令主要用于 HBase 数据库的管理和性能优化操作,包括负载均衡器的开启和关闭、服务器资源分配等。常用 HBase 管理指令见表 1-1-6。

表 1-1-6　常用 HBase 管理指令

指令	描述
balance_switch	负载均衡管理
set_quota	服务器资源分配
list_quotas	获取资源配额信息

● balance_switch

在 HBase 中,balance_switch 命令主要用于进行负载均衡器的操作,包括负载均衡器状态的查询、负载均衡器的开启和关闭等,在使用时需要在 balance_switch 命令后面加上相应的参数,常用参数见表 1-1-7。

表 1-1-7　balance_switch 命令常用参数

参数	描述
status	查看负载均衡器状态,返回值为 true(开启)或 false(关闭)
true	负载均衡器开启
false	负载均衡器关闭

下面使用 balance_switch 命令进行 HBase 负载均衡器的开启、关闭和状态查询,命令如下。

```
# 查询负载均衡状态
balance_switch status
# 开启负载均衡
balance_switch true
balance_switch status
# 关闭负载均衡
balance_switch false
balance_switch status
```

结果如图 1-1-13 所示。

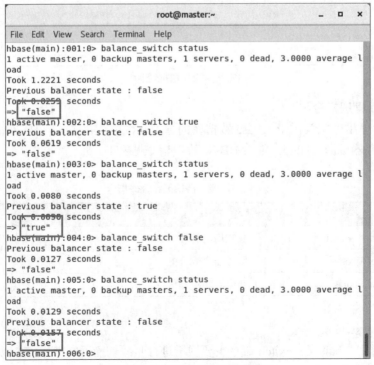

图 1-1-13　HBase 负载均衡器操作

● set_quota

set_quota 命令主要用于实现 HBase 资源分配,包括请求数量、大小设置和表存储空间设置等,在使用时需要在 set_quota 命令后面加上相应的属性,常用属性见表 1-1-8。

表 1-1-8　set_quota 命令常用属性

属性值	描述
TYPE	配额类别
USER	指定用户
TABLE	指定数据库表
THROTTLE_TYPE	操作类别
LIMIT	限制条件,格式为"num size/time""num size"。其中,num 表示数量,为整数;size 表示大小;time 表示时间。当 LIMIT 值为 NONE 时表示删除限制
POLICY	当使用量超过 LIMIT 后将采取的行动

其中,TYPE 包含的常用属性值见表 1-1-9。

表 1-1-9　TYPE 包含的常用属性值

属性值	描述
THROTTLE	请求配额
SPACE	空间配额

THROTTLE_TYPE 包含的常用属性值见表 1-1-10。

表 1-1-10　THROTTLE_TYPE 包含的常用属性值

属性值	描述
READ	读操作
WRITE	写操作

LIMIT 包含的常用资源大小属性值见表 1-1-11。

表 1-1-11　LIMIT 包含的常用资源大小属性值

属性值	描述
B	字节
K	千字节
M	兆字节
G	千兆字节

续表

属性值	描述
T	兆兆字节
P	PB 级
req	条数

LIMIT 包含的常用时间属性值见表 1-1-12。

表 1-1-12　LIMIT 包含的常用时间属性值

属性值	描述
sec	秒
min	分
hour	时
day	天

POLICY 包含的常用属性值见表 1-1-13。

表 1-1-13　POLICY 包含的常用属性值

属性值	描述
NO_INSERTS	不允许写入新数据
NO_WRITES	不允许插入和删除数据
NO_WRITES_COMPACTIONS	不允许插入、删除和压缩数据
DISABLE	禁用表,阻止所有读 / 写访问

语法格式如下。

```
set_quota 属性 => 属性值 , 属性 => 属性值 , ……
```

需要注意的是,在 HBase 中资源分配默认是关闭的,也就是说在默认情况下, set_quota 命令是不能使用的。因此,在使用 set_quota 命令之前,需要将 hbase-site.xml 配置文件中的 hbase.quota.enabled 属性修改为 true,具体设置如下。

```
<property>
  <name>hbase.quota.enabled</name>
  <value>true</value>
</property>
```

下面使用 set_quota 命令进行 HBase 资源分配设置,命令如下。

```
# 将用户 user1 限制为每秒 20 个请求
```

```
set_quota TYPE => THROTTLE,USER => 'user1',LIMIT =>'20req/sec'
# 将用户 user1 限制为每秒写入 100 MB
set_quota TYPE => THROTTLE,THROTTLE_TYPE => WRITE,USER =>'user1',LIMIT
=>'100M/sec'
# 当表 HTable 的存储量超过 20 TB 时将表禁用
set_quota TYPE=>SPACE,TABLE=>'HTable',LIMIT=>'20T',POLICY=>DISABLE
```

结果如图 1-1-14 所示。

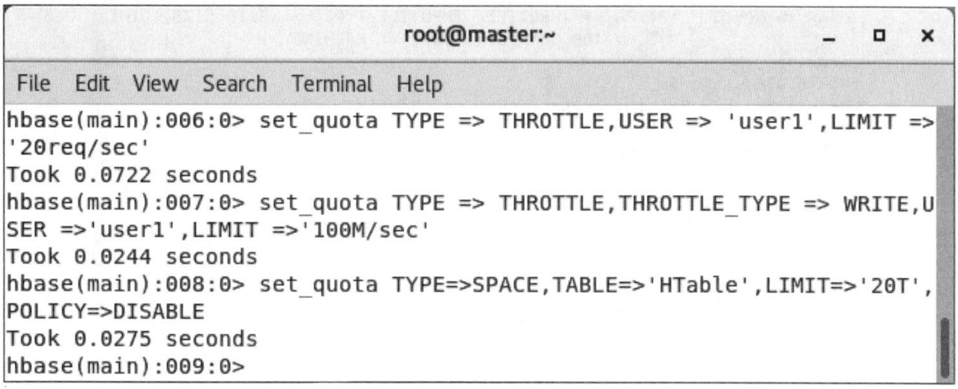

图 1-1-14　HBase 资源分配

● list_quotas

在使用 set_quota 命令设置配额后,可以通过 list_quotas 命令查看用户或表的配额信息。在使用前同样需要进行 hbase.quota.enabled 属性的修改,使用时只需在该命令后加上属性和属性值即可。常用属性见表 1-1-14。

表 1-1-14　list_quotas 命令常用属性

属性	描述
USER	指定用户,可选
TABLE	指定数据库表,可选

语法格式如下。

```
list_quotas USER => 属性值 , TABLE => 属性值
```

下面使用 list_quotas 命令进行配额信息的查看,命令如下。

```
# 查看用户 user1 的配额信息
list_quotas USER => 'user1'
# 查看表 HTable 的配额信息
list_quotas TABLE => 'HTable'
# 从用户 user1 中删除所有现有限制
```

```
set_quota TYPE => THROTTLE,USER =>'user1',LIMIT =>NONE
list_quotas USER => 'user1'
```

结果如图 1-1-15 所示。

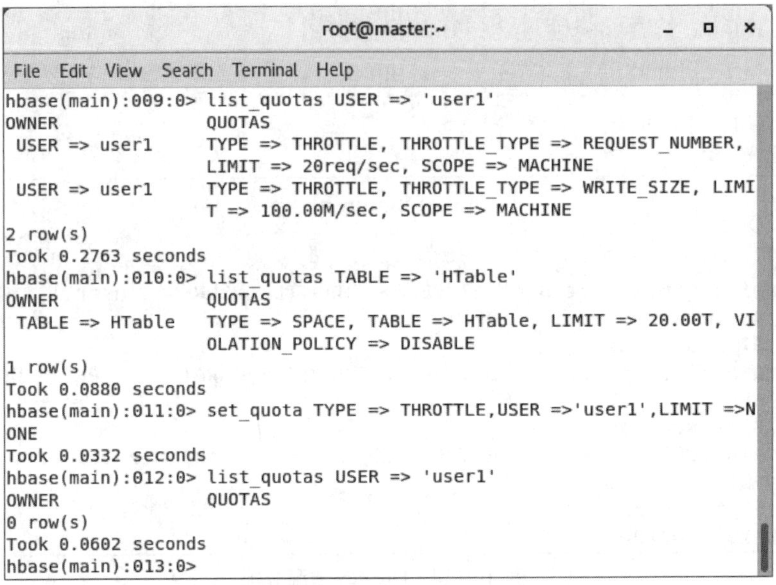

```
                              root@master:~              _  □  ×

File  Edit  View  Search  Terminal  Help
hbase(main):009:0> list_quotas USER => 'user1'
OWNER               QUOTAS
 USER => user1      TYPE => THROTTLE, THROTTLE_TYPE => REQUEST_NUMBER,
                    LIMIT => 20req/sec, SCOPE => MACHINE
 USER => user1      TYPE => THROTTLE, THROTTLE_TYPE => WRITE_SIZE, LIMI
                    T => 100.00M/sec, SCOPE => MACHINE
2 row(s)
Took 0.2763 seconds
hbase(main):010:0> list_quotas TABLE => 'HTable'
OWNER               QUOTAS
 TABLE => HTable    TYPE => SPACE, TABLE => HTable, LIMIT => 20.00T, VI
                    OLATION_POLICY => DISABLE
1 row(s)
Took 0.0880 seconds
hbase(main):011:0> set_quota TYPE => THROTTLE,USER =>'user1',LIMIT =>N
ONE
Took 0.0332 seconds
hbase(main):012:0> list_quotas USER => 'user1'
OWNER               QUOTAS
0 row(s)
Took 0.0602 seconds
hbase(main):013:0>
```

图 1-1-15　配额信息查看

技能点 2　HBase 过滤器

在 HBase 中,过滤功能的实现分为五个部分,分别是 FILTER 属性、过滤器名称、比较操作符、比较器和逻辑操作符,语法格式如下。

```
FILTER=>" 过滤器 ( 比较操作符 ,' 比较器 ')"
```

1. 比较操作符

比较操作符主要用于定义过滤器中的过滤条件,可以通过比较操作符进行比较,判断哪些数据是符合的,哪些数据是被排除的,如获取时间戳大于 1 的数据、获取数值小于 10 的数据等。HBase 中常用的比较操作符见表 1-1-15。

表 1-1-15　比较操作符

运算符	描述
<	小于
<=	小于或等于
=	等于

运算符	描述
!=	不等于
>=	大于或等于
>	大于

2. 比较器

在 HBase 中,比较器主要用于设置过滤器中过滤条件的比较逻辑,可以是值是否相等,也可以是值之间是否包含,甚至可以是字符串之间是否匹配等。HBase 中常用的比较器见表 1-1-16。

表 1-1-16　比较器

比较器	描述
binary	使用 Bytes.compareTo(byte[]) 比较当前值与阈值
binaryPrefix	使用 Bytes.compareTo(byte[]) 进行匹配,从左端开始前缀匹配
null	不进行匹配,只判断当前值是不是空
bit	通过 BitwiseOp 类提供的按位与(AND)、或(OR)、异或(XOR)操作执行比较
regexString	根据一个正则表达式,在实例化比较器的时候匹配表中的数据
substring	将阈值和表中的数据当作 String 实例,同时通过 contains() 操作匹配字符串

通过比较操作符和比较器配合使用,即可定义 HBase 过滤数据的条件,但需要注意的是,bit、regexString、substring 三种比较器只能和等于、不等于运算符配合使用。

3. 逻辑操作符

在使用过滤器时,可以通过逻辑操作符连接多个不同的过滤器,也就是设置多个过滤条件,如 a 大于 b 和 a 大于 c 两个条件,可以通过逻辑操作符生成一个 a 大于 b 并且 a 大于 c 的条件。HBase 中常用的逻辑操作符见表 1-1-17。

表 1-1-17　逻辑操作符

运算符	描述
AND	连接多个过滤器,只有数据同时满足多个过滤器的条件,该数据才会被获取
OR	连接多个过滤器,只要数据满足多个过滤器的条件之一,该行数据就会被获取

语法格式如下。

```
scan ' 表名称 ', FILTER=>" 过滤器 () 逻辑操作符 过滤器 ()"
```

4. 过滤器

在 HBase 中,可以将过滤器看作获取数据时设置过滤条件的方法,将比较操作符、比较器定义的过滤条件作为过滤器的参数。目前, HBase 提供了多种过滤器, 可以实现任意情况的过滤操作, 如匹配行键中大于 0001 的数据, 匹配列前缀为 li 的数据等。常用的过滤器见表 1-1-18。

表 1-1-18 常用的过滤器

过滤器	名称
RowFilter	行过滤器
PrefixFilter	行前缀过滤器
FamilyFilter	列族过滤器
QualifierFilter	列过滤器
ColumnPrefixFilter	列前缀匹配过滤器
MultipleColumnPrefixFilter	列多前缀匹配过滤器
ValueFilter	单元值过滤器
SingleColumnValueFilter	单列值过滤器
ColumnCountGetFilter	列数过滤器
TimestampsFilter	时间戳过滤器

其中, RowFilter 和 PrefixFilter 过滤器属于行键过滤器, 能够针对行键进行数据的过滤。RowFilter 过滤器可以根据行名称过滤数据, 在使用时需要指定比较操作符、比较器和行名称, 语法格式如下。

RowFilter(比较操作符 ,' 比较器 : 行名称 ')

PrefixFilter 过滤器可以根据行名称前缀进行过滤, 在使用时只需向过滤器中传入行名称前缀即可, 语法格式如下。

PrefixFilter(' 行名称前缀 ')

下面使用 RowFilter 和 PrefixFilter 过滤器根据行键进行 HBase 中数据的过滤, 命令如下。

```
put 'HTable','1101','cf:id','1001',I
put 'HTable','1101','cf:name','zhangsan'
put 'HTable','1202','cf:id','1002'
# 获取行名称为"1101"的全部数据
scan 'HTable',FILTER=>"RowFilter(=,'binary:1101')"
# 获取行名称前缀为"1"的全部数据
scan 'HTable',FILTER=>"PrefixFilter('1')"
```

结果如图 1-1-16 所示。

root@master:~
File Edit View Search Terminal Help
hbase(main):001:0> put 'HTable','1101','cf:id','1001',1
Took 1.2950 seconds
hbase(main):002:0> put 'HTable','1101','cf:name','zhangsan'
Took 0.0153 seconds
hbase(main):003:0> put 'HTable','1202','cf:id','1002'
Took 0.0152 seconds
hbase(main):004:0> scan 'HTable',FILTER=>"RowFilter(=,'binary:1101')"
ROW COLUMN+CELL
1101 column=cf:id, timestamp=1, value=1001
1101 column=cf:name, timestamp=1597394988868, value=zhan
gsan
1 row(s)
Took 0.0736 seconds
hbase(main):005:0> scan 'HTable',FILTER=>"PrefixFilter('1')"
ROW COLUMN+CELL
1 column=cf:total, timestamp=1597393405236, value=\x0
0\x00\x00\x00\x00\x00\x00\x02
1101 column=cf:id, timestamp=1, value=1001
1101 column=cf:name, timestamp=1597394988868, value=zhan
gsan
1202 column=cf:id, timestamp=1597394991101, value=1002
3 row(s)
Took 0.0297 seconds
hbase(main):006:0>

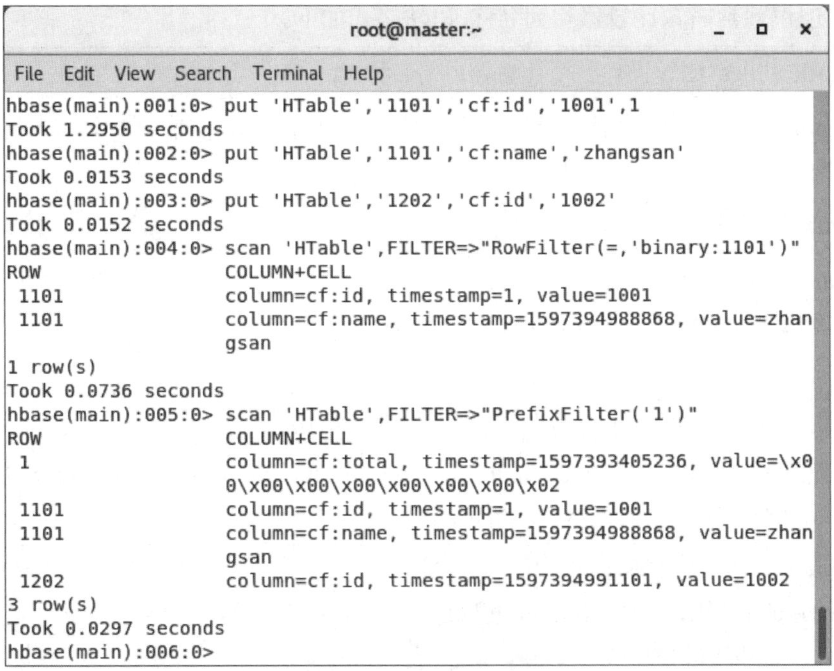

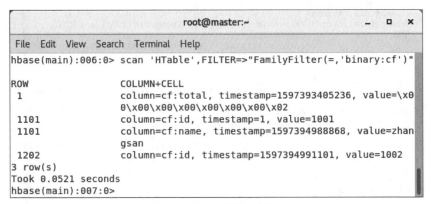

图 1-1-16 行键过滤器

FamilyFilter 过滤器属于列族过滤器，可以根据列族名称进行数据的过滤，在使用时需要指定比较操作符、比较器和列族名称，语法格式如下。

```
FamilyFilter( 比较操作符 , 比较器 : 列族名称 )
```

下面使用 FamilyFilter 过滤器针对列族进行 HBase 中数据的过滤，命令如下。

```
# 获取列族名称为“cf”的全部数据
scan 'HTable',FILTER=>"FamilyFilter(=,'binary:cf')"
```

结果如图 1-1-17 所示。

root@master:~
File Edit View Search Terminal Help
hbase(main):006:0> scan 'HTable',FILTER=>"FamilyFilter(=,'binary:cf')"
ROW COLUMN+CELL
1 column=cf:total, timestamp=1597393405236, value=\x0
0\x00\x00\x00\x00\x00\x00\x02
1101 column=cf:id, timestamp=1, value=1001
1101 column=cf:name, timestamp=1597394988868, value=zhan
gsan
1202 column=cf:id, timestamp=1597394991101, value=1002
3 row(s)
Took 0.0521 seconds
hbase(main):007:0>

图 1-1-17 列族过滤器

QualifierFilter、ColumnPrefixFilter 和 MultipleColumnPrefixFilter 过滤器属于列过滤器，能够针对列名称进行数据的过滤。QualifierFilter 过滤器可以根据列名称过滤数据，在使用时需要指定比较操作符、比较器和列名称,语法格式如下。

> QualifierFilter(比较操作符 ,' 比较器 : 列名称 ')

ColumnPrefixFilter 过滤器可以根据列名称前缀进行过滤,在使用时只需向过滤器中传入列名称前缀即可,语法格式如下。

> ColumnPrefixFilter(' 列名称前缀 ')

ColumnPrefixFilter 过滤器只能设置一个列名称前缀,当需要设置多个列名称前缀时,可以使用 MultipleColumnPrefixFilter 过滤器,列名称前缀之间使用逗号“,”连接,语法格式如下。

> MultipleColumnPrefixFilter(列名称前缀 , 列名称前缀 1,……)

下面使用 QualifierFilter、ColumnPrefixFilter 和 MultipleColumnPrefixFilter 过滤器根据列名称进行 HBase 中数据的过滤,命令如下。

```
# 获取列名称为“id”的全部数据
scan 'HTable',FILTER=>"QualifierFilter(=,'binary:id')"
# 获取列名称前缀为“t”的全部数据
scan 'HTable',FILTER=>"ColumnPrefixFilter('t')"
# 获取列名称前缀为“t”或“n”的全部数据
scan 'HTable',FILTER=>"MultipleColumnPrefixFilter('t','n')"
```

结果如图 1-1-18 所示。

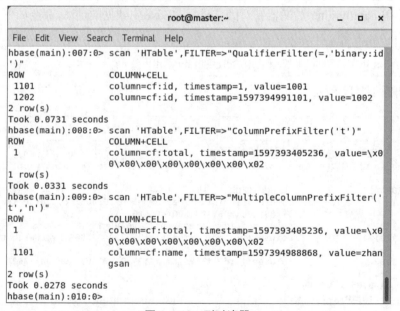

图 1-1-18　列过滤器

ValueFilter 和 SingleColumnValueFilter 过滤器属于值过滤器,能够针对列对应的单元值进行数据的过滤。ValueFilter 过滤器可以根据单元值过滤数据,在使用时需要指定比较操作符、比较器和单元值，语法格式如下。

> ValueFilter(比较操作符 , 比较器 : 单元值)

SingleColumnValueFilter 过滤器可以根据列族名称、列名称和单元值进行过滤，在使用时需要指定列族名称、列名称、比较操作符、比较器和单元值，语法格式如下。

> SingleColumnValueFilter(列族名称 , 列名称 , 比较操作符 , 比较器 : 单元值)

下面使用 ValueFilter 和 SingleColumnValueFilter 过滤器根据单元值进行 HBase 中数据的过滤，命令如下。

```
# 获取值为 1001 的全部数据
scan 'HTable',FILTER=>"ValueFilter(=,'binary:1001')"
# 获取列族名称为“cf”、列名称为“id”、值为“1001”的所有数据
scan 'HTable',FILTER=>"SingleColumnValueFilter('cf','id',=,'binary:1001')"
```

结果如图 1-1-19 所示。

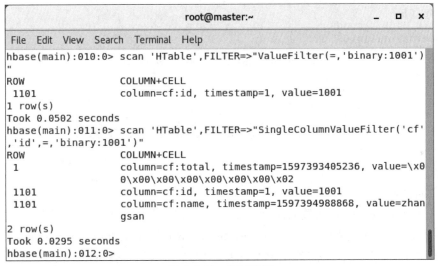

图 1-1-19　值过滤器

除了以上几种过滤器外，HBase 还提供了 ColumnCountGetFilter 和 TimestampsFilter 过滤器。ColumnCountGetFilter 过滤器可以根据指定数值限制每行数据中列的条数，在使用时只需指定条数即可，语法格式如下。

> ColumnCountGetFilter(列的条数)

TimestampsFilter 过滤器可以根据时间戳过滤数据，在使用时需要指定时间戳，多个时间戳通过逗号“,”连接，语法格式如下。

> TimestampsFilter(时间戳 , 时间戳 2,……)

下面使用 ColumnCountGetFilter 和 TimestampsFilter 过滤器进行 HBase 中数据的过滤，命令如下。

```
# 获取行名称为 1101 的前 1 列数据
get 'HTable','1101',FILTER=>"ColumnCountGetFilter(1)"
# 获取时间戳为 1 和 4 的数据
scan 'HTable', FILTER=>"TimestampsFilter(1,4)"
```

结果如图 1-1-20 所示。

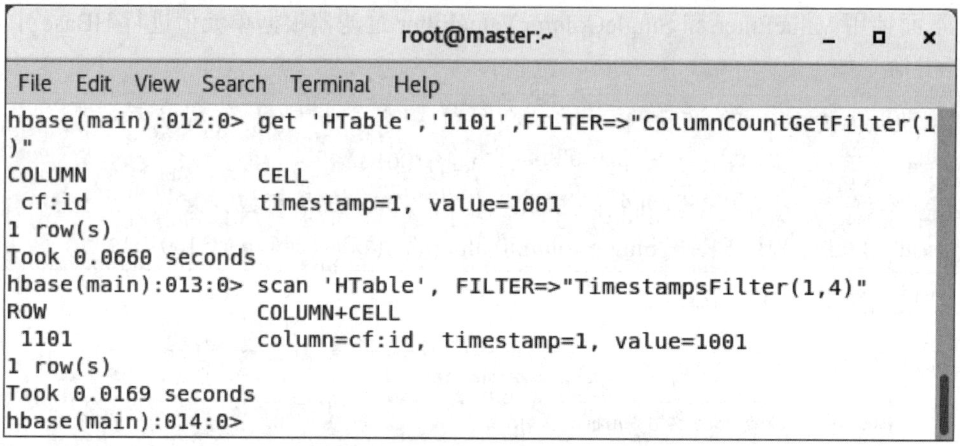

图 1-1-20　列数过滤器与时间戳过滤器

技能点 3　HBase 数据导入与备份

1. 数据导入

在项目中，面对大批量的数据，一个一个地手动录入是不现实的。为了提高数据的添加效率，HBase 的 hbase 脚本提供了一种 org.apache.hadoop.hbase.mapreduce.ImportTsv 方法，可以将 HDFS 的数据文件中的数据导入 HBase 数据库，数据文件可以是文本文件、CSV 文件等，语法格式如下。

```
hbase org.apache.hadoop.hbase.mapreduce.ImportTsv -Dimporttsv.separator="," -Dimporttsv.columns=a,b,c tablename hdfsfile
```

参数说明如下。

● -Dimporttsv.separator：分隔符；

● -Dimporttsv.columns：列族和列名称，若将第一列数据作为行键，需要将 -Dimporttsv. columns 参数的第一个值设置为"HBASE_ROW_KEY"；

● tablename：表名称，需要事先在 HBase 中创建；

● hdfsfile：数据文件在 HDFS 中的路径。

下面使用 org.apache.hadoop.hbase.mapreduce.ImportTsv 方法将以下数据导入 HBase 中，并将第一列指定为行键，测试数据如图 1-1-21 所示。

```
1,"tom"
2,"sam"
3,"jerry"
4,"marry"
5,"john
```

图 1-1-21 测试数据

命令如下。

hbase org.apache.hadoop.hbase.mapreduce.ImportTsv -Dimporttsv.separator="," -Dim-porttsv.columns=HBASE_ROW_KEY,cf:name testImport /sample1.csv

结果如图 1-1-22 所示。

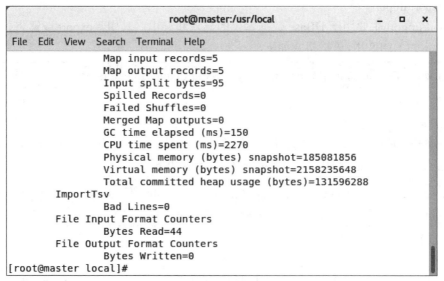

图 1-1-22 数据导入

数据导入完成后,可通过 scan 指令查看表 testImport 中的全部数据,结果如图 1-1-23 所示。

```
root@master:~                                    _ □ ×
File  Edit  View  Search  Terminal  Help
hbase(main):001:0> create 'testImport','cf'
Created table testImport
Took 1.4291 seconds
=> Hbase::Table - testImport
hbase(main):002:0> scan 'testImport'
ROW                    COLUMN+CELL
 1                     column=cf:name, timestamp=1597218606976, value="tom"
 2                     column=cf:name, timestamp=1597218606976, value="sam"
 3                     column=cf:name, timestamp=1597218606976, value="jerry"
 4                     column=cf:name, timestamp=1597218606976, value="marry"
 5                     column=cf:name, timestamp=1597218606976, value="john
5 row(s)
Took 5.3212 seconds
hbase(main):003:0>
```

图 1-1-23 数据查看

2. 离线备份

在 HBase 中,离线备份指手动地进行 HBase 数据的备份,也就是将存储在 HDFS 中的与 HBase 相关的数据文件复制到集群的其他机器中。在离线备份时需要注意以下几点:

● 当备份指定的表时,需要禁用表;
● 备份的数据为具体时间节点之前的相关数据;
● 需要关闭数据库,以保证离线备份时数据库的一致性;
● 由于离线备份时需要关闭数据库或禁用表,在此期间数据库不能够对外提供读写服务。

3. 在线备份

离线备份指在数据库关闭状态下进行数据的备份,而在线备份指的是在数据库运行状态下进行数据的备份,不需要将数据库关闭,可在备份数据的同时对外提供服务。目前,HBase 提供了多种在线备份方法,其中最为常用的是 export/import(导入导出备份)和 snapshot(快照)两种方法。

1)export/import

export/import 主要用于 HBase 数据库表的导入和导出。其中,export 能够将指定的表导出到指定的 HDFS 中,语法格式如下。

```
hbase org.apache.hadoop.hbase.mapreduce.Export tablename hdfsfile
```

参数说明如下。

● tablename:表名称。
● hdfsfile:数据在 HDFS 中的存储路径,格式为 /hbase,不能写为 hadoop:8020/hbase。

下面使用 export 进行 HBase 中数据的备份,命令如下。

```
hbase org.apache.hadoop.hbase.mapreduce.Export HTable /hbase
hadoop fs -ls /hbase
```

结果如图 1-1-24 所示。

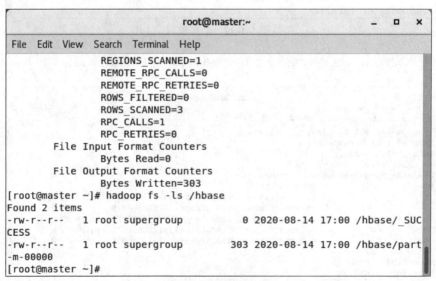

图 1-1-24　数据备份

import 能够将 export 备份的数据恢复到 HBase 中已经存在的表中,语法格式如下。

```
hbase org.apache.hadoop.hbase.mapreduce.Import tablename hdfsfile starttime endtime
```

参数说明如下。

● tablename:HBase 中已经存在的表的名称;

● hdfsfile:HDFS 中 HBase 数据的存储路径,格式为 /hbase/part-m-00000,不能写为 ha-doop:8020/hbase/part-m-00000;

● starttime:可选参数,表示开始时间戳;

● endtime:可选参数,表示结束时间戳。

下面使用 import 进行 HBase 中数据的恢复,命令如下。

```
hbase org.apache.hadoop.hbase.mapreduce.Import t1 /hbase/part-m-00000
scan 't1'
```

结果如图 1-1-25 所示。

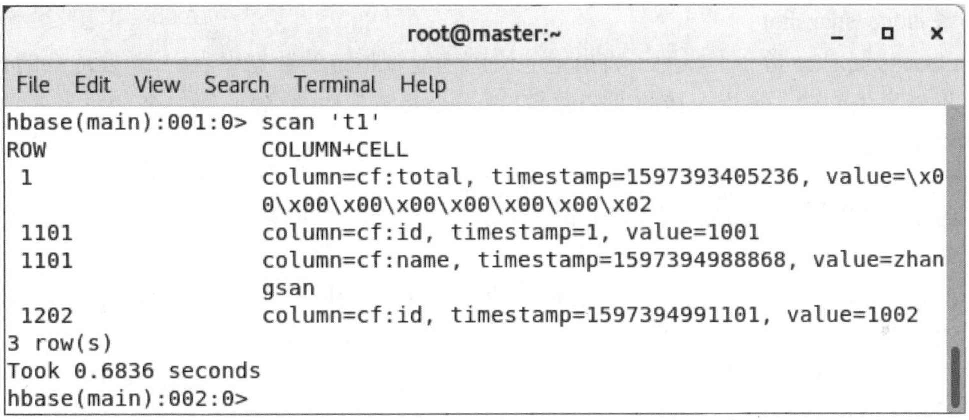

图 1-1-25　数据恢复

2)snapshot

snapshot 是数据备份的另一种方法,通过快照的方式实现 HBase 中数据的备份。其是一系列指令的总称,常用指令见表 1-1-19。

表 1-1-19　常用 snapshot 指令

指令	描述
snapshot	创建快照
list_snapshots	查看快照
clone_snapshot	恢复快照
delete_snapshot	删除快照

需要注意的是,snapshot 快照功能在默认情况下是关闭的,因此在使用 snapshot 的相关指令前,需要将 hbase-site.xml 配置文件中的 hbase.snapshot.enabled 属性修改为 true,具体设

置如下。

```
<property>
    <name>hbase.snapshot.enabled</name>
    <value>true</value>
</property>
```

● snapshot

snapshot 指令主要用于创建指定表的快照。该指令接收两个参数,第一个参数为表名称,第二个参数为快照名称。语法格式如下。

```
snapshot ' 表名称 ',' 快照名称 '
```

● list_snapshots

list_snapshots 指令主要用于查看 HBase 中包含的所有快照名称,语法格式如下。

```
list_snapshots
```

● clone_snapshot

clone_snapshot 指令主要用于将指定的快照恢复到指定的数据库表中,需要注意的是这个表不能事先创建。该指令接收两个参数,第一个参数为快照名称,第二个参数为表名称。语法格式如下。

```
clone_snapshot ' 快照名称 ',' 表名称 '
```

● delete_snapshot

delete_snapshot 指令主要用于删除指定的快照,在使用时只需在 delete_snapshot 后面加上快照名称即可,语法格式如下。

```
delete_snapshot ' 快照名称 '
```

下面分别进行快照的创建、查询、恢复和删除等操作,命令如下。

```
snapshot 'HTable','snapshot_HTable'
list_snapshots
clone_snapshot 'snapshot_HTable','NewHTable'
scan 'NewHTable'
delete_snapshot 'snapshot_HTable'
list_snapshots
```

结果如图 1-1-26 所示。

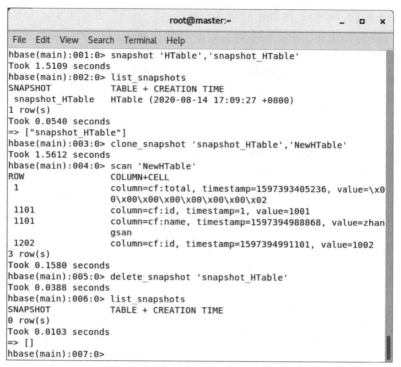

图 1-1-26　HBase 快照操作

技能点 4　HBase 性能优化

1. 数据压缩

在 HBase 中,可以通过压缩数据减小数据体积,节约数据存储空间。HBase 支持多种数据压缩算法,常用算法见表 1-1-20。

表 1-1-20　HBase 常用数据压缩算法

算法	压缩比 /%	压缩速度 /（MB/s）	解压速度 /（MB/s）	描述
GZIP	13.4	21	118	用于 UNIX 系统的文件压缩,后缀为“.gz”
LZO	20.5	135	410	是致力于提高解压速度的一种无损压缩算法,不需要内存的支持,即使是采用非常大的压缩比缓慢压缩得到的数据,依然能够非常快速地解压
Snappy	22.2	172	409	基于 C++ 的用来压缩和解压缩的算法,旨在提供高的压缩速度和合理的压缩比

1）压缩工具测试

在 HBase 中建议采用 Snappy,但实际采用哪一种算法,可以根据实际情况对 GZIP、

LZO 和 Snappy 进行详细的对比测试后再做选择。

　　压缩工具安装完成后,即可通过 HBase 工具进行测试。在 HBase 中,在 hbase 脚本的 org.apache.hadoop.hbase.util.CompressionTest 后加上测试文件和压缩工具名称即可压缩数据,返回"SUCCESS"说明压缩工具安装成功,若不成功则显示主线程异常提示"Exception in thread "main" java.lang.RuntimeException: java.lang.ClassNotFoundException:……"。命令如下。

```
hbase org.apache.hadoop.hbase.util.CompressionTest file:///tmp/a.txt gz
```

　　其中, file:///tmp/a.txt 为测试文件,测试文件可以是 HDFS 中的,也可以是本地文件,在指定时需要加上"hdfs:///"或者"file:///";gz 为压缩工具,可以是 Snappy、LZO 等。

　　Snappy 测试效果如图 1-1-27 所示。

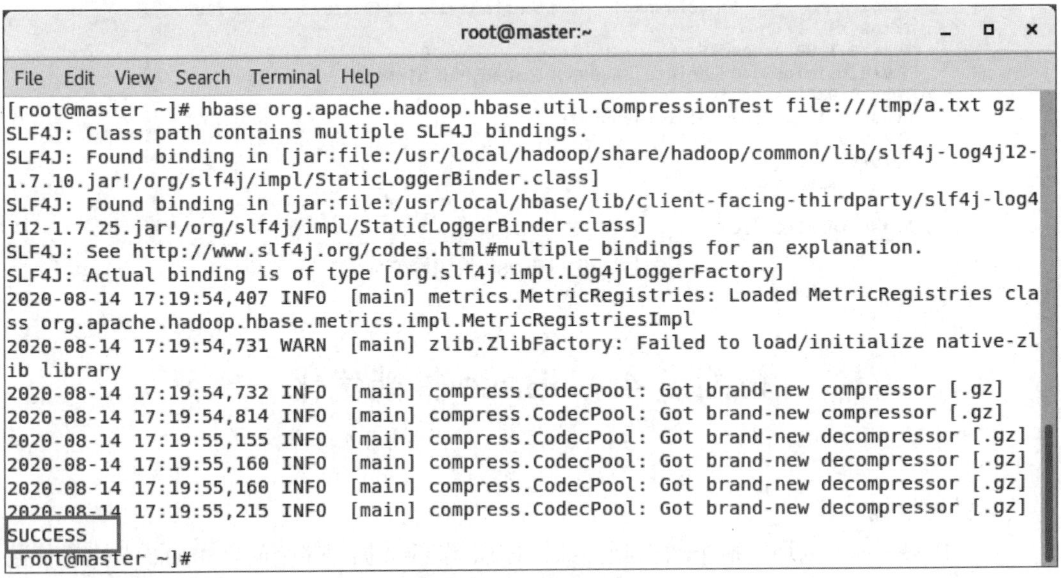

图 1-1-27　Snappy 测试

　　2)压缩工具使用

　　在 HBase 中,只通过 hbase org.apache.hadoop.hbase.util.CompressionTest 命令测试压缩工具能否使用是不够的,在使用之前还需在 hbase-site.xml 中修改 io.compression.codecs 属性指定压缩工具,具体设置如下。

```
<property>
    <name>io.compression.codes</name>
    <value>gz,lzo,snappy</value>
</property>
```

　　需要注意的是,修改完成后还需重新启动 HBase 服务使配置生效。

　　目前, HBase 提供两种使用压缩工具的方式,分别是 create 命令方式和 alter 命令方式,两种方式的相同之处在于都是通过 COMPRESSION 参数指定压缩工具对指定的列族进行压缩,语法格式如下。

```
create ' 表名称 ', {NAME=>' 列族名称 , 列族名称 1,……',COMPRESSION=>' 压缩
工具 '}
alter ' 表名称 ', {NAME=>' 列族名称 , 列族名称 1,……',COMPRESSION=>' 压缩工
具 '}
```

其中,压缩工具名称可以全大写,也可以全小写。用 alter 命令修改表时需要先将表禁用,修改完成后再启用该表。压缩完成后,可以通过 describe 命令进行 COMPRESSION 属性的查看,从而判断压缩工具是否设置成功。

下面分别使用不同的方式进行 HBase 中指定列族的压缩,命令如下。

```
# 使用 create 命令创建数据表,定义 StuInfo 列族并设置 GZIP 压缩
create 'testTable',{NAME=>'StuInfo',COMPRESSION=>'GZ'}
# 添加 col 列族并设置 GZ 压缩
alter 'testTable',{NAME=>'col',COMPRESSION=>'GZ'}
describe 'testTable'
```

结果如图 1-1-28 所示。

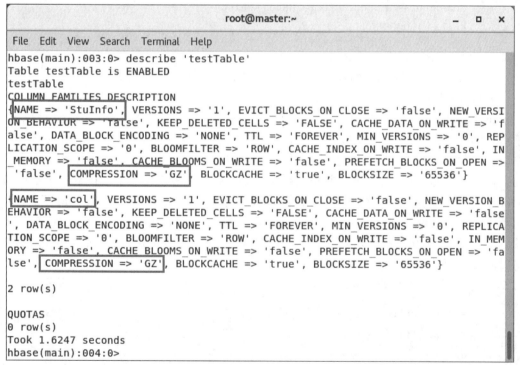

图 1-1-28　数据压缩

2. 负载均衡

在 HBase 中,负载均衡非常重要,它解决了集群中不同机器运行服务所需资源差异较大的问题,通过 Region 的数量结合均衡器实现。均衡器的运行属于周期性的操作,时间间隔为 300 000 ms,对这个间隔时间进行修改,可以提高 HBase 的性能;除了修改间隔时间外,

还可以通过设置均衡器运行时间提高 HBase 的性能。常用均衡器配置属性见表 1-1-21。

表 1-1-21　常用均衡器配置属性

属性	描述
hbase.balancer.period	间隔时间
hbase.balancer.max.balancing	均衡器运行时间,默认设置为均衡器运行间隔时间的 1/2,也就是 2.5 min。当该属性没有被设置时,会使用 hbase.balancer.period 属性的值

具体设置如下。

```
<property>
    <name>hbase.balancer.period</name>
    <value>300000</value>
</property>
<property>
    <name>hbase.balancer.max.balancing</name>
    <value>150000</value>
</property>
```

设置完成后,即可通过 balance_switch 相关指令进行负载均衡的操作。

3. 超时时间

超时时间主要指 Zookeeper 的超时时间,在执行任务时,HBase 发生故障导致 RegionServer 宕机后,主机会在 Zookeeper 的超时时间到达时发现故障并进行数据的恢复。在进行性能优化时,缩短超时时间可以使主机在尽可能短的时间内发现并解决问题。但需要注意的是,超时时间并不是越短越好,对于一些在线应用,HBase 的 RegionServer 从宕机到恢复的时间很短,在故障还没有被发现时就已经被恢复,因此超时时间需要适度。在 hbase-site.xml 中,超时时间可以通过 zookeeper.session.timeout 属性设置,默认值为 180 000 ms(3 min),可以将其设置成 1 min 或更短,以实现性能优化。超时时间设置语法格式如下。

```
<property>
    <name>zookeeper.session.timeout</name>
    <value>180000</value>
</property>
```

4. 线程数量

在进行数据表请求的访问时,线程数量是影响访问效率的重要因素。根据不同的场景,采用不同的线程数量。当线程较少时,在单次请求内存消耗较高的大数据插入场景或 ReigonServer 的内存比较紧张的场景中效率较高;当线程较多时,在单次请求内存消耗低、数据吞吐量(TPS)要求非常高的场景中效率比较高。线程并不是越多越好,如果 Server 的

Region 数量很少,大量请求都落在一个 Region 中,因快速充满 memstore 触发 flush 导致的读写锁会影响全局 TPS。

在 hbase-site.xml 中,线程数量可以通过 hbase.regionserver.handler.count 属性设置,默认值为 10,这个数值偏小,主要是为了防止服务器过载。线程数量设置语法格式如下。

```
<property>
    <name>hbase.regionserver.handler.count</name>
    <value>10</value>
</property>
```

5. Region 大小

Region 大小是影响 HBase 的性能的另一个因素。在 HBase 中,更大的 Region 可以减少集群中 Region 的总数量,Region 数量越少,说明集群运行越稳定。Region 大小可以根据实际情况进行设置:Region 越小(小于 512 MB),对分割和合并操作越好,但分割和合并操作会很频繁;Region 越大(大于 512 MB),在分割和合并时停顿时间越长,适用于访问量较小的情形,在完成分割和合并操作的同时还保证了数据读写性能的稳定。在 hbase-site.xml 中,Region 大小可以通过 hbase.hregion.max.filesize 属性设置,默认值为 256 MB,当单个 Region 大小超过这个指定值时,这个 Region 会被自动分割成更小的 Region。Region 大小设置语法格式如下。

```
<property>
    <name>hbase.hregion.max.filesize</name>
    <value>256MB</value>
</property>
```

通过对以上内容的学习,可以了解 HBase 的相关知识和使用方法。为了巩固所学的知识,通过以下几个步骤,使用 HBase 的相关知识实现冠字号查询。

第一步,打开命令窗口,启动 Hadoop 和 HBase 相关服务后,启动 HBase Shell,通过 create 命令进行数据库表的创建,命令如下。

```
[root@master ~]# start-all.sh
[root@master ~]# start-hbase.sh
[root@master ~]# hbase shell
hbase(main):001:0> create 'records','info'
hbase(main):002:0> list
```

结果如图 1-1-29 所示。

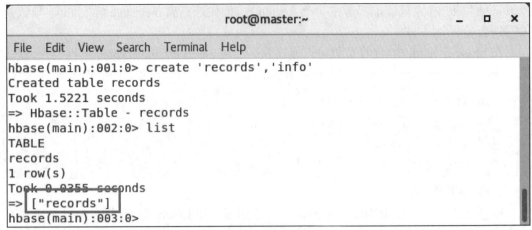

图 1-1-29　数据库表创建

第二步,切换命令窗口,将冠字号存储记录数据文件上传到 HDFS 的根目录下,数据格式如图 1-1-30 所示。

```
AABH8498,0,2000-03-28 17:07,HSBCCNSH,4113281990XXXX2721
AABH8500,0,2004-10-13 21:59,CBXMCNBA,4113281992XXXX8779
AABH8501,0,2004-10-10 14:46,PCBCCNBJ,4113281989XXXX7708
AABH8507,0,2003-10-24 02:38,HSBCCNSH,4113281992XXXX5774
AABH8511,0,2004-04-11 21:12,SCBLCNSX,4113281990XXXX9033
AABH8512,0,2004-11-16 21:51,ABNACNSH,4113281990XXXX4478
```

图 1-1-30　冠字号存储记录数据格式

图 1-1-30 中每列数据代表的意义见表 1-1-22。

表 1-1-22　冠字号存储记录数据代表的意义

列	数据代表的意义
第一列	冠字号
第二列	冠字号是否存在,0 表示不存在,1 表示存在
第三列	存入或取出时间
第四列	所在银行编号
第五列	用户 id

之后利用 org.apache.hadoop.hbase.mapreduce.ImportTsv 方法将其导入 records 数据库表中,命令如下。

```
[root@master ~]# cd /usr/local/
[root@master local]# hadoop fs -put /usr/local/in_out_details.txt /
[root@master local]# hadoop fs -ls /
[root@master local]# hbase org.apache.hadoop.hbase.mapreduce.ImportTsv -Dimporttsv.
separator="," -
Dimporttsv.columns=HBASE_ROW_KEY,info:exist,info:time,info:bank,info:uid records /
in_out_details.txt
```

结果如图 1-1-31 所示。

```
                                    root@master:/usr/local                _  □  ×

 File  Edit  View  Search  Terminal  Help
2020-08-12 22:02:00,313 INFO   [main] mapreduce.Job: Job job_1595409246257_0010
 completed successfully
2020-08-12 22:02:00,504 INFO   [main] mapreduce.Job: r of bytes read=45207727
                HDFS: Number of bytes written=0
                HDFS: Number of read operations=2
                HDFS: Number of large read operations=0
                HDFS: Number of write operations=0
        Job Counters
                Launched map tasks=1
                Data-local map tasks=1
                Total time spent by all maps in occupied slots (ms)=26144
                Total time spent by all reduces in occupied slots (ms)=0
                Total time spent by all map tasks (ms)=26144
                Total vcore-milliseconds taken by all map tasks=26144
                Total megabyte-milliseconds taken by all map tasks=26771456
        Map-Reduce Framework
                Map input records=975541
                Map output records=975541
                Input split bytes=102
                Spilled Records=0
                Failed Shuffles=0
                Merged Map outputs=0
                GC time elapsed (ms)=376
                CPU time spent (ms)=11190
                Physical memory (bytes) snapshot=210030592
                Virtual memory (bytes) snapshot=2172002304
                Total committed heap usage (bytes)=133693440
        ImportTsv
                Bad Lines=0
        File Input Format Counters
                Bytes Read=45207625
        File Output Format Counters
                Bytes Written=0
```

图 1-1-31　获取数据

第三步，切换到 HBase Shell 命令窗口，通过 scan 命令查看数据库表 records 的前三条数据，验证数据是否导入成功，命令如下。

```
hbase(main):003:0> scan 'records',{LIMIT=>3}
```

结果如图 1-1-32 所示。

```
root@master:~                                    _  □  ×

File  Edit  View  Search  Terminal  Help
hbase(main):003:0> scan 'records',{LIMIT=>3}
ROW                 COLUMN+CELL
 AAAA0000           column=info:bank, timestamp=1597240877219, value=CI
                    TIHK
 AAAA0000           column=info:exist, timestamp=1597240877219, value=0
 AAAA0000           column=info:time, timestamp=1597240877219, value=20
                    14-11-02 22:39
 AAAA0000           column=info:uid, timestamp=1597240877219, value=411
                    3281991XXXX9919
 AAAA0001           column=info:bank, timestamp=1597240877219, value=SP
                    DBCNSH
 AAAA0001           column=info:exist, timestamp=1597240877219, value=0
 AAAA0001           column=info:time, timestamp=1597240877219, value=20
                    03-12-13 06:43
 AAAA0001           column=info:uid, timestamp=1597240877219, value=411
                    3281990XXXX3865
 AAAA0002           column=info:bank, timestamp=1597240877219, value=BK
                    CHCNBJ
 AAAA0002           column=info:exist, timestamp=1597240877219, value=1
 AAAA0002           column=info:time, timestamp=1597240877219, value=20
                    00-01-01 00:00
 AAAA0002           column=info:uid, timestamp=1597240877219, value=
3 row(s)
Took 0.0550 seconds
```

图 1-1-32　获取前三条数据

第四步,创建 Python 文件并编写代码,导入操作 HBase 的 Python API,连接 HBase 服务后连接 HBase 的 records 数据表,命令如下。

```
[root@master ~]# vim Records.py
import happybase
connection=happybase.Connection('192.168.0.136',timeout=500000)
connection.open()
table = connection.table(b'records')
```

第五步,导入 prompt_toolkit 模块,通过 prompt() 方法进行交互式设置,输入操作方式"方式,0 表示取钱,1 表示存钱 >",命令如下。

```
import prompt_toolkit
type=prompt_toolkit.prompt(' 方式,0 表示取钱,1 表示存钱 >')
print (type)
[root@master ~]# python Records.py
```

结果如图 1-1-33 所示。

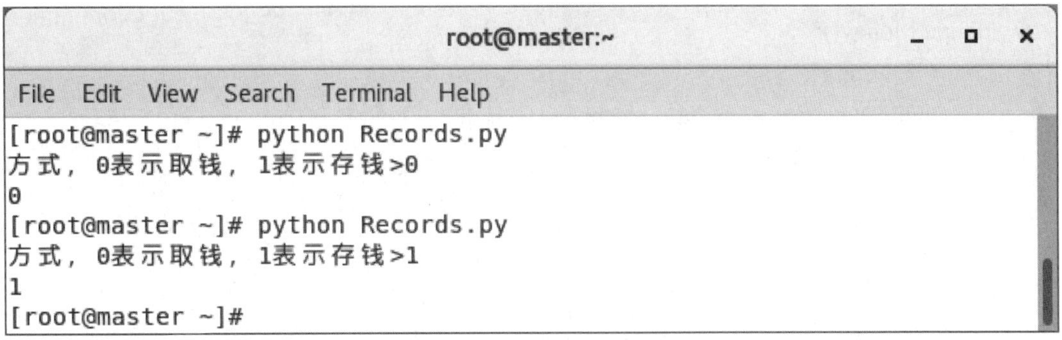

图 1-1-33　操作方式设置

第六步，定义取钱操作函数，之后输入取钱张数，然后根据取钱张数从数据库中获取 info:exist 值为 1 的数据中的前几条，获取成功后将 info:exist 的值修改为 0，也就是说这几张钱已经被取出，命令如下，结果如图 1-1-1 所示。

```
[root@master ~]# vim Records.py
def getMoney():
    num=prompt_toolkit.prompt(' 输入取钱张数 >')
    # 定义过滤器
    filter = "ValueFilter(=,'binary:1')"
    # 查询数据
    records=table.scan(filter=filter,limit = int(num))
    # 遍历数据
    for key, data in records:
        try:
            # 将 info:exist 的值修改为 0
            table.put(key, {b'info:exist': b'0'})
            print (key," 取钱成功 ")
        except:
            print (key," 取钱失败 ")
            getMoney()
# 当输出的操作为 0 时表示取钱操作
if type=='0':
    # 调用 getMoney 函数
    getMoney()
```

第七步，存钱操作需要输入冠字号，之后验证该冠字号在数据库中是否存在，如果不存在说明是假币，如果存在则获取 info:exist 列的值并判断是否为 0，为 0 说明这张钱曾经被取出，现在可以存入，如果不为 0，说明这张钱现在存储在银行，要存入的是假币，命令如下，结果如图 1-1-2 所示。

```
def putMoney():
    # 输入冠字号
    number = prompt_toolkit.prompt(' 冠字号 >')
    # 定义过滤器
    filter = "RowFilter( =, 'binary:" + number + "')"
    # 获取数据
    records = table.scan(filter=filter)
    count = 0
    DoesItExist=0
    # 遍历数据
    for key, data in records:
        # 获取 info:exist 的值
        DoesItExist=int(data[b'info:exist'])
        count += 1
        # 判断 info:exist 的值是否为 0
        if DoesItExist == 0:
            try:
                # 如果等于 0, 则将 info:exist 的值修改为 1
                table.put(key, {b'info:exist': b'1'})
                print (" 存钱成功 ")
            except:
                print (" 存钱失败 ")
                getMoney()
    # 假币判断, 如果 count=0, 则说明数据库中不存在该冠字号
    # 如果 DoesItExist=1, 则说明数据库中存在该冠字号, 但其状态为存储状态
    if count == 0 or DoesItExist==1:
        print (' 这张是假币 , 请重新输入 !')
        putMoney()
# 当输出的操作为 1 时表示存钱操作
if type=='1':
    # 调用 putMoney 函数
    putMoney()
```

至此, 基于 HBase 的冠字号查询完成。

任　务　总　结

本任务通过冠字号查询的实现, 使读者进一步了解 HBase 的相关知识, 了解并掌握

HBase 指令、过滤器等知识，掌握 HBase 数据导入与备份、性能优化等操作，并能够通过所学的 HBase 知识实现钞票的识别。

exist	存在	truncate	截断
incr	增量	quota	定额
binary	二元的	multiple	倍数
period	时期	region	区域

1. 选择题

（1）用于查看表的相关信息的命令是（   ）。

A. alter   B. describe   C. drop   D. exists

（2）set_quota 命令中的属性（   ）用于设置限制条件。

A. POLICY   B.TYPE   C.LIMIT   D.TABLE

（3）下列比较器中不必须和等于、不等于运算符搭配使用的是（   ）。

A. bit   B. substring   C. regexString   D. binary

（4）下列列族与列过滤器中，过滤器和名称对应错误的是（   ）。

A. FamilyFilter：列族过滤器

B. QualifierFilter：列过滤器

C. ColumnPrefixFilter：列分页过滤器

D. MultipleColumnPrefixFilter：列多前缀匹配过滤器

（5）RegionServer 和 Zookeeper 集群之间的超时时间默认为（   ）min。

A. 1   B. 2   C. 3   D. 4

2. 简答题

（1）简述离线备份的注意事项。

（2）自定义数据并使用 HBase 的知识进行数据的过滤和备份。

任务 1-2——Hive 航空公司客户价值数据预处理与分析

通过对航空公司客户价值数据的预处理与分析,了解 Hive 数据预处理与分析,熟悉 Hive 的查询语句,掌握 tez 和 Spark 引擎的使用方法,具有使用 Hive 知识完成航空公司客户价值数据预处理与分析的能力,在任务实施过程中:

● 了解 Hive 数据预处理与分析;
● 熟悉 Hive 的查询语句;
● 掌握 tez 和 Spark 引擎的使用方法;
● 具有使用 Hive 知识完成航空公司客户价值数据预处理与分析的能力。

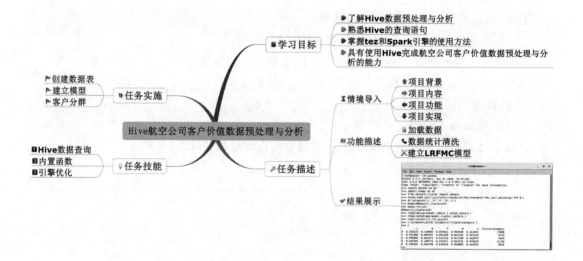

【情境导入】

人们出行方式的选择越来越多,例如飞机、高铁、汽车、轮船等,其中飞机被认为是迄今为止最安全、高效的交通工具。如何在给顾客提供优质服务的同时保障利益最大化,这个问题时刻困扰着航空公司。为了解决这一问题,可以使用 Hive 对客户进行分群,如重要保持客户、重要发展客户、重要挽留客户、一般客户和低价值客户,再针对不同的客户群体制定相应的优惠政策来实现利益最大化。本任务通过对 Hive 数据分析知识的学习,最终实现基于 Hive 的航空公司客户价值数据预处理与分析。

【功能描述】

- 加载数据;
- 数据统计清洗;
- 建立 LRFMC 模型。

【结果展示】

通过对本任务的学习,能够使用 Hive 数据查询和内置函数等知识实现航空公司客户价值数据预处理与分析,结果如图 1-2-1 所示。

```
root@master:~                                    _  □  ×

File  Edit  View  Search  Terminal  Help
[root@master ~]# python
Python 3.7.2 (default, May 31 2020, 12:45:24)
[GCC 4.8.5 20150623 (Red Hat 4.8.5-39)] on linux
Type "help", "copyright", "credits" or "license" for more information.
>>> import pandas as pd
>>> import numpy as np
>>> from sklearn.cluster import KMeans
>>> dt=pd.read_csv("/usr/local/standardlrfmc/standardlrfmc.csv",encoding='UTF-8')
>>> dt.columns=['L','R','F','M','C']
>>> model=KMeans(n_clusters=5)
>>> model.fit(dt)
KMeans(n_clusters=5)
>>> r1=pd.Series(model.labels_).value_counts()
>>> r2=pd.DataFrame(model.cluster_centers_)
>>> r=pd.concat([r2,r1],axis=1)
>>> r.columns=list(dt.columns)+['Clustercategory']
>>> r
          L         R         F         M         C  Clustercategory
0  0.133214  0.124692  0.053321  0.032569  0.421941            17806
1  0.781460  0.096767  0.091299  0.051256  0.452315             9735
2  0.639609  0.622371  0.013125  0.011788  0.432547             4504
3  0.445194  0.108773  0.072521  0.041416  0.440359            11146
4  0.159433  0.642758  0.010423  0.010989  0.422303             9326
>>>
```

图 1-2-1　结果图

课程思政

技能点 1　Hive 数据查询

在 Hive 数据库中使用 HQL（类似于关系数据库中的 SQL 语言）进行数据统计,通常不是只查询出表中的数据,而是要根据特定的条件和表之间的特定关系过滤统计出符合要求的数据,语法格式如下。

```
SELECT select_list
FROM table_source
[ WHERE search_condition ]
[ GROUP BY group_by_expression ]
[ SORT BY order_expression [ ASC | DESC ] ]
[JOIN join_ expression]
[LIMIT number_rows]
[DISTRIBUTE BY distribute_expression [SORT BY ] sort_expression]
[CLUSTER BY cluster_expression]
```

上述语法方括号中的内容为可选项,可以根据需要进行选择, SELECT 和 FROM 为必选项,在一个查询中必须存在要查询的列和表,否则查询会报错,查询语句详细说明如下。

1. SELECT…FROM 语句

SELECT…FROM 语句是查询中的基础语句,使用该语句能够查询出指定表中的数据,还能够对表中的列进行筛选。除此之外,为了在多表关联查询时方便区分不同的表,SELECT…FROM 语句还能够在查询中为表执行别名（当前查询结束后失效,不会改变原表属性）。SELECT…FROM 语句语法格式如下。

```
SELECT select_list FROM table_source
```

参数说明如下。

● select_list:查询结果中包含的列,列之间使用逗号分隔,如果需要列出表中的全部字段可使用"*"代替。

● table_source:要查询的表。

当前 Hive 数据库中有一个名为 student 的表,表中有 stuno、name、gender 和 age 四个字段,student 表中的数据见表 1-2-1。

表 1-2-1　student 表中的数据

stuno	name	gender	age
20200101	liuchuang	male	20
20200102	zhaomin	female	26
20200103	wangfeifei	male	26
20200104	wangzixu	male	25
20200105	wangjin	female	25

要求查询列出 student 表中 stuno 和 name 字段的全部内容,命令如下。

```
SELECT stuno,name FROM student;
```

结果如图 1-2-2 所示。

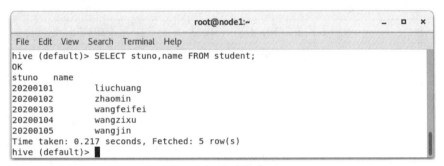

图 1-2-2　查询指定列

通过上述语句查询了 stuno 和 name 两个字段,如果需要列出 student 表中的所有字段,除了列出所有字段名外还可以使用"*"代替,"*"代表列出表中的所有字段,命令如下。

```
SELECT * FROM student;
```

结果如图 1-2-3 所示。

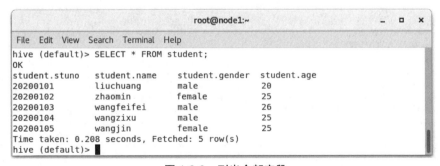

图 1-2-3　列出全部字段

2. WHERE 条件查询

使用 SELECT…FROM 语句能够列出表中的所有记录,若想根据某些特定条件查询出符合的记录,就需要使用 WHERE 子句实现。WHERE 子句常与谓词表达式共同使用,在多条件时多个谓词表达式可用 AND 或 OR 连接,当表达式的结果返回 TRUE 时输出相应的列值。WHERE 条件查询语法格式如下。

SELECT select_list FROM table_source WHERE search_condition

Search_condition 代表查询条件,一般为多个谓词表达式。谓词表达式是使用谓词操作连接的字段名和过滤条件,Hive 中能够使用的谓词操作符见表 1-2-2。

表 1-2-2　Hive 中能够使用的谓词操作符

操作符	描述
A=B	A 等于 B 返回 TRUE,否则返回 FALSE
A<=>B	A 和 B 的值为 NULL 或相等返回 TRUE;A 或 B 的值为 NULL 返回 NULL;A 和 B 的值不相等返回 FALSE
A<>B 或 A!=B	A 或 B 的值为 NULL 返回 NULL;A 和 B 的值不相等返回 TRUE,否则返回 FALSE
A<B	A 或 B 的值为 NULL 返回 NULL;A 小于 B 返回 TRUE,否则返回 FALSE
A<=B	A 或 B 的值为 NULL 返回 NULL;A 小于或等于 B 返回 TRUE,否则返回 FALSE
A>B	A 或 B 的值为 NULL 返回 NULL;A 大于 B 返回 TRUE,否则返回 FALSE
A>=B	A 或 B 的值为 NULL 返回 NULL;A 大于或等于 B 返回 TRUE,否则返回 FALSE
A [NOT] BETWEEN B AND C	如果 A、B 或 C 的值为 NULL,返回 NULL;如果 A 大于或等于 B 而且小于或等于 C,返回 TRUE,否则返回 FALSE。使用 NOT 关键字可以实现相反的效果
A IS NULL	如果 A 的值为 NULL 返回 TRUE,否则返回 FALSE
A IS NOT NULL	如果 A 的值不为 NULL 返回 TRUE,否则返回 FALSE

使用 WHERE 子句和谓词表达式查询 student 表中年龄大于 25 岁的男同学的所有信息,命令如下。

SELECT * FROM student WHERE age>25 and gender='male';

结果如图 1-2-4 所示。

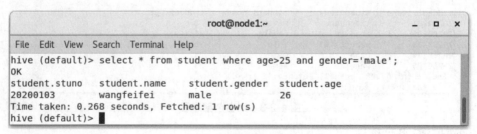

图 1-2-4　条件查询

3. GROUP BY 分组查询

GROUP BY 用于对数据进行分组,分组条件可以是一个或多个列。该语句一般与聚合函数共同使用,语法格式如下。

> SELECT select_list FROM table_source GROUP BY group_by_expression

统计 student 表中男生和女生的平均年龄,首先要根据性别进行分组,再使用 avg 函数对年龄列求平均值,命令如下。

> SELECT gender,avg(age) FROM student GROUP BY gender;

结果如图 1-2-5 所示。

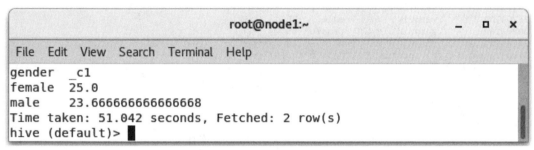

图 1-2-5 分组查询

WHERE 条件查询只能对分组前的数据进行条件过滤,若想对分组后的数据进行条件过滤,需要使用 HAVING 子句。如果想在不使用 HAVING 子句的情况下对分组后的数据进行条件过滤,只能使用嵌套查询。统计 student 表中按性别进行分组后男生的平均年龄,命令如下。

> SELECT gender,avg(age) FROM student GROUP BY gender HAVING gender='male';

结果如图 1-2-6 所示。

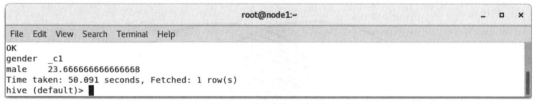

图 1-2-6 HAVING 子句

4. SORT BY 排序查询

在 SQL 语句中对所有数据进行排序通常使用 ORDER BY 语句,但在 Hive 中进行全局排序所有数据会通过 reduce 进行处理,当出局量过大时相对应地会消耗大量时间。所以在 HQL 中提供了更高效的排序方法 SORT BY,该方法能够同时启动多个 reduce,然后对每个 reduce 中的数据进行排序,最后输出数据,语法格式如下。

> SELECT select_list FROM table_source SORT BY sort_condition [DESC|ASC]

sort_condition 代表排序条件；DESC 和 ASC 为可选项，代表排序方式，DESC 为降序排序，ASC 为升序排序，默认采用升序排序。

对 student 表中的数据按照 age 字段进行降序排序并查看数据结果，命令如下。

```
SELECT * FROM student SORT BY age DESC;
```

结果如图 1-2-7 所示。

```
                                  root@node1:~                         _  □  ×

File  Edit  View  Search  Terminal  Help
student.stuno     student.name      student.gender   student.age
20200103          wangfeifei        male     26
20200105          wangjin           female   25
20200104          wangzixu          male     25
20200102          zhaomin           female   25
20200101          liuchuang         male     20
Time taken: 54.252 seconds, Fetched: 5 row(s)
hive (default)> █
```

图 1-2-7　排序查询

5. JOIN 连接查询

连接查询是一种比较重要的查询方法，在 Hive 中连接查询主要包括内连接（INNER JOIN）查询、左外连接（LEFT JOIN）查询、右外连接（RIGHT JOIN）查询、全外连接（FULL QUTER JOIN）查询。通过连接查询可以查询出存储在多个表中的实体信息。

1）INNER JOIN

内连接查询指保留两个被连接的表中都存在的且满足连接标准的数据，语法格式如下。

```
SELECT select_list FROM table_source a JOIN table_source b ON a.col=b.col
```

在内连接查询中使用 ON 子句指定两个表之间数据连接的条件，在使用的连接查询时为了方便区分不同表中的字段，常常会为表指定别名，指定方法是在表名后按空格键直接输入别名。内连接原理如图 1-2-8 所示。

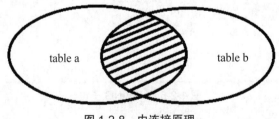

图 1-2-8　内连接原理

当前 Hive 数据库中有 student 和 score 两个表，student 和 score 表中的数据分别见表 1-2-3 和表 1-2-4。

表 1-2-3 student 表中的数据

stu_no	name	sex	birthday
202001	胡胜利	男	1995-06-03
202002	陈卓	男	1994-08-21
202003	胡斌	男	1990-07-24
202004	李莉莉	女	1989-02-15
202005	张甜甜	女	1997-11-11
202006	刘秀梅	女	1996-08-17
202007	张雪	女	1997-12-24

表 1-2-4 score 表中的数据

stu_no	cname	degree
202001	Hadoop 生态体系	89
202002	Hadoop 生态体系	73
202003	Linux 操作系统	67
202004	Linux 操作系统	99
202005	高等数学	87
202006	Linux 操作系统	75
202001	高等数学	69
202002	数字电路	93
202003	数字电路	96
202004	Hadoop 生态体系	84
202005	Hadoop 生态体系	83
202006	数字电路	85
202008	数字电路	87
20200	高等数学	100

使用内连接查询每个学生每门课程的考试成绩,命令如下。

```
SELECT a.stu_no,a.name,b.cname,b.degree FROM student a JOIN score b on a.stu_no=b.stu_no;
```

结果如图 1-2-9 所示。

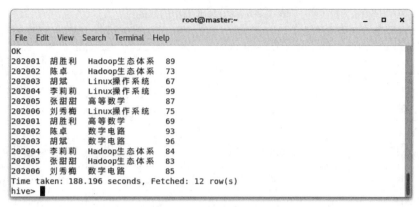

图 1-2-9　内连接查询

2）LEFT JOIN

左外连接指的是以左表为主进行关联,返回左表中的全部记录和右表中符合连接条件的记录,没有匹配到的记录在结果中用 NULL 代替,语法格式如下。

SELECT select_list FROM table_source a RIGHT JOIN table_source b ON a.col=b.col

左外连接原理如图 1-2-10 所示。

图 1-2-10　左外连接原理

使用左外连接查询出有缺考行为的学生,缺考的学生的课程和成绩用 NULL 代替,命令如下。

SELECT a.stu_no,a.name,b.cname,b.degree FROM student a LEFT JOIN score b on a.stu_no=b.stu_no;

结果如图 1-2-11 所示。

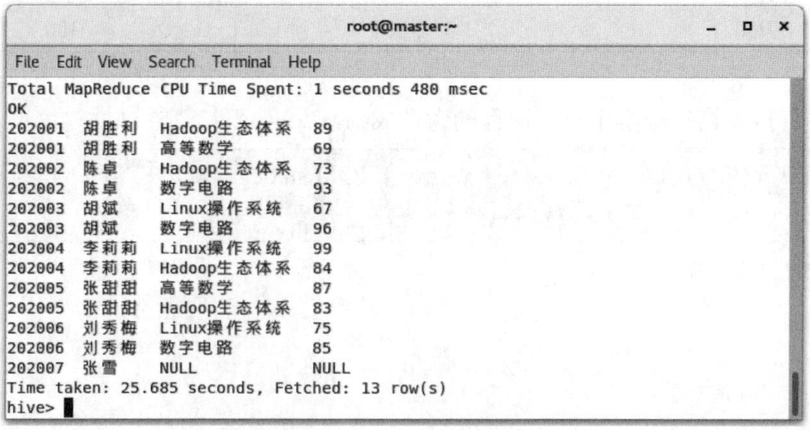

图 1-2-11　左外连接查询

3）RIGHT JOIN

右外连接与左外连接效果相反,右外连接指以右表为主,返回右表中的所有记录和左表中符合连接条件的记录。左表和右表是用相对连接子句定义的,在使用左外连接时只需要改变两个表的位置即可以实现右外连接的功能,同样右外连接也能够实现左外连接的效果。右外连接语法格式如下。

> SELECT select_list FROM table_source a RIGHT JOIN table_source b ON a.col=b.col

右外连接原理如图 1-2-12 所示。

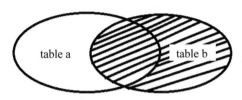

图 1-2-12　右外连接原理

使用右外连接查询 student 和 score 表,查看执行结果,命令如下。

> SELECT a.stu_no,a.name,b.cname,b.degree FROM student a RIGHT JOIN score b on a.stu_no=b.stu_no;

结果如图 1-2-13 所示。

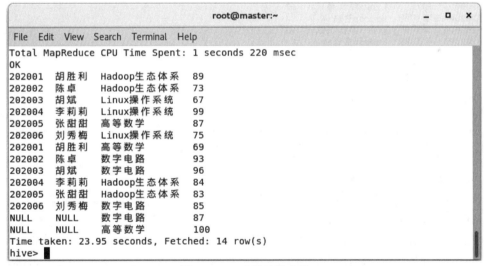

图 1-2-13　右外连接查询

4）FULL OUTER JOIN

全外连接指将两个表中的数据全部连接起来,如果没有对应的数则显示 NULL,语法格式如下。

> SELECT select_list FROM table_source a FULL OUTER JOIN table_source b ON a.col=b.col

全外连接原理如图 1-2-14 所示。

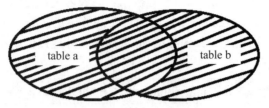

图 1-2-14 全外连接原理

使用全外连接查询 student 表和 score 表,命令如下。

> SELECT a.stu_no,a.name,b.cname,b.degree FROM student a FULL OUTER JOIN score b on a.stu_no=b.stu_no;

结果如图 1-2-15 所示。

```
root@master:~                              _  □  ×
File  Edit  View  Search  Terminal  Help
OK
NULL     NULL     高等数学            100
202001   胡胜利   高等数学            69
202001   胡胜利   Hadoop生态体系      89
202002   陈卓     数字电路            93
202002   陈卓     Hadoop生态体系      73
202003   胡斌     数字电路            96
202003   胡斌     Linux操作系统       67
202004   李莉莉   Hadoop生态体系      84
202004   李莉莉   Linux操作系统       99
202005   张甜甜   Hadoop生态体系      83
202005   张甜甜   高等数学            87
202006   刘秀梅   Linux操作系统       75
202006   刘秀梅   数字电路            85
202007   张雪     NULL               NULL
NULL     NULL     数字电路            87
Time taken: 21.049 seconds, Fetched: 15 row(s)
hive>
```

图 1-2-15 全外连接查询

6.DISTRIBUTE BY 语句

Hive 的查询语句在执行时会转换成 MapReduce 任务,MapReduce 计算框架会根据 map 输入的键计算哈希值,然后根据哈希值将键值对分发到多个 reduce 中。也就是说执行 SORT BY 语句时,不同 reduce 的输出内容会有重叠。

DISTRIBUTE BY 语句用于控制 map 的输出结果在 reduce 中的划分方式。MapReduce 任务会将所有的数据以键值对的方式进行组织。例如希望在排序过程中将相同类型的数据发送到同一个 reduce 中进行处理,然后使用 SORT BY 语句进行排序,就可以使用 DIS-TRIBUTE BY 语句,语法格式如下。

> SELECT select_list FROM table a DISTRIBUTE BY distribute_expression SORT BY sort_expression

需要注意的是,使用 DISTRIBUTE BY 语句一定要在卸载 SORT BY 之前。当前有一组仓库,有仓库所属人标识(merid)、货物数量(goods)和仓库名称(name)等信息,数据如下。

```
B 10 Warehouse_B_4
A 12 Warehouse_A_1
A 14 Warehouse_A_2
B 15 Warehouse_B_1
B 19 Warehouse_B_2
B 30 Warehouse_B_3
```

要求按货物数量进行排序,并且将所有具有相同所属人的数据发送到同一个 reduce 中进行处理,命令如下。

```
SELECT * FROM Warehouse DISTRIBUTE BY merid SORT BY goods DESC;
```

结果如图 1-2-16 所示。

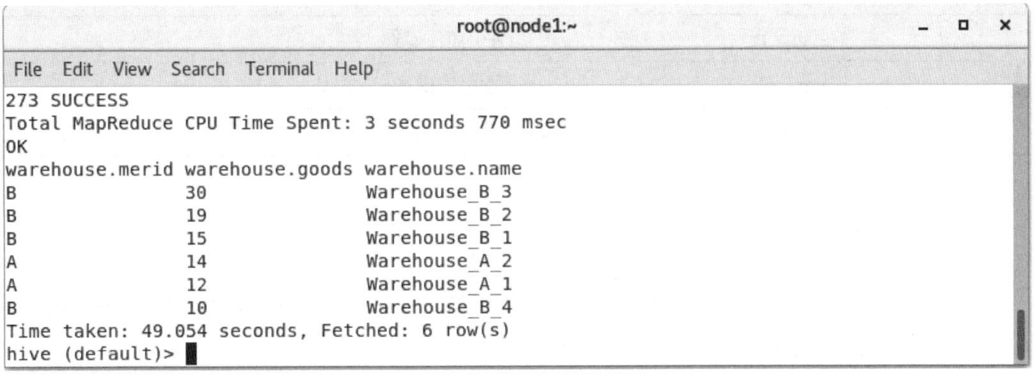

图 1-2-16　DISTRIBUTE BY 语句

假如 DISTRIBUTE BY 语句和 SORT BY 语句指定的是同一个字段,并且排序方式采用的是升序排序,则可以使用 CLUSTER BY 语句代替 DISTRIBUTE BY 语句,CLUSTER BY 语句相当于 DISTRIBUTE BY 语句的简写方式。按仓库名称升序排序命令如下。

```
SELECT * FROM Warehouse CLUSTER BY name;
```

结果如图 1-2-17 所示。

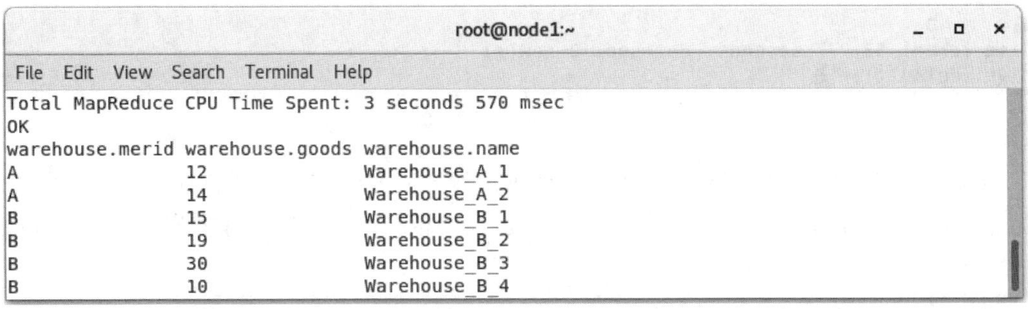

图 1-2-17　CLUSTER BY 语句

技能点 2　内置函数

1. 聚合函数

聚合函数比较特殊,可以对多行数据进行计算,如求和、计算平均值等。聚合函数常与 GROUP BY 分组语句一起使用。Hive 中常用的聚合函数见表 1-2-5。

表 1-2-5　Hive 中常用的聚合函数

函数	说明
count(*)	计数函数
sum(col)	求和函数
avg(col)	平均值函数
max(col)	最大值函数
min(col)	最小值函数

聚合函数的使用方法如下。

● count 函数

count 函数的功能是统计记录数,常用于统计符合条件的记录的数量,例如统计班级中男生和女生的人数等,命令如下。

```
SELECT gender,count(*) FROM student GROUP BY gender;
```

结果如图 1-2-18 所示。

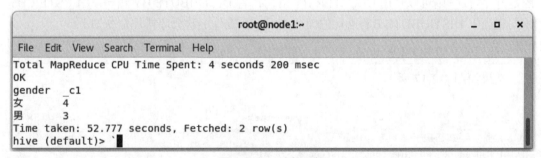

图 1-2-18　计数函数

count 函数提供了 distinct 选项用于实现去重计数。如当前有成绩表 score,要求根据成绩信息统计出共有多少门课程进行了考试,这就需要根据成绩表中的课程列进行去重计数,命令如下。

```
SELECT count(distinct cname) FROM score;
```

结果如图 1-2-19 所示。

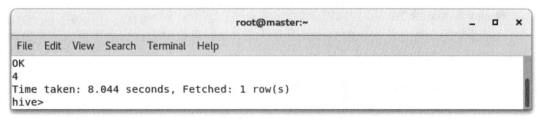

图 1-2-19　去重计数

● sum 函数

sum 函数的功能是计算数值类型数据的总和,常用于计算销量、消费额、产量等信息。当前 Hive 表中有一组名为 warehouse 的仓库数据,要求计算出不同仓库的存货总量,命令如下。

> SELECT merid,sum(goods) FROM warehouse GROUP BY merid;

结果如图 1-2-20 所示。

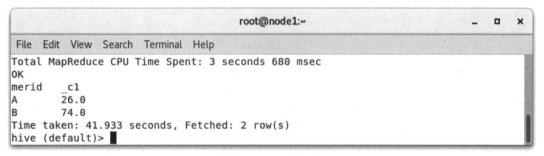

图 1-2-20　求和函数

● avg 函数

avg 函数的功能是计算某列数据的平均值,常用于统计平均收入、平均分数、平均降水量等。当前 score 表中有一组学生成绩数据,数据中包含五门课程的分数,要求计算每门课程的平均分,命令如下。

> SELECT cname,avg(degree) FROM score GROUP BY cname;

结果如图 1-2-21 所示。

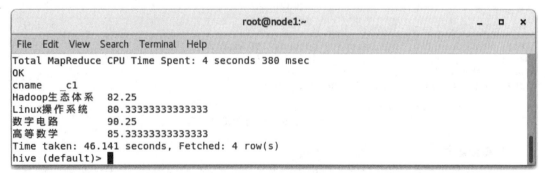

图 1-2-21　平均值函数

● max 和 min 函数

max 函数的功能是从指定的列中找到最大值，min 函数用于找到最小值。计算出表 score 中的最高成绩和最低成绩，命令如下。

SELECT max(degree) FROM score;
SELECT min(degree) FROM score;

结果分别如图 1-2-22 和图 1-2-23 所示。

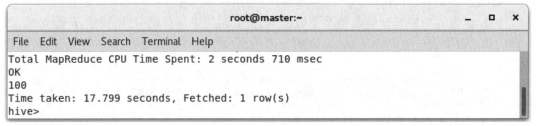

图 1-2-22　最大值函数

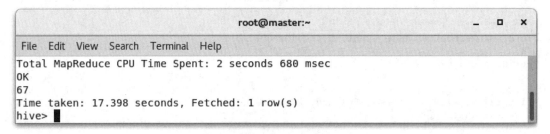

图 1-2-23　最小值函数

上述命令的结果仅列出了单个值，若想查看最大值或最小值所在行的所有数据，可使用嵌套查询实现，嵌套查询可以作为 WHERE 后的条件或 FROM 后的数据集。使用嵌套查询查询哪位同学取得了最高分，命令如下。

SELECT * FROM score WHERE degree=(SELECT max(degree) FROM score);

结果如图 1-2-24 所示。

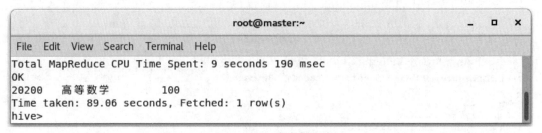

图 1-2-24　嵌套查询

2. 集合函数

在 Hive 数据库中，列中存储的值可以是数组或 map 类型的数据，对于这两种特殊类型

的数据，Hive 提供了集合函数进行处理。集合函数可以返回集合长度、数组长度，返回键值
对中的 key 值或 value 值等，见表 1-2-6。

表 1-2-6　集合函数

函数	说明
size(Map<K.V>)	返回 map 类型字段的长度
map_keys(Map<K.V>)	返回 map 类型数据中的所有 key 值
map_values(Map<K.V>)	返回 map 类型数据中的所有 value 值
array_contains(Array<T>, value)	如该数组 Array<T> 包含 value 返回 true，否则返回 false
sort_array(Array<T>)	按自然顺序对数组进行排序并返回

集合函数的使用方法如下。

● size 函数

size 函数的功能是返回 map 或数组类型字段的长度。当前 Hive 中有名为 employees
的表，使用 size 函数查看 deductions 列的长度，命令如下。

SELECT size(deductions) FROM employees;

结果如图 1-2-25 所示。

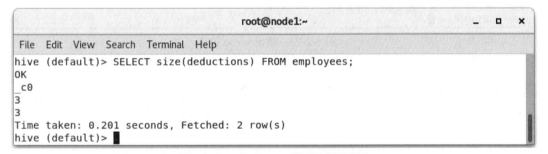

图 1-2-25　输出 map 类型字段的长度

图 1-2-25 中输出了 deductions 列的长度，因为表中保存了两行数据，所以会输出两个
"3"，可以使用 LIMIT 子句指定打印数据的行数，修改后命令如下。

SELECT size(deductions) FROM employees LIMIT 1;

● map_keys 函数

map_keys 函数的功能是返回 map 类型数据（键值对）中的所有 key 值。打印出 em-
ployees 表 deductions 字段中的 key 值，并且只输出一行，命令如下。

SELECT map_keys(deductions) FROM employees LIMIT 1;

结果如图 1-2-26 所示。

```
root@node1:~                                      _  □  ×
File  Edit  View  Search  Terminal  Help
hive (default)> SELECT map_keys(deductions) FROM employees LIMIT 1;
OK
_c0
["Federal Taxes","State Taxes","Insurance"]
Time taken: 0.196 seconds, Fetched: 1 row(s)
hive (default)>
```

图 1-2-26　输出 key 值

● map_values 函数

map_values 函数的功能是返回 map 类型数据（键值对）中的所有 value 值。打印出 employees 表 deductions 字段中的 value 值，并且只输出一行，命令如下。

SELECT map_values(deductions) FROM employees LIMIT 1;

结果如图 1-2-27 所示。

```
root@node1:~                                      _  □  ×
File  Edit  View  Search  Terminal  Help
hive (default)> SELECT map_values(deductions) FROM employees LIMIT 1;
OK
_c0
[0.2,0.05,0.1]
Time taken: 0.189 seconds, Fetched: 1 row(s)
hive (default)>
```

图 1-2-27　输出 value 值

● array_contains 函数

array_contains 函数的功能是判断数组类型的列中是否包含指定字符串。判断 employees 表的 subordinates 字段中是否包含指定字符串 Mary Smith，返回 true 代表包含，返回 false 表示不包含，命令如下。

SELECT array_contains(subordinates,'Mary Smith') FROM employees;

结果如图 1-2-28 所示。

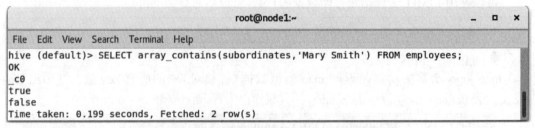

```
root@node1:~                                      _  □  ×
File  Edit  View  Search  Terminal  Help
hive (default)> SELECT array_contains(subordinates,'Mary Smith') FROM employees;
OK
_c0
true
false
Time taken: 0.199 seconds, Fetched: 2 row(s)
```

图 1-2-28　判断数组类型的列中是否包含指定字符串

● sort_array 函数

sort_array 函数的功能是将数组类型的列按照自然顺序排序后输出。将 employees 表中的 subordinates 字段使用 sort_array 函数序列化输出,命令如下。

```
SELECT sort_array(subordinates) FROM employees;
```

结果如图 1-2-29 所示。

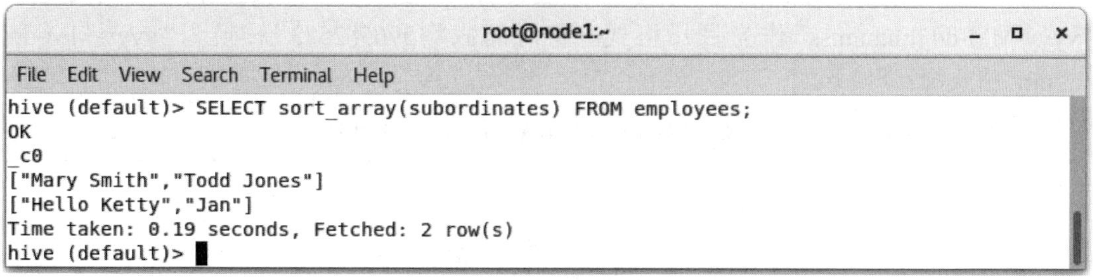

图 1-2-29　序列化数据

3. 日期函数

日期函数顾名思义是专门对代表时间的数据进行操作的函数。在日常生活、生产中常用的日期格式是"yyyy-MM-dd hh:mm:ss",这种形式在存储的时候占用的字符比较多或过于复杂,不能够满足所有应用场景的需求。当需要转换日期数据时可使用日期函数,常用的日期函数见表 1-2-7。

表 1-2-7　常用的日期函数

函数	说明
from_unixtime	将时间戳转换为指定格式的日期
unix_timestamp	根据参数获取当前时间戳或将日期转换为时间戳
to_date	返回年月日部分
year	返回年部分
month	返回月部分
day	返回日部分
hour	返回小时部分
minute	返回分钟部分
second	返回秒部分
datediff	返回从开始时间到结束时间的天数
date_add	在日期上加上指定的天数
date_sub	在日期上减去指定的天数
current_date	返回当前日期
date_format	按指定格式返回时间

● from_unixtime

from_unixtime 函数用于将时间戳转换为指定格式的日期,返回值的类型是 string,函数的语法格式如下。

```
from_unixtime(bigint unixtime,[string format])
```

bigint unixtime 代表时间戳，string format 代表字符类型的日期（format 可为"yyyy-MM-dd hh:mm:ss""yyyy-MM-dd hh""yyyy-MM-dd hh:mm"等），不指定日期格式则默认使用"yyyy-MM-dd hh:mm:ss"作为目标格式。将时间戳"1596582583"转换为"yyyy-MM-dd hh:mm"格式，命令如下。

```
SELECT from_unixtime(1596582583,'yyyy-MM-dd hh:mm');
```

结果如图 1-2-30 所示。

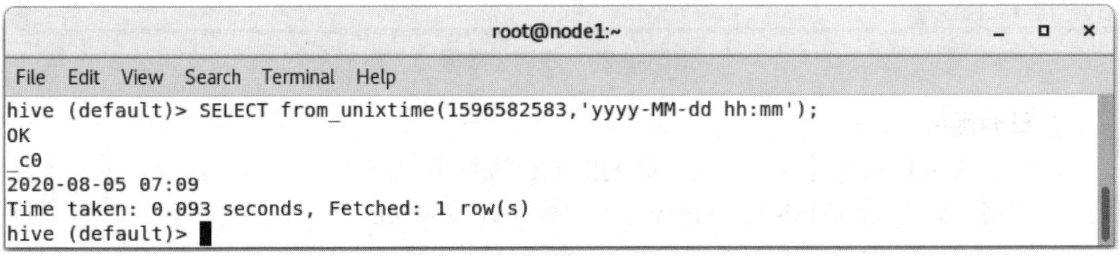

图 1-2-30　时间戳转日期

● unix_timestamp

unix_timestamp 函数能够获取当前时间戳或日期转换为时间戳，函数的语法格式如下。

```
unix_timestamp([string date],[string pattern])
```

unix_timestamp 函数中可传入两个参数，第一个参数是字符类型的日期，第二个参数是日期的格式，默认为"yyyy-MM-dd hh:mm:ss"，不传入参数代表获取当前时间戳，将"2020-08-05"转换为时间戳。并获取当前时间戳，命令如下。

```
SELECT unix_timestamp('2020-08-05','yyyy-MM-dd');
SELECT unix_timestamp();
```

结果如图 1-2-31 所示。

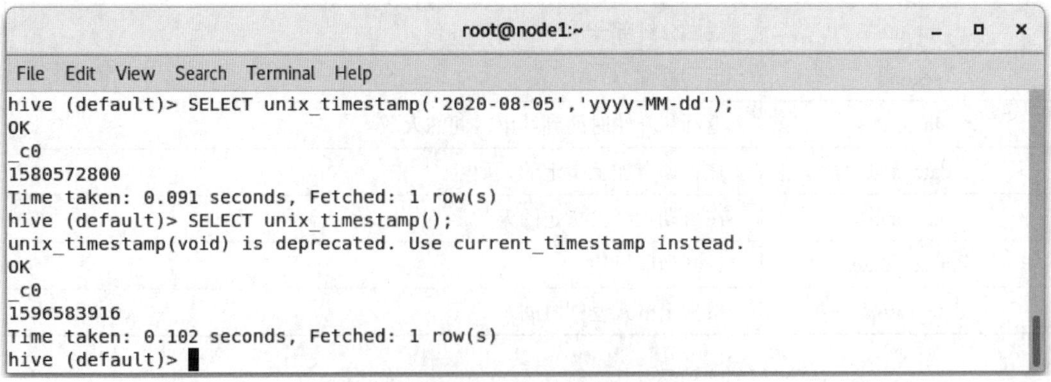

图 1-2-31　获取当前时间戳

● to_date、year、month、day

to_date 函数用于返回时间字符串的年月日部分，year 函数用于返回时间字符串的年部分，month 函数用于返回时间字符串的月部分，day 函数用于返回时间字符串的日期部分，四个函数的语法格式如下。

```
to_date(string date)
year(string date)
month(string date)
day(string date)
```

使用上述四个函数分别获取"2020-08-05 21:22:45"的年月日部分、年部分、月部分和日部分，命令如下。

```
SELECT to_date('2020-08-05 21:22:45');
SELECT year('2020-08-05 21:22:45');
SELECT month('2020-08-05 21:22:45');
SELECT day('2020-08-05 21:22:45');
```

结果如图 1-2-32 所示。

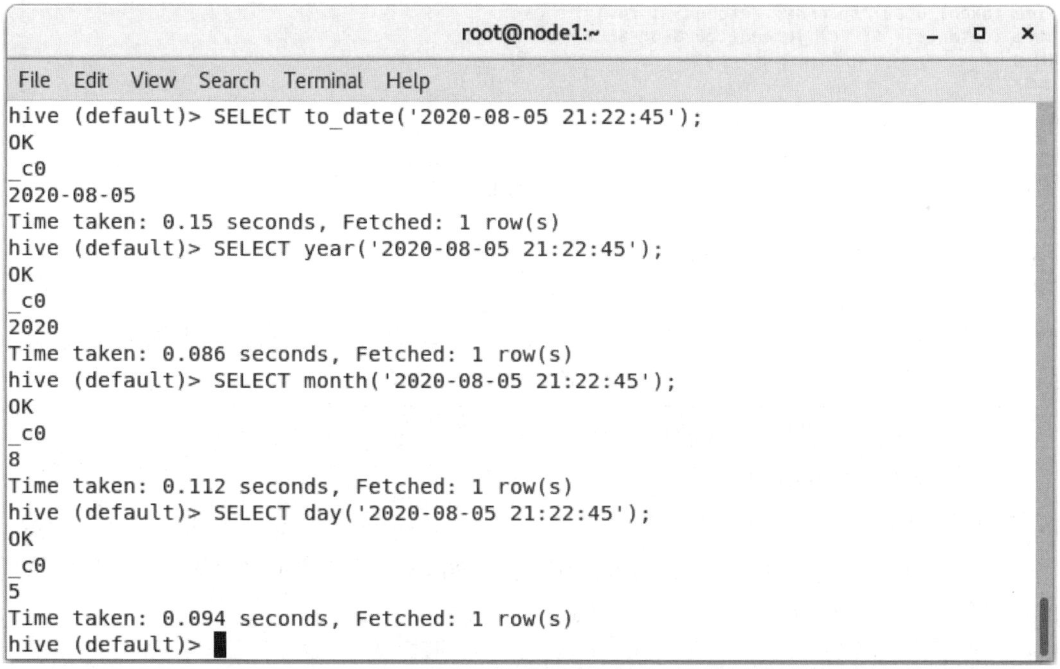

图 1-2-32　截取日期部分

● hour、minute、second

hour 函数用于返回时间字符串的小时部分，minute 函数用于返回时间字符串的分钟部分，second 函数用于返回时间字符串的秒部分，三个函数的语法格式如下。

> hour(string date)
>
> minute(string date)
>
> second(string date)

使用上述三个函数分别获取"2020-08-05 21:22:45"的小时、分钟、秒部分,命令如下。

> SELECT hour('2020-08-05 21:22:45');
>
> SELECT minute('2020-08-05 21:22:45');
>
> SELECT second('2020-08-05 21:22:45');

结果如图 1-2-33 所示。

```
                              root@node1:~                    _  □  ×
File  Edit  View  Search  Terminal  Help
hive (default)> SELECT hour('2020-08-05 21:22:45');
OK
_c0
21
Time taken: 0.501 seconds, Fetched: 1 row(s)
hive (default)> SELECT minute('2020-08-05 21:22:45');
OK
_c0
22
Time taken: 0.087 seconds, Fetched: 1 row(s)
hive (default)> SELECT second('2020-08-05 21:22:45');
OK
_c0
45
Time taken: 0.083 seconds, Fetched: 1 row(s)
[root@node1 ~]#
```

图 1-2-33　截取时间部分

● datediff、date_add、date_sub

datediff 函数用于计算从开始时间到结束时间的天数,date_add 函数用于在日期上加上指定的天数,返回的结果是字符串类型的时间,date_sub 函数用于在日期上减去指定的天数,返回的结果是字符串类型的时间,三个函数的语法格式如下。

> datediff(string enddate,string startdate)
>
> date_add(string startdate,int days)
>
> date_sub(string startdate,int days)

使用上述三个函数计算从"2019-06-29"到"2020-08-05"经过了多少天,并计算"2020-08-05"加 12 天和"2019-06-29"减 14 天的日期,命令如下。

> SELECT datediff('2020-08-05','2019-06-29');
>
> SELECT date_add('2020-08-05',12);
>
> SELECT date_sub('2019-06-29',14);

结果如图 1-2-34 所示。

```
                                    root@node1:~                        _ □ ✕
 File  Edit  View  Search  Terminal  Help
 hive (default)> SELECT datediff('2020-08-05','2019-06-29');
 OK
 _c0
 403
 Time taken: 0.131 seconds, Fetched: 1 row(s)
 hive (default)> SELECT date_add('2020-08-05',12);
 OK
 _c0
 2020-08-17
 Time taken: 0.139 seconds, Fetched: 1 row(s)
 hive (default)> SELECT date_sub('2019-06-29',14);
 OK
 _c0
 2019-06-15
 Time taken: 0.137 seconds, Fetched: 1 row(s)
 hive (default)> █
```

图 1-2-34　计算天数

● current_date、date_format

current_date 函数用于获取当前日期,该函数不需要传入参数。date_format 函数用于按指定格式返回时间,语法格式如下。

> date_format(date/timestamp/string ts, string fmt)

使用上述两个函数获取当前时间,然后使用 date_format 函数将时间以"MM-dd-YYYY"的形式输出,命令如下。

> SELECT current_date;
> SELECT date_format('2020-08-06','MM-dd-YYYY');

结果如图 1-2-35 所示。

```
                                    root@node1:~                        _ □ ✕
 File  Edit  View  Search  Terminal  Help
 hive (default)> SELECT current_date;
 OK
 _c0
 2020-08-06
 Time taken: 0.117 seconds, Fetched: 1 row(s)
 hive (default)> SELECT date_format('2020-08-06','MM-dd-YYYY');
 OK
 _c0
 08-06-2020
 Time taken: 0.117 seconds, Fetched: 1 row(s)
 hive (default)> █
```

图 1-2-35　获取当前时间并格式化输出

4. 字符串函数

字符串函数的主要功能是对字符串类型的数据进行处理,如转换大小写、转换字符串格式、去空格和截取字符串等。常用字符串函数见表 1-2-8。

表 1-2-8　常用字符串函数

函数	说明
format_number	将数值 x 转换成 "#,###,###.##" 格式的字符串
get_json_object	抽取 JSON 对象
lower	大写字母转小写字母
upper	小写字母转大写字母
ltrim	去掉字符串开关的空格
rtrim	去掉字符串结尾的空格
split	拆分字符串
substr	截取字符串

● format_number

format_number 函数用于处理数值型数据，将数值每三位使用逗号隔开并设置保留的小数位数，返回值为 string 类型，语法格式如下。

format_number(number x, int d)

使用 format_number 函数将数字 1254785624 每三位使用逗号隔开并保留 2 位小数，命令如下。

SELECT format_number(1254785624,2);

结果如图 1-2-36 所示。

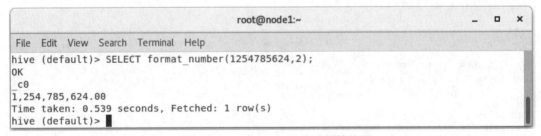

图 1-2-36　format_number 函数的使用

● get_json_object

get_json_object 函数用于从 JSON 字符串中抽取对象，并返回该对象的 JSON 格式，如果输入非法的 JSON 字符串则返回 NULL，返回值的类型为 string，语法格式如下。

get_json_object(string json_string, string path)

使用 get_json_object 函数获取 JSON 字符串中的第二项，命令如下。

hive (default)>SELECT get_json_object('[{"name":"wangerxiao","sex":"male","age":"25"}, {"name":"licuihua","sex":"male","age":"47"}]','$.[1]');

结果如图 1-2-37 所示。

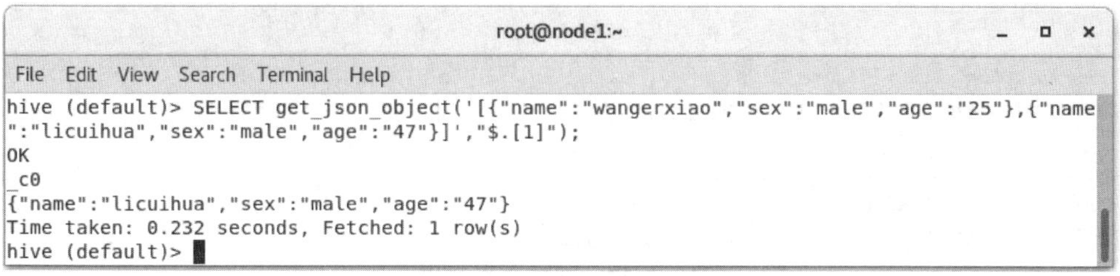

图 1-2-37　抽取 JSON 对象

● lower、upper

lower 函数用于将字符串中的所有大写字母转换为小写字母，upper 函数用于将字符串中的小写字母转换为大写字母,语法格式如下。

lower(string a)

upper(string a)

使用上述函数将字符串"fOoBaR"分别转换为小写字母和大写字母,命令如下。

SELECT lower('fOoBaR');

SELECT upper('fOoBaR');

结果如图 1-2-38 所示。

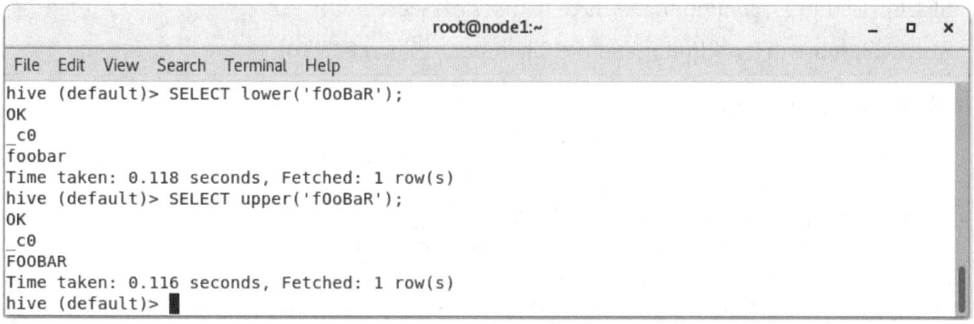

图 1-2-38　大小写字母转换

● ltrim、rtrim

ltrim 函数用于去掉字符串开头多余的空格，rtrim 函数用于去掉字符串结尾多余的空格,返回值的类型为 string,语法格式如下。

ltrim(string a)

rtrim(string a)

使用上述函数将字符串" Harry Potter and the Chamber of Secrets "开头和结尾多余的空格去除,函数可以单独使用,还可以嵌套使用,命令如下。

SELECT rtrim(ltrim(' Harry Potter and the Chamber of Secrets '));

结果如图 1-2-39 所示。

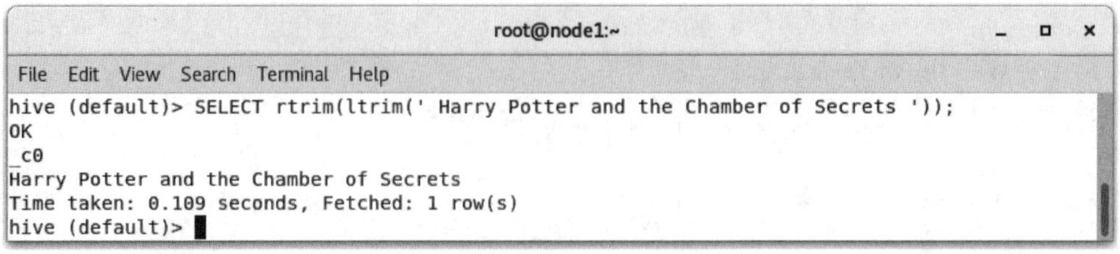

```
root@node1:~                                           _  □  ×
File  Edit  View  Search  Terminal  Help
hive (default)> SELECT rtrim(ltrim(' Harry Potter and the Chamber of Secrets '));
OK
_c0
Harry Potter and the Chamber of Secrets
Time taken: 0.109 seconds, Fetched: 1 row(s)
hive (default)> ▊
```

图 1-2-39　字符串去空格

● split、substr

split 函数能够按照指定的分隔符将字符串拆分为数组,指定的分隔符必须包含在字符串中, substr 函数用于截取字符串中指定位置的字符,返回值的类型为 string,语法格式如下。

> split(string str, string pat)
>
> substr(string|binary A, int start, int len)

split 函数需要传入两个参数,第一个参数为字符串;第二个参数为字符类型的分隔符。substr 函数需要传入三个参数,第一个参数为字符串;第二个参数为截取开始的位置;第三个参数为截取的长度。使用上述函数分别将字符串"Harry,Potter,and,the,Chamber,of,Secrets"按照逗号拆分为数组和从第 7 位截取到第 12 位,命令如下。

> SELECT split('Harry,Potter,and,the,Chamber,of,Secrets',',');
>
> SELECT substr('Harry,Potter,and,the,Chamber,of,Secrets',7,6);

结果如图 1-2-40 所示。

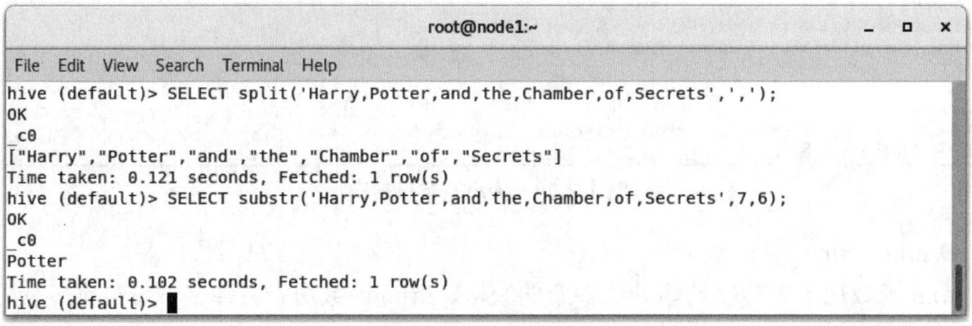

```
root@node1:~                                           _  □  ×
File  Edit  View  Search  Terminal  Help
hive (default)> SELECT split('Harry,Potter,and,the,Chamber,of,Secrets',',');
OK
_c0
["Harry","Potter","and","the","Chamber","of","Secrets"]
Time taken: 0.121 seconds, Fetched: 1 row(s)
hive (default)> SELECT substr('Harry,Potter,and,the,Chamber,of,Secrets',7,6);
OK
_c0
Potter
Time taken: 0.102 seconds, Fetched: 1 row(s)
hive (default)> ▊
```

图 1-2-40　截取字符串

技能点 3　引擎优化

1. tez 引擎

Apache tez 是一款开源的基于 MapReduce 框架的支持 DAG 作业的计算框架,主要用于解决 MapReduce 效率低下的问题。tez 将 Map 和 Reduce 操作简化成了 Vertex 概念,并将计算处理节点拆分为多个部分：Vertex Input、Vertex Output、Sorting、Shuffing 和 Metging。这些元操作可以任意组合产生新操作，操作经过组装形成一个大的 DAG 作业。

    传统的 MR 包括 Hive、Pig 和直接编写 MR 程序。假设有四个有依赖关系的 MR 作业（一个较复杂的 Hive SQL 语句或者 Pig 脚本可能被翻译成四个有依赖关系的 MR 作业），tez 可以将多个有依赖关系的作业转换为一个作业（这样只需写一次 HDFS，且中间节点较少），从而大大提升 DAG 作业的性能。tez 已被 Hortonworks 用于 Hive 引擎的优化，经测试，性能提升约 100 倍，MR 和 tez 运行过程分别如图 1-2-41 和图 1-2-42 所示。

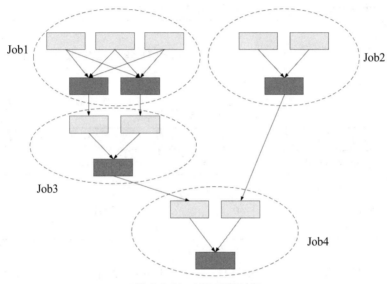

图 1-2-41   MR 运行过程

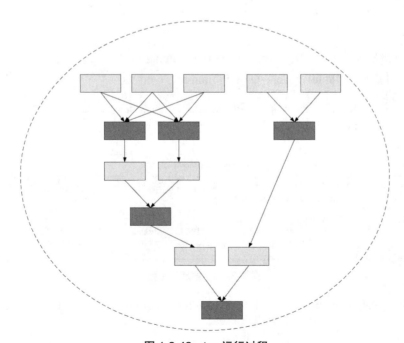

图 1-2-42   tez 运行过程

tez 引擎不需要复杂的配置,也不需要启动进程、tez 配置文件说明见表 1-2-9。

表 1-2-9　tez 配置文件说明

参数	说明
tez.lib.uris	指明 HDFS 集群中的 tez 的 jar 包的位置,使 Hadoop 可以自动分布式缓存该 jar 包
tez.use.cluster.hadoop-libs	tez 是否可用 Hadoop 的 jar 包
tez.history.logging.service.class	以何种形式形成日志文件

为了最大化 tez 引擎的执行优势,还可以对执行参数进行设置。tez 相关配置见表 1-2-10。

表 1-2-10　tez 相关配置

属性	取值	用途
hive.prewarm.enabled	True	设置 Hive,创建 tez 容器
hive.prewarm.numcontainers	不同数值	调整 tez 容器的数量
tez_contaniner_max_java_heap_fraction	0.8	tez 容器的规模是 YARN 容器的规模的倍数

Hive 更换引擎需要准备 Hadoop 和 Hive 的基础环境,基础环境配置完成后在基础户和环境的基础上进行修改。Hive 配置 tez 引擎的步骤如下。

第一步,下载 tez 安装包,并将安装包上传到 Linux 操作系统的 /usr/local 目录下,解压并重命名为 tez,命令如下。

```
[root@nodel local]# tar -zxvf apache-tez-0.9.2-bin.tar.gz
[root@nodel local]# mv apache-tez-0.9.2-bin tez
[root@nodel local]# ls
```

结果如图 1-2-43 所示。

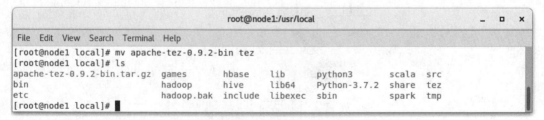

图 1-2-43　解压 tez 包

第二步,将未解压的 tez 安装包上传到 HDFS 中,命令如下。

```
[root@master local]# hadoop fs -mkdir -p /apps/apache-tez-0.9.2-bin
[root@master  local]#  hadoop  fs  -copyFromLocal  ./apache-tez-0.9.2-bin.tar.gz  /apps/
apache-tez-0.9.2-bin
[root@master local]# hadoop fs -ls /apps/apache-tez-0.9.2-bin
```

结果如图 1-2-44 所示。

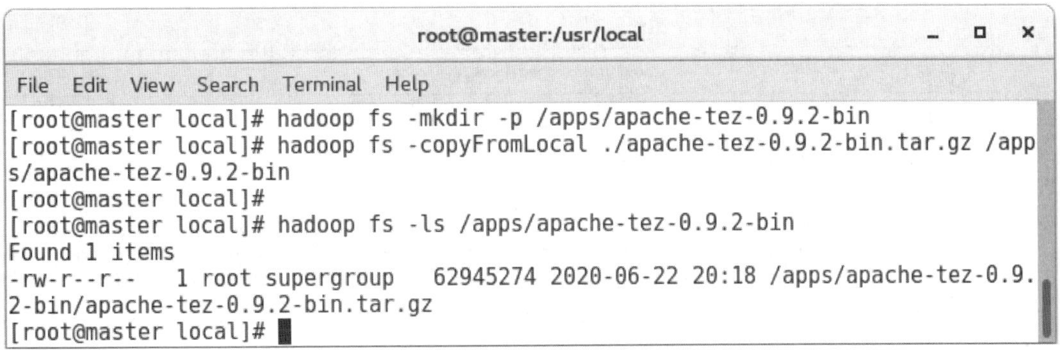

图 1-2-44　上传 tez 安装包

第三步，配置 tez-site.xml 文件，在 /hive/conf/ 目录下创建 tez-site.xml 配置文件，在配置文件中设置 tez 安装包的位置、Hadoop jar 包的位置和形成日志的形式，命令如下。

```
[root@master local]# cd /usr/local/hive/conf/
[root@master conf]# vim tez-site.xml
<?xml version="1.0" encoding="UTF-8"?>
<?xml-stylesheet type="text/xsl" href="configuration.xsl"?>
<configuration>
        <!-- 指明 HDFS 集群中的 tez 的 jar 包的位置，使 Hadoop 可以自动分布式缓存
该 jar 包 -->
        <property>
            <name>tez.lib.uris</name>
            <value>${fs.defaultFS}/apps/apache-tez-0.9.2-bin/apache-tez-0.9.2-bin.tar.gz</value>
        </property>
        <!--tez 是否可用 Hadoop 的 jar 包 -->
        <property>
            <name>tez.use.cluster.hadoop-libs</name>
            <value>true</value>
        </property>
        <!-- 以何种形式形成日志文件 -->
        <property>
```

```
            <name>tez.history.logging.service.class</name>
            <value>org.apache.tez.dag.history.logging.ats.ATSHistoryLoggingService</value>
        </property>
</configuration>
```

结果如图 1-2-45 所示。

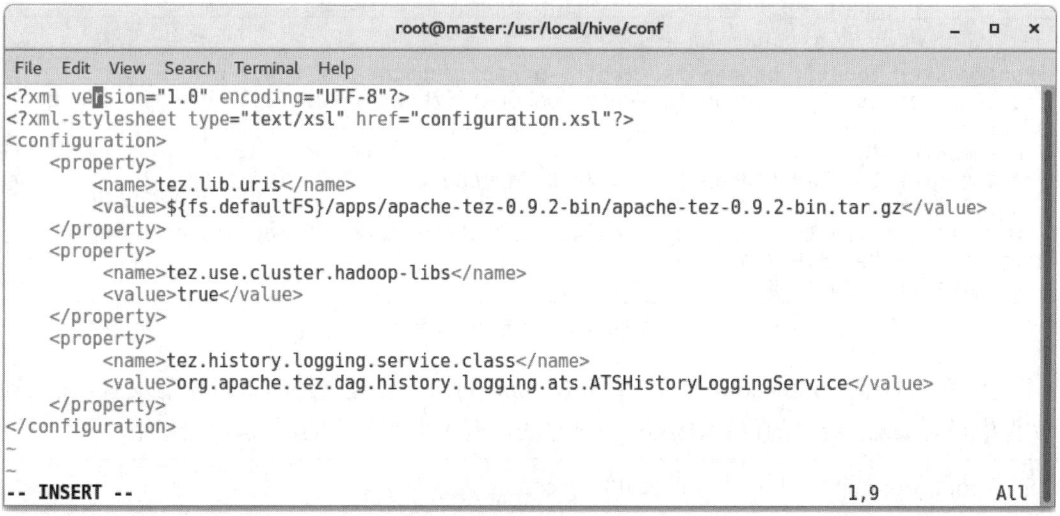

图 1-2-45　配置 tez-site.xml

第四步,在 hive-env.sh 配置文件中设置 tez 环境变量和依赖包环境变量,在配置过程中需要将 hadoop-lzo-0.4.13.jar 复制到 /hadoop/share/hadoop/common 目录下。配置 hive-env.sh 命令如下。

```
[root@master ~]# vim /usr/local/hive/conf/hive-env.sh
export TEZ_HOME=/usr/local/tez
export TEZ_JARS=""
for jar in `ls $TEZ_HOME |grep jar`; do
    export TEZ_JARS=$TEZ_JARS:$TEZ_HOME/$jar
done
for jar in `ls $TEZ_HOME/lib`; do
    export TEZ_JARS=$TEZ_JARS:$TEZ_HOME/lib/$jar
done
export HIVE_AUX_JARS_PATH=/usr/local/hadoop/share/hadoop/common/ha-doop-lzo-0.4.13.jar$TEZ_JARS
```

结果如图 1-2-46 所示。

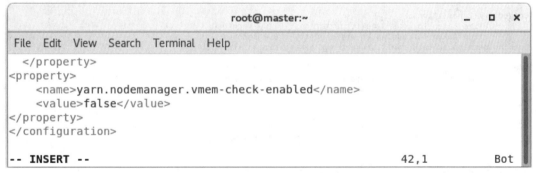

```
                                  root@master:~                        _  □  ×
File  Edit  View  Search  Terminal  Help
# Hive Configuration Directory can be controlled by:
 export HIVE_CONF_DIR=/usr/local/hive/conf

# Folder containing extra ibraries required for hive compilation/execution can be controlled by:
export TEZ_HOME=/usr/local/tez
export TEZ_JARS=""
for jar in `ls $TEZ_HOME |grep jar`; do
    export TEZ_JARS=$TEZ_JARS:$TEZ_HOME/$jar
done
for jar in `ls $TEZ_HOME/lib`; do
    export TEZ_JARS=$TEZ_JARS:$TEZ_HOME/lib/$jar
done
export HIVE_AUX_JARS_PATH=/usr/local/hadoop/share/hadoop/common/hadoop-lzo-0.4.13.jar$TEZ_JARS
-- INSERT --                                                    62,31          Bot
```

图 1-2-46   配置环境变量

第五步，通过设置 hive-site.xml 配置文件的 hive.execution.engine，将执行引擎更换为 tez，命令如下。

```
[root@master ~]# vim /usr/local/hive/conf/hive-site.xml
# 添加以下配置
<property>
    <name>hive.execution.engine</name>
    <value>tez</value>
</property>
```

结果如图 1-2-47 所示。

```
                                  root@master:~                        _  □  ×
File  Edit  View  Search  Terminal  Help
    </property>
<property>
    <name>yarn.nodemanager.vmem-check-enabled</name>
    <value>false</value>
</property>
</configuration>

-- INSERT --                                                    42,1           Bot
```

图 1-2-47   配置使用 tez 引擎

第六步，在 bashrc 中配置 tez 环境变量，命令如下。

```
[root@master ~]# vim ~/.bashrc   # 在环境变量中添加以下内容
export TEZ_HOME=/usr/local/tez
export TEZ_CONF_DIR=$TEZ_HOME/conf
export TEZ_JARS=$TEZ_HOME
[root@master ~]# source ~/.bashrc
```

结果如图 1-2-48 所示。

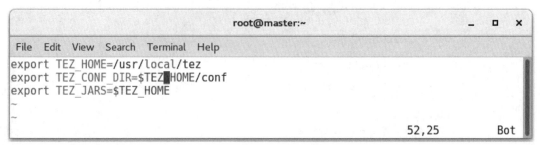

图 1-2-48　配置环境变量

第七步，至此 tez 引擎已经部署完成，可通过大数据的复杂查询对比效果，命令如下。

> hive> from student insert into table student_max_min partition(tp) select age,min (time),'min' tp group by age insert into table student_max_min partition(tp) select age, max(time),'max' tp group by age;

结果如图 1-2-49 所示。

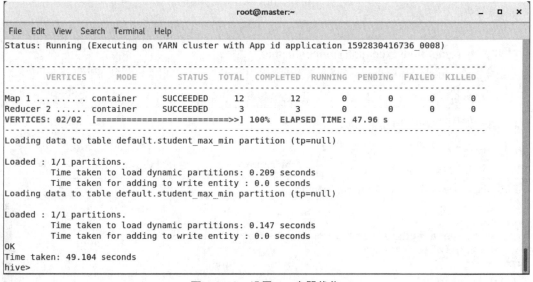

图 1-2-49　设置 tez 容器优化

2.Spark 引擎

Spark 是一个大规模数据处理引擎，采用分布式的内存计算，能够快速完成任务。Hive 使用 Spark 作为计算引擎，可以简称 Hive on Spark。Hive on Spark 技术是最初由 Cloudera 公司提出并与 Intel、MapR 等公司共同参与的开源项目，目的是将 Hive 数据查询作为 Spark 任务提交到集群中运行，从而提高 Hive 的性能。Hive on Spark 具有较严格的版本依赖，Hive 与 Spark 的版本依赖见表 1-2-11。

表 1-2-11　Hive 与 Spark 的版本依赖

Hive 版本	Spark 版本
3.0.X	2.3.0
2.3.X	2.0.0
2.2.X	1.6.0
2.1.X	1.6.0
2.0.X	1.5.0
1.2.X	1.3.1

官网提供的安装包在编译时包含 Hive 组件，部署 Hive on Spark 时必须将 Hive 的功能剔除，而官网并没有提供该功能，所以要在官网下载 Spark 源码包自行编译，然后使用编译后的 Spark 安装包配置 Spark 集群，再进行 Hive on Spark 的配置。Spark 源码编译与 Hive on Spark 配置步骤如下。

第一步，下载 Spark 源码包，下载地址为 http://archive.apache.org/dist/spark/spark-2.0.0/，点击 spark-2.0.0.tgz 即可下载，如图 1-2-50 所示。

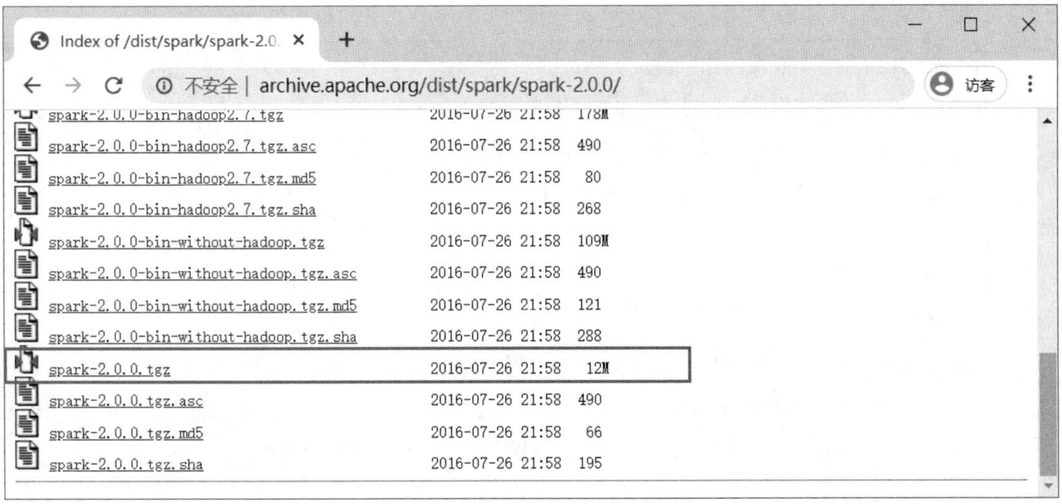

图 1-2-50　下载 Spark 源码包

第二步，编译 Spark 时需要使用 Maven，Maven 的下载地址为 http://maven.apache.org/download.cgi，如图 1-2-51 所示。

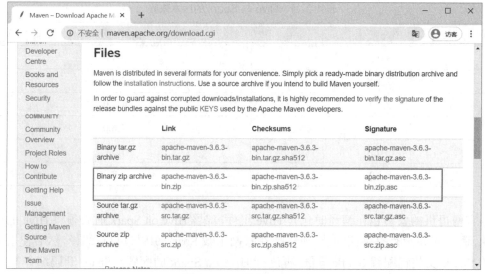

图 1-2-51　下载 Maven

　　第三步,配置 Maven 仓库,将下载的 Maven 安装包上传到 Linux 系统的 /usr/local/ 目录下并解压,解压后修改 Mavne 中 /conf 目录下的 settings.xml 文件,设置 JDK 版本和 Maven 仓库地址,最后配置环境变量,命令如下。

```
[root@master ~]# cd /usr/local/
[root@master local]# tar -zxvf apache-maven-3.6.3-bin.tar.gz
[root@master local]# mv apache-maven-3.6.3 maven
[root@master local]# vim ./maven/conf/settings.xml
# 在对应标签中修改以下内容
<mirror>
  <id>nexus-aliyun</id>
  <mirrorOf>*</mirrorOf>
  <name>nexus aliyun</name>
  <url>http://maven.aliyun.com/nexus/content/groups/public</url>
</mirror>
<!-- Java 的 JDK 版本 -->
<profile>
  <id>jdk-1.8</id>
  <activation>
    <activeByDefault>true</activeByDefault>
    <jdk>1.8</jdk>
  </activation>
  <properties>
    <maven.compiler.source>1.8</maven.compiler.source>
    <maven.compiler.target>1.8</maven.compiler.target>
```

```
        <maven.compiler.compilerVersion>1.8</maven.compiler.compilerVersion>
    </properties>
</profile>
[root@master local]# vi ~/.bashrc
MAVEN_HOME=/usr/local/maven
export PATH=${MAVEN_HOME}/bin:${PATH}
[root@master local]# vi ~/.bashrc
[root@master local]# source ~/.bashrc
[root@master local]# mvn -v
```

结果如图 1-2-52 所示。

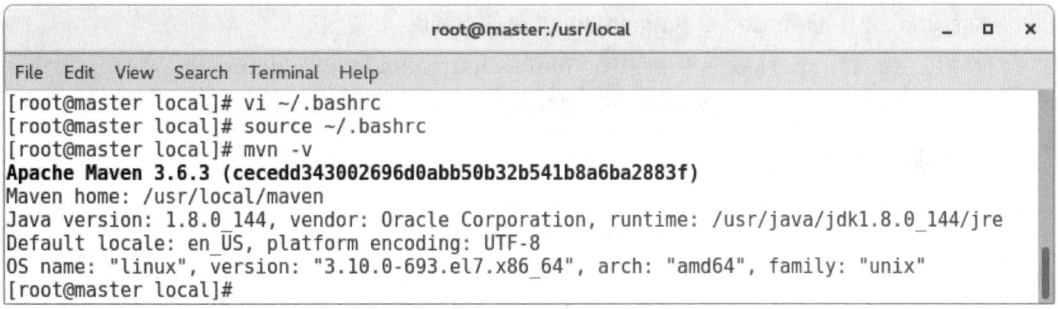

图 1-2-52 配置 Maven 仓库

第四步，将下载的 Spark 源码包上传到 Linux 系统的 /usr/local 目录下并解压，解压后修改 Spark 源码包中 /dev 目录下的 make-distribution.sh 文件，设置 Spark 版本、Scala 版本和 Hadoop 版本，命令如下。

```
[root@master local]# tar -zxvf spark-2.0.0.tgz
[root@master local]# vim ./spark-2.0.0/dev/make-distribution.sh
# 将文件中的以下内容删除或对其进行注释
VERSION=$("$MVN" help:evaluate -Dexpression=project.version $@ 2>/dev/null | grep -v "INFO" | tail -n 1)
SCALA_VERSION=$("$MVN" help:evaluate -Dexpression=scala.binary.version $@ 2>/dev/null\
    | grep -v "INFO"\
    | tail -n 1)
SPARK_HADOOP_VERSION=$("$MVN"  help:evaluate  -Dexpression=hadoop.version $@ 2>/dev/null\
    | grep -v "INFO"\
    | tail -n 1)
SPARK_HIVE=$("$MVN" help:evaluate -Dexpression=project.activeProfiles -pl sql/hive $@ 2>/dev/null\
```

```
    | grep -v "INFO"\
    | fgrep --count "<id>hive</id>";\
    # Reset exit status to 0, otherwise the script stops here if the last grep finds nothing
    # because we use "set -o pipefail"
echo -n)
# 删除成功后在当前位置输入以下内容
VERSION=2.0.0
SCALA_VERSION=2.11
SPARK_HADOOP_VERSION=2.7.7
[root@master local]# cd ./ spark-2.0.0
# 执行如下命令编译 Spark，编译过程需要 2 h，完成后会在 Spark 的根目录下生成名
为 spark-2.0.0-bin-hadoop2-without-hive.tgz 的 Spark 安装包
[root@master spark-2.0.0]# ./dev/make-distribution.sh --name "hadoop2-with-
out-hive" --tgz "-Pyarn,hadoop-provided,hadoop-2.7,parquet-provided"
```

结果如图 1-2-53 所示。

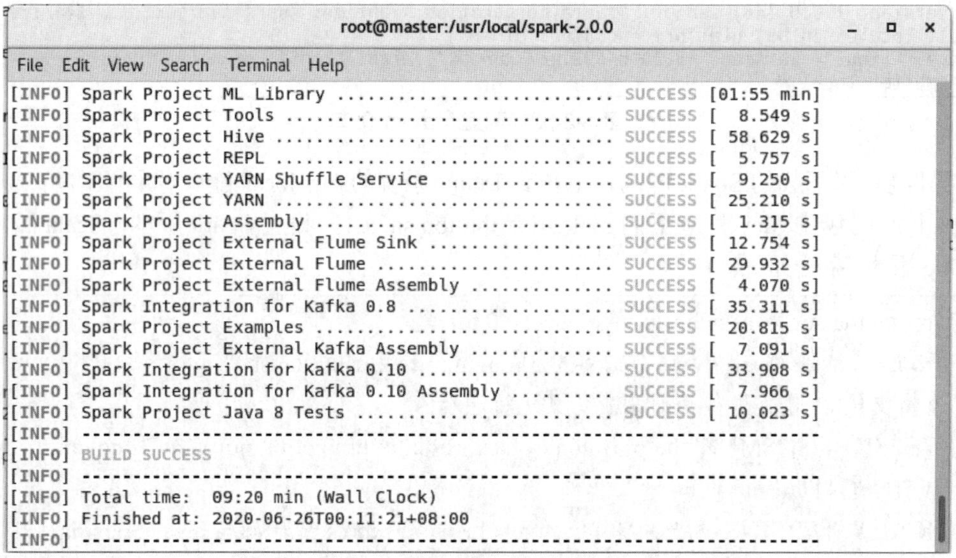

图 1-2-53   编译 Spark 安装包

至此 Spark 安装包已经编译完毕，以下步骤为 Hive on Spark 的配置步骤，前提是安装好 Hadoop、Spark 和 Hive。

第一步，将 Spark 中的 jar 包和 Hive 中的 jar 包整合，命令如下。

```
[root@master conf]# cp /usr/local/spark/jars/*.jar /usr/local/hive/lib/
[root@master conf]# rm -rf /usr/local/spark/jars/*.jar
[root@master conf]# cp /usr/local/hive/lib/*.jar /usr/local/spark/jars/
```

结果如图 1-2-54 所示。

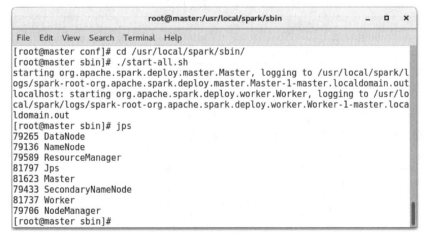

```
                     root@master:/usr/local/spark/conf        _  ▫  ✕

 File   Edit   View   Search   Terminal   Help
 [root@master conf]# cp /usr/local/spark/jars/*.jar /usr/local/hive/lib/
 cp: overwrite '/usr/local/hive/lib/compress-lzf-1.0.3.jar'? y
 cp: overwrite '/usr/local/hive/lib/ivy-2.4.0.jar'? y
 cp: overwrite '/usr/local/hive/lib/jackson-core-2.6.5.jar'? y
 cp: overwrite '/usr/local/hive/lib/jackson-databind-2.6.5.jar'? y
 cp: overwrite '/usr/local/hive/lib/javax.servlet-api-3.1.0.jar'? y
 cp: overwrite '/usr/local/hive/lib/lz4-1.3.0.jar'? y
 cp: overwrite '/usr/local/hive/lib/opencsv-2.3.jar'? y
 cp: overwrite '/usr/local/hive/lib/validation-api-1.1.0.Final.jar'? y
 [root@master conf]# rm -rf /usr/local/spark/jars/*.jar
 [root@master conf]# cp /usr/local/hive/lib/*.jar /usr/local/spark/jars/
 [root@master conf]#
```

图 1-2-54　整合 jar 包

第二步，将 Hadoop 中的 core-site.xml、yarn-site.xml、hdfs-site.xml 和 Hive 中的 hive-site.xml 复制到 Spark 的 /conf 目录下，命令如下。

[root@master conf]# cp /usr/local/hadoop/etc/hadoop/core-site.xml /usr/local/hadoop /etc/hadoop/yarn-site.xml /usr/local/hadoop/etc/hadoop/hdfs-site.xml /usr/local/hive /conf/hive-site.xml /usr/local/spark/conf/

第三步，在 HDFS 中创建 /spark-jars 和 /spark-hive-jobhistory 目录，并将 /spark/jars 目录下的所有 jar 包上传到 HDFS 的 /spark-jars 目录下，命令如下。

[root@master conf]# hadoop fs -mkdir /spark-jars

[root@master conf]# hadoop fs -mkdir /spark-hive-jobhistory

[root@master conf]# hadoop fs -put /usr/local/spark/jars/*.jar /spark-jars

第四步，启动 Spark，进入 /spark/sbin 目录执行 ./start-all.sh 命令，命令如下。

[root@master conf]# cd /usr/local/spark/sbin/

[root@master sbin]# ./start-all.sh

[root@master sbin]# jps

结果如图 1-2-55。

```
                    root@master:/usr/local/spark/sbin        _  ▫  ✕

 File   Edit   View   Search   Terminal   Help
 [root@master conf]# cd /usr/local/spark/sbin/
 [root@master sbin]# ./start-all.sh
 starting org.apache.spark.deploy.master.Master, logging to /usr/local/spark/l
 ogs/spark-root-org.apache.spark.deploy.master.Master-1-master.localdomain.out
 localhost: starting org.apache.spark.deploy.worker.Worker, logging to /usr/lo
 cal/spark/logs/spark-root-org.apache.spark.deploy.worker.Worker-1-master.loca
 ldomain.out
 [root@master sbin]# jps
 79265 DataNode
 79136 NameNode
 79589 ResourceManager
 81797 Jps
 81623 Master
 79433 SecondaryNameNode
 81737 Worker
 79706 NodeManager
 [root@master sbin]#
```

图 1-2-55　启动 Spark

第五步,进入 Hive 命令行,执行查询命令查看速度,命令如下。

hive> from student insert into table student_max_min partition(tp) select age,min (time),'min' tp group by age insert into table student_max_min partition(tp) select age, max(time),'max' tp group by age;

结果如图 1-2-56 所示。

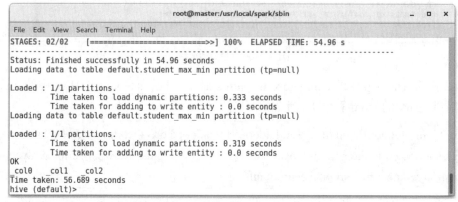

图 1-2-56　使用 Spark 引擎执行查询命令

精准化运营的基础是客户关系管理与维护,客户关系管理的核心是客户分类,通过客户分类,能够对客户群体进行细分,划分中低价值客户与高价值客户,对不同的客户群体开展不同的个性化服务,将有限的资源合理地分配给不同价值的客户,从而实现效益最大化。本教程使用的数据集包含 62 828 条数据,其中有 44 个字段,主要字段说明见表 1-2-12。

表 1-2-12　主要字段说明

	属性名称	属性说明
客户基本信息	member_no	会员卡号
	ffp_date	入会时间
	first_flight_date	第一次飞行日期
	gender	性别
	ffp_tier	会员卡级别
	work_city	工作城市
	work_country	工作地所在国家
	age	年龄

	属性名称	属性说明
乘机信息	flight_count	观测窗口内的飞行次数
	load_time	观测窗口的结束时间
	last_to_end	最后一次乘机至观测窗口结束时长
	avg_discount	平均折扣率
	sum_yr	观测窗口内的票价收入
	seg_km_sum	观测窗口内的总飞行公里数
	last_flight_date	末次飞行日期
	avg_interval	平均乘机时间间隔
	max_interval	最大乘机时间间隔
积分信息	exchange_count	积分兑换次数
	ep_sum	精英积分
	promoptive_sum	促销积分
	partner_sum	合作伙伴积分
	points_sum	总积累积分
	point_notflight	非乘机的积分变动次数
	bp_sum	总基本积分

基于 Hive 的航空公司客户价值数据预处理与分析步骤如下。

第一步，在 Hive 中创建名为 air_data 的数据库，并在该数据库中创建名为 air_table 的表，命令如下。

```
hive (default)> create database air_data;
hive (default)> use air_data;
hive (default)> create table air_table(
        member_no string,
        ffp_date string,
        first_flight_date string,
        gender string,
        ffp_tier int,
        work_city string,
        work_province string,
        work_country string,
        age int,
        load_time string,
        flight_count int,
```

```
bp_sum bigint,
ep_sum_yr_1 int,
ep_sum_yr_2 bigint,
sum_yr_1 bigint,
sum_yr_2 bigint,
seg_km_sum bigint,
weighted_seg_km double,
last_flight_date string,
avg_flight_count double,
avg_bp_sum double,
begin_to_first int,
last_to_end int,
avg_interval float,
max_interval int,
add_points_sum_yr_1 bigint,
add_points_sum_yr_2 bigint,
exchange_count int,
avg_discount float,
p1y_flight_count int,
l1y_flight_count int,
p1y_bp_sum bigint,
1y_bp_sum bigint,
ep_sum bigint,
add_point_sum bigint,
eli_add_point_sum bigint,
l1y_eli_add_points bigint,
points_sum bigint,
l1y_points_sum float,
ration_l1y_flight_count float,
ration_p1y_flight_count float,
ration_p1y_bps float,
ration_l1y_bps float,
point_notflight int
)
row format delimited fields terminated by ',';
```

第二步,将数据从 air_data.csv 文件中导入 air_table 表中,并查看是否导入成功,命令如下。

```
hive (default)> load data local inpath '/usr/local/air_data.csv' overwrite into table air_table;
hive (default)> select * from air_table limit 10;
```

结果如图 1-2-57 所示。

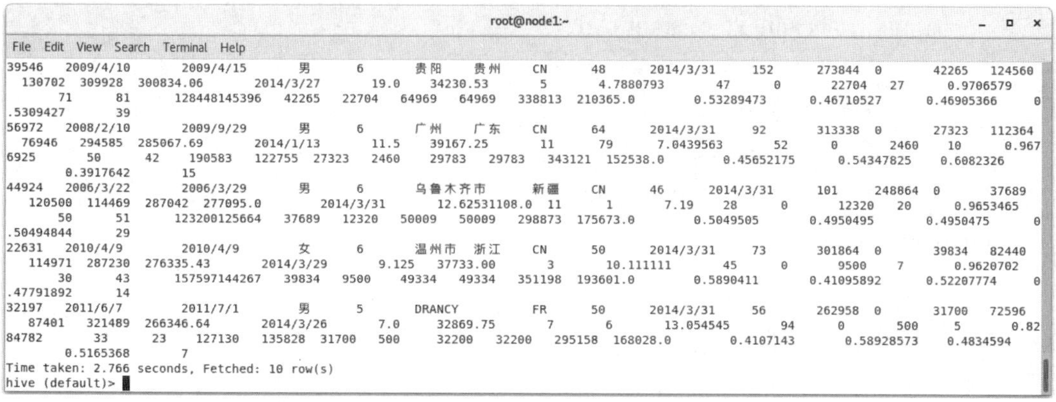

图 1-2-57　导入数据

第三步,统计出观测窗口内的票价收入(sum_yr_1)、观测窗口内的总飞行公里数(seg_km_sum)和平均折扣率(avg_discount)三个字段的空记录,并将结果保存到名为 count_null 的表中,命令如下。

```
hive (default)> create table count_null as select * from
    (select count(*) as sum_yr_1_null_count from air_table where sum_yr_1 is null)
    sum_yr_1,
    (select count(*) as seg_km_sum_null from air_table where seg_km_sum is null)
    seg_km_sum,
    (select count(*) as avg_discount_null from air_table where avg_discount is null)
    avg_discount;
hive (default)>
```

结果如图 1-2-58 所示。

图 1-2-58　统计空记录

第四步,统计出观测窗口内的票价收入(sum_yr_1)、观测窗口内的总飞行公里数(seg_km_sum)和平均折扣率(avg_discount)三个字段的最小值并保存到 count_min 表中,命令如下。

```
hive (default)> create table count_min as select
        min(sum_yr_1) sum_yr_1,
        min(seg_km_sum) seg_km_sum,
        min(avg_discount) avg_discount
        from air_table;
hive (default)> select * from count_min;
```

结果如图 1-2-59 所示。

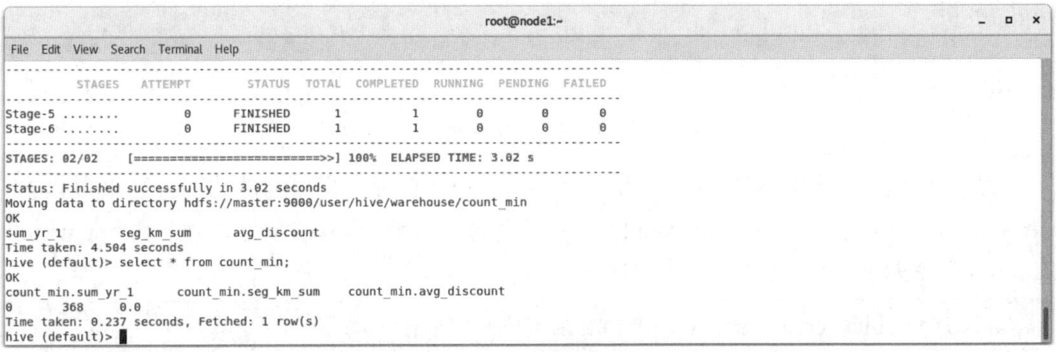

图 1-2-59　统计最小值

第五步,进行数据清洗,通过对数据的分析可以发现数据中存在缺失值,但缺失值占总体数据的比例较小,所以直接将缺失值过滤掉,分别过滤掉票价为空的记录,平均折扣率为 0 的记录,票价为空、平均折扣率不为 0、总飞行公里数大于 0 的记录,命令如下。

```
hive (default)> create table sum_yr_1_notnull as
        >select * from air_table where
        >sum_yr_1 is not null;
hive (default)> create table avg_discount_not_0 as select *
        >from sum_yr_1_notnull where
        >avg_discount <> 0;
hive (default)> create table sas_not_0 as
        >select * from avg_discount_not_0
        >where !(sum_yr_1=0 and avg_discount <> 0
        >and seg_km_sum > 0);
```

结果如图 1-2-60 至图 1-2-62 所示。

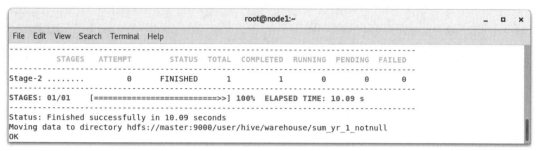

图 1-2-60   过滤掉票价为空的记录

图 1-2-61   过滤掉票价为空、平均折扣率为 0 的记录

图 1-2-62   过滤掉票价为空、平均折扣率不为 0、总飞行公里数大于 0 的记录

第六步,为了建立 LRFMC 模型(航空领域进行价值分析的模型),从清洗后的数据中集中选择与指标相关的六个属性: ffp_date、load_time、flight_count、seg_km_sum、avg_discount、last_to_end。

hive> create table flfasl as select ffp_date,load_time,flight_count,avg_discount,seg_km_sum,last_to_end from sas_not_0;
hive> select * from flfasl limit 10;

结果如图 1-2-63 所示。

图 1-2-63　数据规约

第七步,进行数据转换,将数据转换为适当的格式,使其能够满足挖掘任务和算法的需要。本任务中的数据变换算法如下(本部分的算法仅针对航空领域价值分析)。

构造 LRFMC 的五个指标和算法如下。

(1)L 的构造:会员入会距离观测窗口结束的月数 = 观测窗口的结束时间 - 入会时间 [单位:月],公式如下。

> L = load_time - ffp_date

(2)R 的构造:会员最近一次乘坐飞机距离观测窗口结束的月数 = 最后一次乘机至观测窗口结束时长 [单位:月],公式如下。

> R = last_to_end

(3)F 的构造:会员在观测窗口内乘坐飞机的次数 = 观测窗口内的飞行次数 [单位:次],公式如下。

> F = flight_count

(4)M 的构造:会员在观测窗口内累积的飞行里程 = 观测窗口内的总飞行公里数 [单位:公里],公式如下。

> M = seg_km_sum

(5)C 的构造:会员在观测窗口内乘坐的舱位所对应的折扣系数的平均值 = 平均折扣率 [单位:无],公式如下。

C = avg_discount

根据以上公式对规约后的数据进行计算,得到 LRFMC,命令如下。

```
hive> create table lrfmc as select
    >round((unix_timestamp(LOAD_TIME,'yyyy/MM/dd')-unix_timestamp(FFP_
DATE,'>yyyy/MM/dd'))/(30*24*60*60),2) as l,
    >round(last_to_end/30,2) as r,
    >FLIGHT_COUNT as f,
    >SEG_KM_SUM as m,
    >round(AVG_DISCOUNT,2) as c
    >from flfasl;
```

结果如图 1-2-64 所示。

图 1-2-64　数据转换

第八步,对数据进行标准化操作,公式为标准化值 = $(x - min(x))/(max(x) - min(x))$,将标准化后的数据保存到名为 standardlrfmc 的表中,命令如下。

```
hive> create table standardlrfmc as
    > select (lrfmc.l-minlrfmc.l)/(maxlrfmc.l-minlrfmc.l) as l,
    > (lrfmc.r-minlrfmc.r)/(maxlrfmc.r-minlrfmc.r) as r,
    > (lrfmc.f-minlrfmc.f)/(maxlrfmc.f-minlrfmc.f) as f,
    > (lrfmc.m-minlrfmc.m)/(maxlrfmc.m-minlrfmc.m) as m,
    > (lrfmc.c-minlrfmc.c)/(maxlrfmc.c-minlrfmc.c) as c
    > from lrfmc,
    > (select max(l) as l,max(r) as r,max(f) as f,max(m) as m,max(c) as c from lrfmc) as
maxlrfmc,
    > (select min(l) as l,min(r) as r,min(f) as f,min(m) as m,min(c) as c from lrfmc) as
minlrfmc;
```

结果如图 1-2-65 所示。

```
                                  root@master:~                              _  □  ×
File  Edit  View  Search  Terminal  Help
hive> create table standardlrfmc as
    > select (lrfmc.l-minlrfmc.l)/(maxlrfmc.l-minlrfmc.l) as l,
    >  (lrfmc.r-minlrfmc.r)/(maxlrfmc.r-minlrfmc.r) as r,
    > (lrfmc.f-minlrfmc.f)/(maxlrfmc.f-minlrfmc.f) as f,
    > (lrfmc.m-minlrfmc.m)/(maxlrfmc.m-minlrfmc.m) as m,
    > (lrfmc.c-minlrfmc.c)/(maxlrfmc.c-minlrfmc.c) as c
    > from lrfmc,
    > (select max(l) as l,max(r) as r,max(f) as f,max(m) as m,max(c) as c from lrfmc) as maxlrfmc,
    > (select min(l) as l,min(r) as r,min(f) as f,min(m) as m,min(c) as c from lrfmc) as minlrfmc;
No Stats for air_data@lrfmc, Columns: r, c, f, l, m
No Stats for air_data@lrfmc, Columns: r, c, f, l, m
No Stats for air_data@lrfmc, Columns: r, c, f, l, m
Warning: Map Join MAPJOIN[20][bigTable=?] in task 'Map 5' is a cross product
Query ID = root_20200907113732_e5a31e1a-296e-44f8-9adc-cecb11e146d7
Total jobs = 1
Launching Job 1 out of 1
Status: Running (Executing on YARN cluster with App id application_1592830416736_0019)

--------------------------------------------------------------------------------
    VERTICES       MODE     STATUS  TOTAL  COMPLETED  RUNNING  PENDING  FAILED  KILLED
--------------------------------------------------------------------------------
Map 1 ......... container  SUCCEEDED    1      1         0        0        0       0
Map 3 ......... container  SUCCEEDED    1      1         0        0        0       0
Map 5 ......... container  SUCCEEDED    1      1         0        0        0       0
Reducer 2 ..... container  SUCCEEDED    1      1         0        0        0       0
Reducer 4 ..... container  SUCCEEDED    1      1         0        0        0       0
VERTICES: 05/05 [=========================>>] 100%  ELAPSED TIME: 11.44 s
--------------------------------------------------------------------------------
Moving data to directory hdfs://master:9000/usr/hive/warehouse/air_data.db/standardlrfmc
OK
Time taken: 12.946 seconds
hive>
```

图 1-2-65　标准化数据

第九步，将标准化后的数据导出到本地的 standardlrfmc.csv 中并使用逗号作为分隔符，命令如下。

```
[root@master ~]# hive -e "insert overwrite local directory '/usr/local/standardlrfmc' row
format delimited fields terminated by ',' select * from air_data.standardlrfmc;"
[root@master ~]# cd /usr/local/standardlrfmc
[root@master standardlrfmc]# ls
[root@master standardlrfmc]# mv 000000_0 standardlrfmc.csv
[root@master standardlrfmc]# ls
```

结果如图 1-2-66 所示。

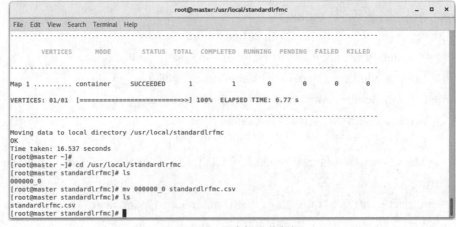

图 1-2-66　导出标准化数据

第十步，根据业务逻辑将客户大致分为五类，通过 k=5 以及标准化后的数据，利用之前建立的 Kmeans 模型，可计算出这五类客户群体的聚类中心，命令如下。

```
>>> import pandas as pd
>>> import numpy as np
>>> from sklearn.cluster import KMeans
>>> dt=pd.read_csv("/usr/local/standardlrfmc/standardlrfmc.csv",encoding='UTF-8')
>>> dt.columns=['L','R','F','M','C']
>>> model=KMeans(n_clusters=5)
>>> model.fit(dt)
>>> r1=pd.Series(model.labels_).value_counts()
>>> r2=pd.DataFrame(model.cluster_centers_)
>>> r=pd.concat([r2,r1],axis=1)
>>> r.columns=list(dt.columns)+['Clustercategory']
>>> r
```

结果如图 1-2-67 所示。

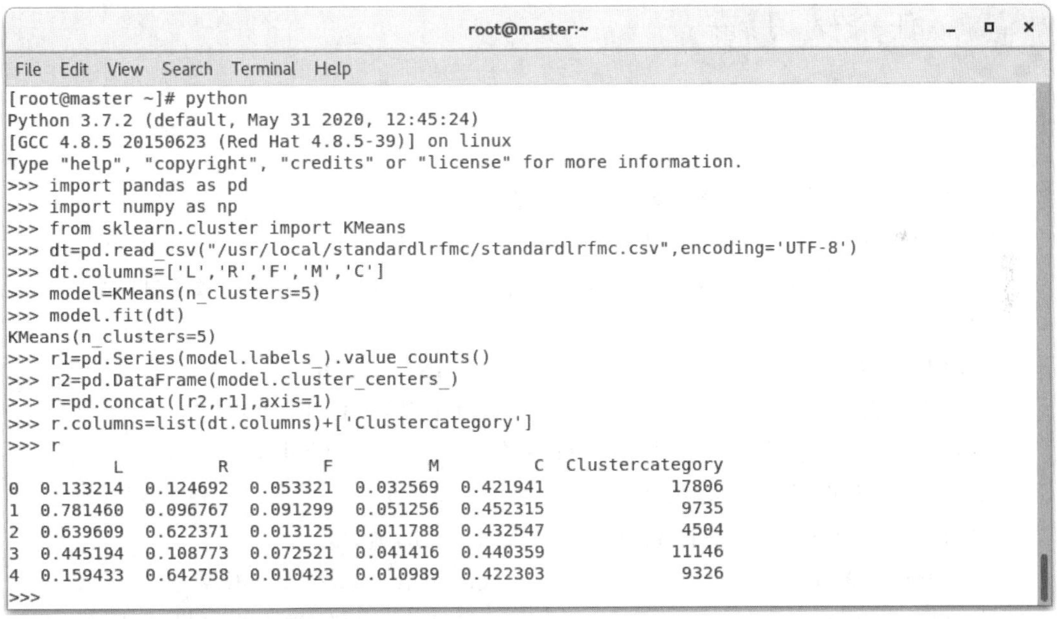

```
root@master:~
File Edit View Search Terminal Help
[root@master ~]# python
Python 3.7.2 (default, May 31 2020, 12:45:24)
[GCC 4.8.5 20150623 (Red Hat 4.8.5-39)] on linux
Type "help", "copyright", "credits" or "license" for more information.
>>> import pandas as pd
>>> import numpy as np
>>> from sklearn.cluster import KMeans
>>> dt=pd.read_csv("/usr/local/standardlrfmc/standardlrfmc.csv",encoding='UTF-8')
>>> dt.columns=['L','R','F','M','C']
>>> model=KMeans(n_clusters=5)
>>> model.fit(dt)
KMeans(n_clusters=5)
>>> r1=pd.Series(model.labels_).value_counts()
>>> r2=pd.DataFrame(model.cluster_centers_)
>>> r=pd.concat([r2,r1],axis=1)
>>> r.columns=list(dt.columns)+['Clustercategory']
>>> r
          L         R         F         M         C  Clustercategory
0  0.133214  0.124692  0.053321  0.032569  0.421941            17806
1  0.781460  0.096767  0.091299  0.051256  0.452315             9735
2  0.639609  0.622371  0.013125  0.011788  0.432547             4504
3  0.445194  0.108773  0.072521  0.041416  0.440359            11146
4  0.159433  0.642758  0.010423  0.010989  0.422303             9326
>>>
```

图 1-2-67　计算 KMeans 聚类中心

根据聚类中心结果，再结合航空公司的业务逻辑，可得如下结果：

- 客户群体 1（Customers 1）C 属性最大，可定义为重要挽留客户；
- 客户群体 2（Customers 2）L 属性最大，可定义为重要发展客户；
- 客户群体 3（Customers 3）F、M 属性最小，可定义为低价值客户；
- 客户群体 4（Customers 4）L 属性最大，可定义为一般客户；
- 客户群体 5（Customers 5）F、M 属性最小，可定义为低价值客户。

本任务通过基于 Hive 的航空公司客户价值数据预处理与分析,使读者对 Hive 数据查询和内置函数有了比较深入的理解,掌握了如何使用 tez 和 Spark 引擎提高 Hive 数据查询速度,并能够通过所学的 Hive 知识实现航空公司客户价值数据预处理与分析。

source	来源	download	下载
list	列表	number	数字
history	历史	full	满的

1. 选择题

(1)在查询中,用于设置分组条件的子句是( )。

A. HAVING　　　　B. WHERE　　　　C. GROUP BY　　　D. ORDER BY

(2)在连接查询中,结果为显示左表中的全部记录和右表中符合连接条件的记录的是( )。

A. LEFT JOIN　　　　　　　　　　B. INNER JOIN

C. RIGHT JOIN　　　　　　　　　　D. FULL OUTER JOIN

(3)用于控制 map 的输出结果在 reduce 中的划分方式的语句是( )。

A. DISTRIBUTE BY　 B. concat()　　　　C. count　　　　　　D. head

(4)在集合函数中,用于返回 map 类型字段的长度的函数是( )。

A. size(Map<K.V>)　　　　　　　　B. map_values(Map<K.V>)

C. sort_array(Array<T>)　　　　　　D. array_contains(Array<T>, value)

(5)想要将数值 x 转换为"#,###,###.##"格式的字符串使用( )函数。

A. format_number　　B. format　　　　C. number_format　　D. get_number

2. 简答题

(1)简述 tez 引擎。

(2)简述 Spark 引擎。

任务 1-3——Pig 股票交易数据处理

通过股票交易数据处理的实现，了解 Pig 的基本概念，熟悉 Pig 的配置与执行，掌握 Pig 关系运算符、内置函数和 Pig Latin 的数据类型，具有使用 Pig Latin 知识实现股票交易数据处理的能力，在任务实施过程中：

● 了解 Pig 的基本概念；

● 熟悉 Pig 的配置与执行；

● 掌握 Pig 关系运算符、内置函数和 Pig Latin 的数据类型；

● 具有使用 Pig Latin 知识实现股票交易数据处理的能力。

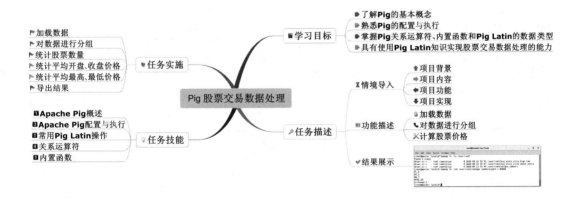

【情境导入】

现在人们经常用除了日常开销外剩余的钱购买理财产品、股票等。股票的风险非常高，当然也不乏一些资深人士，但这些资深人士在面对庞大的交易数据时也难免会感到心有余而力不足。那么如何将庞大的交易数据聚合分析为容易理解并且直观的数据呢？要解决这一问题可以使用 Apache Pig 并行大数据处理框架，对数据进行筛选过滤和聚合，使数据易读易懂。本任务通过对 Pig 知识的学习，最终实现股票交易数据处理。

【功能描述】

● 加载数据；
● 对数据进行分组；
● 计算股票价格。

【结果展示】

通过对本任务的学习，能够使用 Pig 的相关知识实现股票交易数据处理，结果如图 1-3-1 所示。

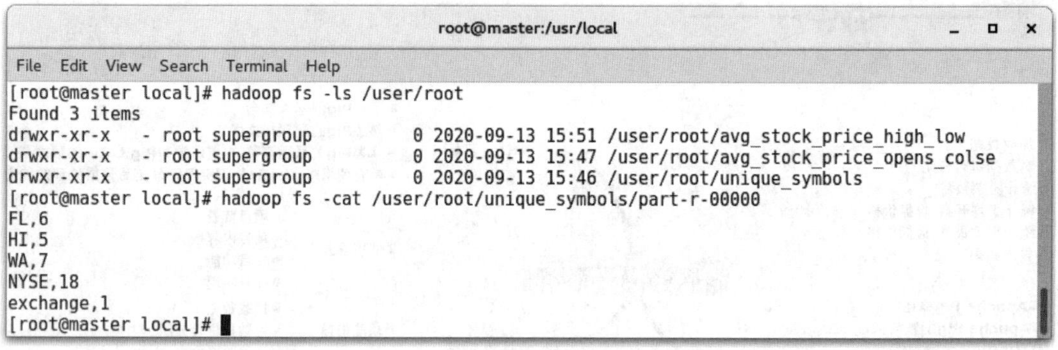

```
                          root@master:/usr/local                    _  □  ×

File  Edit  View  Search  Terminal  Help
[root@master local]# hadoop fs -ls /user/root
Found 3 items
drwxr-xr-x   - root supergroup          0 2020-09-13 15:51 /user/root/avg_stock_price_high_low
drwxr-xr-x   - root supergroup          0 2020-09-13 15:47 /user/root/avg_stock_price_opens_colse
drwxr-xr-x   - root supergroup          0 2020-09-13 15:46 /user/root/unique_symbols
[root@master local]# hadoop fs -cat /user/root/unique_symbols/part-r-00000
FL,6
HI,5
WA,7
NYSE,18
exchange,1
[root@master local]#
```

图 1-3-1　结果图

课程思政

技能点 1   Apache Pig 概述

1. Apache Pig 简介

Pig 是最早由雅虎公司基于 Hadoop 开发的并行处理框架,后来捐给 Apache 负责维护。Apache Pig 是一种用于分析探索大型数据集的脚本语言,克服了 MapReduce 开发周期长的缺点,能分析较大的数据集,并将它们表示为数据流。Apache Pig 通常与 Hadoop 一起使用,可以使用 Apache Pig 在 Hadoop 中执行所有的数据处理操作。Apache Pig 提供了一种名为 Pig Latin 的高级语言,该语言提供了各种操作符,程序员可以利用它们开发自己的用于读取、写入和处理数据的功能。Apache Pig 的特点如下。

● 具有丰富的运算符集:Apache Pig 提供了许多运算符来执行诸如 join、sort、filter 等操作。

● 易于编程:Pig Latin 与 SQL 类似,如果善于使用 SQL,则很容易编写 Pig 脚本。

● 优化机会:Apache Pig 中的任务自动优化其执行,因此程序员只需要关注语言的语义即可。

● 具有可扩展性:用户可以使用现有的操作符开发自己的功能来读取、写入和处理数据。

● 可创建用户定义函数:Apache Pig 提供了在其他编程语言(如 Java)中创建用户定义函数的功能,并且可以调用或嵌入 Pig 脚本中。

● 能处理各种数据:Apache Pig 可以分析各种数据,无论是结构化的还是非结构化的,并将结果存储在 HDFS 中。

2. Apache Pig 架构

在 Hive 中用于分析 Hadoop 数据的语言称为 HQL,在 Apache Pig 中用于分析 Hadoop 数据的语言称为 Pig Latin。Pig Latin 是一种高级数据处理语言,它提供了一组丰富的用于对数据执行操作的数据类型和操作符。开发人员可以使用 Pig Latin 脚本语言编写执行特定任务的脚本,脚本执行后通过 Apache Pig 框架的一系列转换生成结果,在框架内部 Apache Pig 会将脚本转换为 MapReduce 作业。Apache Pig 架构如图 1-3-2 所示。

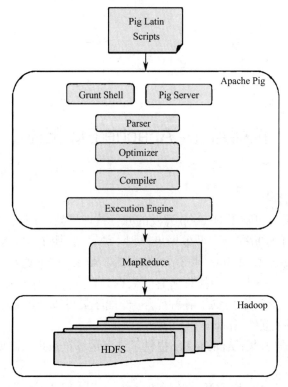

图 1-3-2　Apache Pig 架构

Apache Pig 中包含的组件说明如下。

● Parser（解析器）：负责处理 Pig 脚本，主要负责检查脚本的语法和类型等。解析器的输出结果是 DAG（有向无环图），用于表示 Pig Latin 语句和逻辑运算符。在 DAG 中脚本的逻辑运算符表示为点，数据流表示为边。

● Optimizer（逻辑优化器）：接收 Parser 输出的 DAG，进行逻辑优化，例如投影和下推。

● Compiler（编译器）：将优化后的逻辑计划编译为一系列 MapReduce 作业。

● Execution Engine（执行引擎）：将 MapReduce 作业按照排序结果提交到 Hadoop 中，然后在 Hadoop 中执行。

技能点 2　Apache Pig 配置与执行

1. Apache Pig 配置

通过对 Apache Pig 基础知识的学习，已经对 Apache Pig 架构等有了一定的了解。通过以下步骤在具备 Hadoop 环境的集群或单机中完成 Apache Pig 的安装。

第一步，打开 Apache Pig 官网 https://pig.apache.org/，在页面中的"News"部分下点击"release page"，如图 1-3-3 所示。

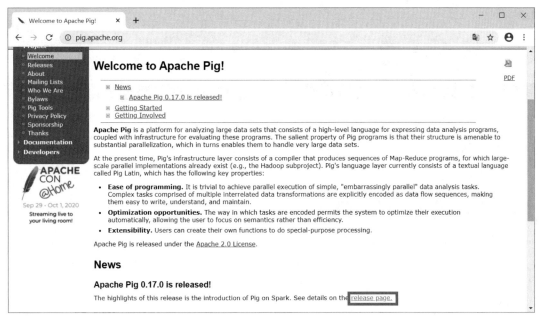

图 1-3-3　点击 "release page"

第二步，点击 "release page" 后，页面会定向到 "Apache Pig Releases" 页面，在此页面中点击 "Download" 部分下的 "Download a release now!" 跳转到镜像页面，如图 1-3-4 所示。

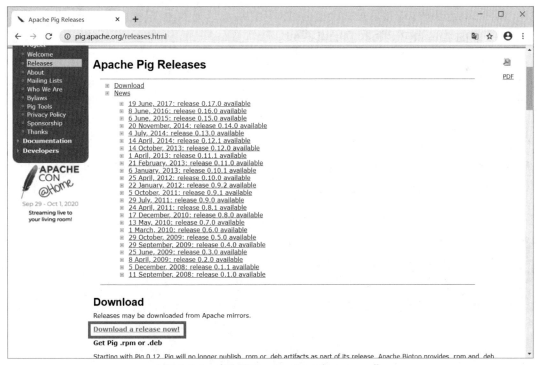

图 1-3-4　点击 "Download a release now"

第三步，点击 "We suggest the following mirror site for your download:" 下的链接，如图

1-3-5 所示。

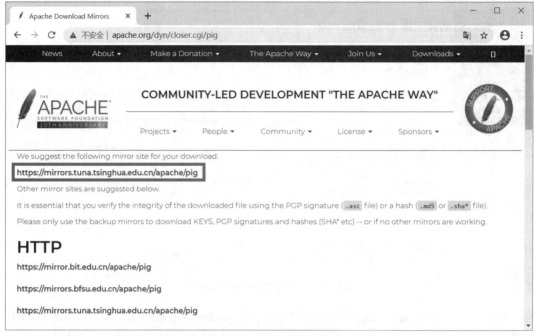

图 1-3-5　点击镜像链接

第四步，点击镜像链接后页面会定向到对应的版本选择界面，根据镜像库中提供的版本选择想下载的 Apache Pig 版本，如图 1-3-6 所示。

图 1-3-6　选择 Apache Pig 版本

第五步，点击想下载的 Apache Pig 版本的文件夹，文件夹中包含发行版的 Apache Pig 源文件和二进制文件。下载二进制的 tar 文件 pig-0.16.0.tar.gz，如图 1-3-7 所示。

图 1-3-7　下载 Pig

第六步，安装 Apache Pig，将 pig-0.16.0.tar.gz 上传到 Linux 的 /usr/local 目录下，解压并重命名为 pig，命令如下。

```
[root@master local]# tar -zxvf pig-0.16.0.tar.gz
[root@master local]# mv pig-0.16.0 pig
[root@master local]# ls
```

结果如图 1-3-8 所示。

图 1-3-8　解压并重命名

第七步，在使用 rpm 的方式安装 JDK 的情况下，需要在环境变量中配置 JDK 环境变量。由于 Pig 需要获取 Hadoop 的配置文件，故要在环境变量中配置 PIG_CLASSPATH 到 Hadoop 的配置文件夹目录下，命令如下。

```
[root@master local]# vim ~/.bashrc
export PIG_HOME=/usr/local/pig
export PATH=$PATH:$PIG_HOME/bin
export PIG_CLASSPATH=$HADOOP_HOME/etc/hadoop
export JAVA_HOME=/usr/java/jdk1.8.0_144
export CLASSPATH=.:${JAVA_HOME}/jre/lib/rt.jar:${JAVA_HOME}/lib/dt.jar:${JA-VA_HOME}/lib/tools.jar
```

```
export PATH=$PATH:${JAVA_HOME}/bin
[root@master local]# source ~/.bashrc
[root@master local]# pig -version
```

结果如图 1-3-9 所示。

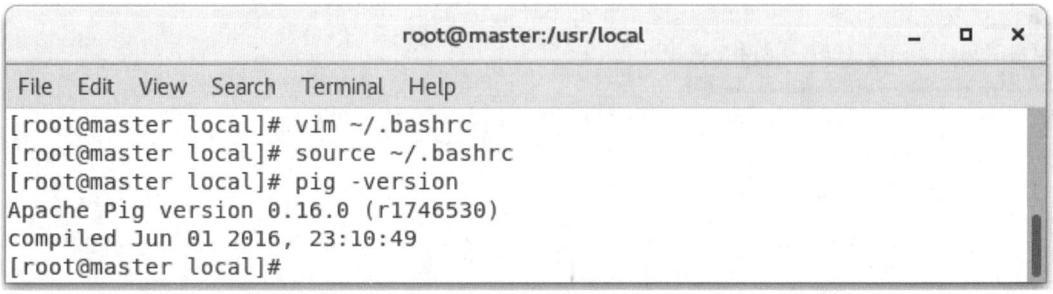

图 1-3-9　配置环境变量

第八步,在 /usr/local 目录下创建名为 student.txt 的文本文件并输入内容,命令如下。

```
[root@master local]# vim student.txt
001,Silence,Reddy,21,99999999,Hyderabad
002,Raylin,Buddy,10,88888888,Kolkata
```

结果如图 1-3-10 所示。

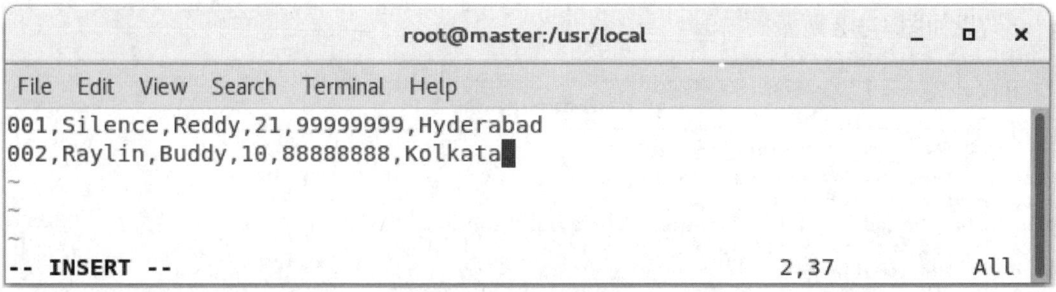

图 1-3-10　编辑数据文件

第九步,使用 LOCAL 模式启动 Pig,加载 student.txt 并设置列名,最后通过 age 字段进行升序排序,命令如下。

```
[root@master local]# pig -x local
grunt> student = LOAD '/usr/local/student.txt' USING PigStorage(',') as (id:int,firstname:
chararray,lastname:chararray,age:int,phone:chararray,city:chararray);
grunt> student_order = ORDER student BY age ASC;
grunt> Dump student_order;
```

结果如图 1-3-11 所示。

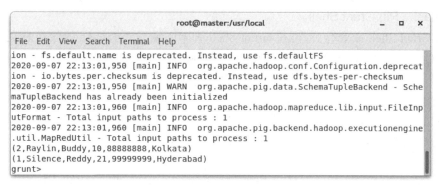

图 1-3-11 数据排序

2. Apache Pig 执行

Apache Pig 的执行模式主要分为两种，即 Local（本地）模式和 MapReduce 模式。

（1）Local 模式：在 Local 模式下，所有文件都从本地主机和文件系统中安装和运行，不需要使用 Hadoop 或 HDFS。

（2）MapReduce 模式：MapReduce 模式指使用 Apache Pig 去加载或处理 Hadoop 的分布式文件系统（HDFS）中存储数据的位置。在该模式下执行 Pig Latin 语句处理数据时会调用 MapReduce 作业，对 HDFS 中存储的数据执行特定的操作。

Apache Pig 有三种执行模式，即交互模式、批处理模式和嵌入式模式。

（1）交互模式（Grunt Shell）：使用 Grunt Shell 启动交互模式运行 Apache Pig。在此模式下能够通过 Pig Latin 语句获取输出。

（2）批处理模式（脚本）：将 Pig Latin 脚本保存到以".pig"为扩展名的单个文件中，以批处理模式运行 Apache Pig。

（3）嵌入式模式（UDF）：Apache Pig 支持使用 Java 编程语言自定义函数（UDF 用户自定义函数），并在自行创建的脚本中使用。

在 Apache Pig 环境中可通过 pig-x 命令调用 Grunt Shell，并且可以指定使用 Local 或 MapReduce 模式，进入 Grunt Shell 后可按"Ctrl+D"键或输入"quit;"按回车键退出。调用 Grunt Shell 命令如下。

```
Local 模式：[root@master local]# pig -x local
MapReduce 模式：[root@master local]# pig -x mapreduce
```

结果如图 1-3-12 所示。

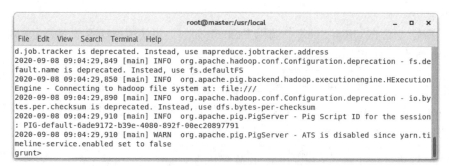

图 1-3-12 调用 Grunt Shell

3. Apache Pig Grunt Shell

调用 Grunt Shell 命令行后，可在 Grunt Shell 脚本中编写 Pig 脚本，就像在 Hive 命令行中执行 HQL 一样。Apache Pig 除了能够执行 Pig 脚本外，还提供了 Shell 命令和实用程序命令。

1）Shell 命令

Apache Pig 的 Grunt Shell 主要用于编写 Pig Latin 脚本。在编写脚本时需要执行一些 sh 和 fs 命令来调用 Shell。sh 与 fs 命令的使用方法如下。

● sh 命令

使用 sh 命令可以从 Grunt Shell 中调用任何 Shell 命令，但无法执行作为 Shell 环境 (ex - cd) 的一部分的命令，语法格式如下。

```
sh shell command parameters
```

使用 sh 命令在 Grunt Shell 中调用 Linux 中的 ls 命令，查看 /usr/local 目录下的所有文件，命令如下。

```
grunt> sh ls /usr/local
```

结果如图 1-3-13 所示。

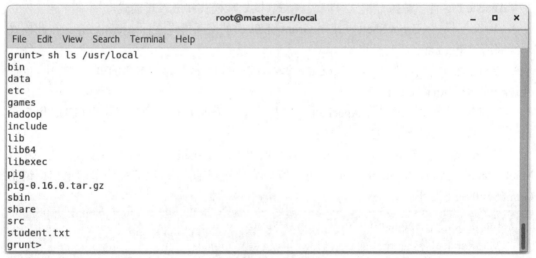

图 1-3-13　sh 命令

● fs 命令

使用 fs 命令可在 Grunt Shell 中调用 FsShell 命令。如使用 HDFS 文件系统，则可以在 Grunt Shell 中查看 HDFS 中的目录结构，命令如下。

```
fs File System command parameters
```

在 Grunt Shell 中调用 HDFS 的 ls 命令，查看 HDFS 中包含的目录和文件，需要注意的是，要是用 fs 命令查看 HDFS 中的文件，要以 MapReduce 模式启动 Grunt Shell，命令如下。

```
grunt> fs -ls
```

结果如图 1-3-14 所示。

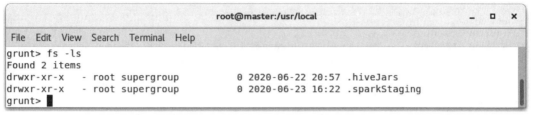

图 1-3-14　fs 命令

2）实用程序命令

Grunt Shell 提供了一组实用程序命令，包括 clear、help、history、quit、exec 和 run 等，以控制 Pig。

● clear 命令

此命令用于清空 Grunt Shell 屏幕。在 Grunt Shell 中执行 sh ls 命令，然后使用 clear 命令清空屏幕，命令如下。

> grunt> sh ls
>
> grunt> clear

结果如图 1-3-15 所示。

图 1-3-15　清空屏幕

● help 命令

此命令可提供 Pig 命令和属性列表。在不了解命令的参数时可使用该命令列出所有命令的语法格式和参数，命令如下。

> grunt> help

结果如图 1-3-16 所示。

```
                         root@master:/usr/local              _  □  ×

 File  Edit  View  Search  Terminal  Help
grunt> help
Commands:
<pig latin statement>; - See the PigLatin manual for details: http://hadoop.apache.org/pi
g
File system commands:
    fs <fs arguments> - Equivalent to Hadoop dfs command: http://hadoop.apache.org/common
/docs/current/hdfs_shell.html
Diagnostic commands:
    describe <alias>[::<alias>] - Show the schema for the alias. Inner aliases can be desc
ribed as A::B.
    explain [-script <pigscript>] [-out <path>] [-brief] [-dot|-xml] [-param <param_name>
=<param_value>]
        [-param_file <file_name>] [<alias>] - Show the execution plan to compute the alia
s or for entire script.
        -script - Explain the entire script.
        -out - Store the output into directory rather than print to stdout.
```

图 1-3-16　帮助命令

● history 命令

此命令用于列出调用 Grunt Shell 以来执行过的语句，命令如下。

grunt> history

结果如图 1-3-17 所示。

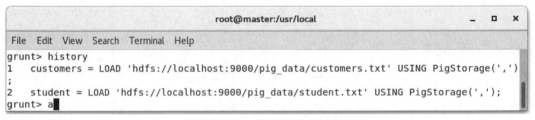

```
                         root@master:/usr/local              _  □  ×

 File  Edit  View  Search  Terminal  Help
grunt> history
1    customers = LOAD 'hdfs://localhost:9000/pig_data/customers.txt' USING PigStorage(',')
;
2    student = LOAD 'hdfs://localhost:9000/pig_data/student.txt' USING PigStorage(',');
grunt> a
```

图 1-3-17　查看历史执行记录

● quit 命令

此命令用于退出 Grunt Shell，命令如下。

grunt> quit

结果如图 1-3-18 所示。

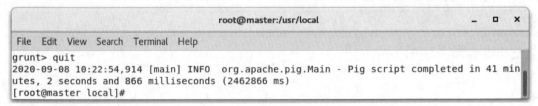

```
                         root@master:/usr/local              _  □  ×

 File  Edit  View  Search  Terminal  Help
grunt> quit
2020-09-08 10:22:54,914 [main] INFO  org.apache.pig.Main - Pig script completed in 41 min
utes, 2 seconds and 866 milliseconds (2462866 ms)
[root@master local]#
```

图 1-3-18　退出 Grunt Shell

● exec 命令

此命令用于在 Grunt Shell 中执行 pig 脚本。在 /usr/local 目录下创建名为 teacher.txt 的

文件,并编写 Pig 脚本文件,使用 exec 命令执行,命令如下。

```
[root@master local]# vim teacher.txt
001,Rajiv,Hyderabad
002,Siddarth,Kolkata
003,Rajesh,Delhi
[root@master local]# vim sample_script.pig
teacher = LOAD '/usr/local/teacher.txt' USING PigStorage(',') as (id:int,name:chararray,
city:chararray);
Dump student;
[root@master local]# pig -x local
grunt> exec /usr/local/sample_script.pig
```

结果如图 1-3-19 所示。

图 1-3-19　使用 exec 命令执行脚本

● run 命令

此命令用于在 Grunt Shell 中执行 Pig 脚本,其与 exec 命令的区别在于使用 run 命令执行的 pig 脚本文件中的命令会包含在 history 中。使用 run 命令执行 sample_script.pig 脚本,命令如下。

```
grunt> run /usr/local/sample_script.pig
grunt> history
```

结果如图 1-3-20 所示。

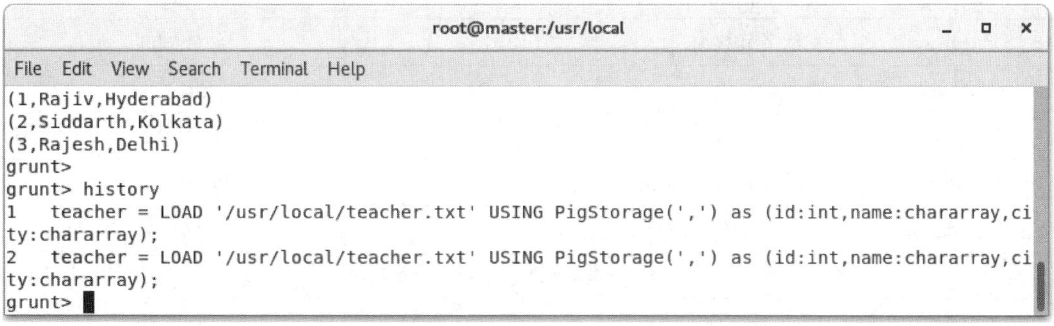

图 1-3-20　使用 run 命令执行脚本

技能点 3　常用 Pig Latin 操作

Pig Latin 是 Apache Pig 中用于分析 Hadoop 数据的语言。Pig Latin 的基础知识包含 Pig Latin 语句、数据类型、通用运算符、关系运算符和 Pig Latin UDF。Pig Latin 的基本语句结构如下。

● Pig Latin 语句的主要组成部分就是关系（relation），主要包含表达式（expression）和模式（schema）。

● 每条语句都必须由分号（;）结尾。

● 使用 Pig Latin 提供的运算符通过语句执行操作。

● 除了 LOAD 和 STORE 语句外，执行任何其他操作时，Pig Latin 语句都会采用关系作为输入，并产生另一种关系作为输出。

● 在 Grunt Shell 中输入 LOAD 语句，就会进行语法检查，要查看模式的内容可使用 DUMP 运算符。只有在执行 DUMP 操作后，才会执行将数据加载到文件系统中的 MapReduce 作业。

1. Pig Latin 的数据类型

Pig Latin 中包含十个简单数据类型（如 int、long、float 等）和三个复杂数据类型（tuple、bag 和 map）。简单数据类型和复杂数据类型的值都允许为 null，Pig Latin 会用与 SQL 相似的方式来处理空值，详细说明见表 1-3-1。

表 1-3-1　Pig Latin 的数据类型

数据类型	说明	示例
简单数据类型		
int	表示 32 位有符号整数	8
long	表示 64 位有符号整数	5L
float	表示 32 位有符号浮点数	7.8F
double	表示 64 位浮点数	15.8
chararray	表示 Unicode UTF-8 格式的字符数组（字符串）	'xtgj'
bytearray	表示字节数组	（blob）
boolean	表示布尔值	true/false
datetime	表示日期时间	1995-06-03T00:00:00.000 + 00:00
biginteger	表示 Java BigInteger	706788900308
bigdecimal	表示 Java BigDecimal	179.47875687472889745
复杂数据类型		
tuple	元组，是有序的字段集	（Raju,30）

数据类型	说明	示例
bag	包,是元组的集合	{(Raju,30),(Mohammad,45)}
map	映射,是一组键值对	['name' # 'Raju','age' # 30]

2. 比较运算符

比较运算符用于对运算符两侧的值进行比较,返回值仅有两种可能,第一种为 true,第二种不为 ture。为了更好地说明比较运算符的含义,假设有 a 和 b 两个数,a=20,b=40,比较运算符见表 1-3-2。

表 1-3-2   比较运算符

运算符	说明	示例
==	等于,检查两个数的值是否相等。如果是,则条件为 true	(a = b)不为 true
!=	不等于,检查两个数的值是否相等。如果不是,则条件为 true	(a! = b)为 true
>	大于,检查左边数的值是否大于右边数的值。如果是,则条件为 true	(a> b)不为 true
<	小于,检查左边数的值是否小于右边数的值。如果是,则条件为 true	(a<b)为 true
>=	大于或等于,检查左边数的值是否大于或等于右边数的值。如果是,则条件为 true	(a>=b)不为 true
<=	小于或等于,检查左边数的值是否小于或等于右边数的值。如果是,则条件为 true	(a<=b)为 true
matches	模式匹配,检查左侧的字符串是否与右侧的常量匹配	f1 matches '.* tutorial.*'

3. 类型结构运算符

Pig Latin 的类型结构运算符主要有三个,分别是元组构造函数运算符、包构造函数运算符和映射构造函数运算符,详细说明见表 1-3-3。

表 1-3-3   类型结构运算符

运算符	说明	示例
()	元组构造函数运算符,用于构造元组	(Raju,30)
{}	包构造函数运算符,用于构造包	{(Raju,30),(Mohammad,45)}
[]	映射构造函数运算符,用于构造映射	[name # Raju,age # 30]

技能点 4   关系运算符

在 Pig Latin 中主要有六类关系运算符,分别为加载和存储、诊断、分组和连接、过滤、排序、合并和拆分。使用这六类关系运算符,并结合通用运算符,能够对本地或 HDFS 集群中的数据进行分析。关系运算符见表 1-3-4。

表 1-3-4   关系运算符

运算符	描述
加载和存储	
LOAD	将数据从本地或 HDFS 文件系统中加载到关系中
STORE	将数据从本地或 HDFS 文件系统中存储到关系中
诊断	
dump	在控制台上打印关系的内容
describe	描述关系的模式
explain	查看逻辑、物理或 MapReduce 执行计划,以计算关系
illustrate	查看一系列语句的分步执行
分组和连接	
GROUP	在单个关系中对数据进行分组
JOIN	连接两个或多个关系
过滤	
FILTER	从关系中删除不需要的行
DISTINCT	从关系中删除重复的行
FOREACH，GENERATE	基于列数据生成数据转换
STREAM	使用外部程序转换关系
排序	
ORDER	基于一个或多个字段(按升序或降序)排列关系
LIMIT	从关系中获取有限数量的元组
合并和拆分	
UNION	将两个或多个关系合并为单个关系
SPLIT	将单个关系拆分为两个或多个关系

1. 加载和存储运算符

加载和存储运算符包含两个运算符,分别为 LOAD 和 STORE,用于将数据从本地或

HDFS 文件系统中加载或存储到关系中。LOAD 和 STORE 的使用方法如下。

1）LOAD

LOAD 语句主要由两部分组成，使用等号（=）分隔，等号左侧需要指定存储数据的关系，右侧需要定义存储数据的方式。LOAD 运算符语法格式如下。

```
Relation_name = LOAD 'Input file path' USING function as schema;
```

参数说明如下。

● Relation_name：数据保存的目标关系名称。

● Input file path：数据保存路径可以是本地或 HDFS 路径，读取 HDFS 中的数据时路径需要写为"hdfs://localhost:9000/path"。

● function：必须从 Apache Pig 提供的一组加载函数中选择一个函数，见表 1-3-5。

表 1-3-5　加载函数

函数	说明
PigStorage()	加载和存储结构化文件
TextLoader()	将非结构化数据加载到 Pig 中
BinStorage()	使用机器可读格式将数据加载并存储到 Pig 中
JsonLoader()	将非 Json 数据加载到 Pig 中

● schema：数据模式，加载数据时必须指定数据模式，语法格式如下。

```
(column1:data type,column2:data type,column3:data type);
```

在 Linux 主机中创建 student.txt 文件，并输入内容，列之间使用逗号（,）分隔，并上传到 HDFS 的 pigfile 文件夹中，命令如下。

```
[root@master ~]# vim student.txt
108, 胡占一 , 男 ,1995-06-03,95033
405, 钱多多 , 男 ,1989-06-03,95031
107, 朱琳琳 , 女 ,1997-05-08,95033
101, 蓝樱桃 , 女 ,1996-12-11,95033
109, 王三石 , 男 ,1994-07-08,95031
103, 王骏毅 , 男 ,1993-09-14,95031
[root@master ~]# hadoop fs -mkdir /pig_input
[root@master ~]# hadoop fs -put student.txt /pig_input
[root@master ~]# hadoop fs -ls /pig_input
```

结果如图 1-3-21 所示。

图 1-3-21　准备数据文件

以 HDFS 模式启动 Grunt Shell，将 student.txt 中的数据加载到 Pig 中。使用 Pig 加载 HDFS 数据时需要启动 Hadoop 的历史服务器（JobHistoryServer），命令如下。

```
[root@master ~]# mr-jobhistory-daemon.sh start historyserver
[root@master ~]# pig -x mapreduce
grunt> student = LOAD 'hdfs://master:9000/pig_input/student.txt' USING PigStorage(',')
as (sno:chararray,sname:chararray,ssex:chararray,sbirthday:chararray,class:chararray);
grunt> dump student;
```

结果如图 1-3-22 所示。

图 1-3-22　加载数据

2）STORE

由于屏幕能够显示的信息有限，需要将数据经 Pig 分析后的分析结果保存到持久化存储系统中。在 Pig 中可以使用 STORE 运算符将加载的数据存储在文件系统中，语法格式如下。

```
STORE Relation_name INTO ' required_directory_path ' [USING function];
```

参数说明如下。

● Relation_name：关系名。

● required_directory_path：关系目标存储路径。

● USING function：加载函数。

将名为 student 的关系中的数据导出到 HDFS 的 /pigfile_output 目录下并查看，命令如下。

> grunt> STORE student INTO 'hdfs://master:9000/pigfile_output' USING PigStorage(',');
> grunt> fs -cat /pigfile_output/part-m-00000

结果如图 1-3-23 所示。

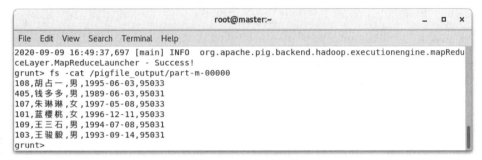

图 1-3-23　存储数据

2. 诊断运算符

诊断运算符能够验证使用 LOAD 语句加载到关系中的数据是否正确。Pig Latin 中的四种诊断运算符如下。

（1）dump：用于执行 Pig Latin 语句，并打印结果，通常用于对代码进行调试，命令如下。

> grunt> dump student;

结果如图 1-3-24 所示。

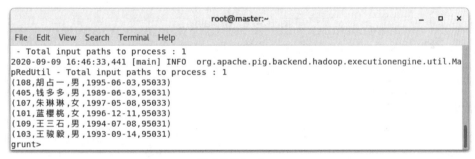

图 1-3-24　dump

（2）describe：用于查看关系的模式，命令如下。

> grunt> describe student;

结果如图 1-3-25 所示。

图 1-3-25　describe

（3）explain：用于显示关系的逻辑、物理或 MapReduce 执行计划，命令如下。

```
grunt> explain student;
```

结果如图 1-3-26 所示。

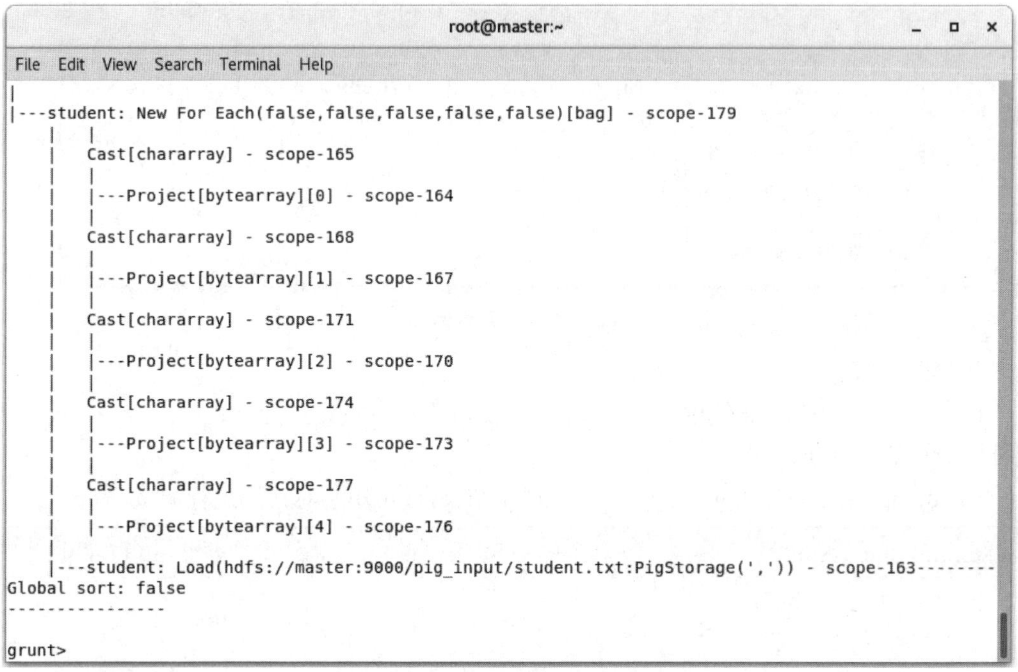

```
                                              root@master:~                    _  □  ×

File  Edit  View  Search  Terminal  Help
|
|---student: New For Each(false,false,false,false,false)[bag] - scope-179
    |   |
    |   Cast[chararray] - scope-165
    |   |
    |   |---Project[bytearray][0] - scope-164
    |   |
    |   Cast[chararray] - scope-168
    |   |
    |   |---Project[bytearray][1] - scope-167
    |   |
    |   Cast[chararray] - scope-171
    |   |
    |   |---Project[bytearray][2] - scope-170
    |   |
    |   Cast[chararray] - scope-174
    |   |
    |   |---Project[bytearray][3] - scope-173
    |   |
    |   Cast[chararray] - scope-177
    |   |
    |   |---Project[bytearray][4] - scope-176
    |
    |---student: Load(hdfs://master:9000/pig_input/student.txt:PigStorage(',')) - scope-163--------
Global sort: false
----------------
grunt>
```

图 1-3-26　explain

（4）illustrate：输出语句逐个执行的结果，命令如下。

```
grunt> illustrate student;
```

结果如图 1-3-27 所示。

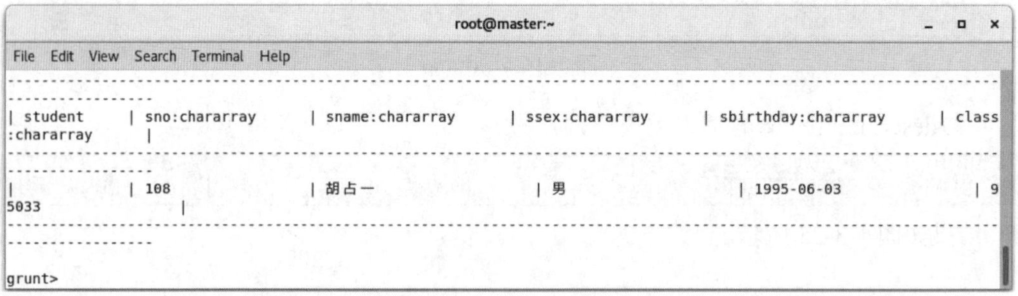

```
                                              root@master:~                    _  □  ×

File  Edit  View  Search  Terminal  Help
--------------------
| student     | sno:chararray  | sname:chararray  | ssex:chararray  | sbirthday:chararray  | class
:chararray
--------------------
|             | 108            | 胡占一            | 男              | 1995-06-03           | 9
5033         |
--------------------
grunt>
```

图 1-3-27　illustrate

3. 分组运算符

与 SQL 语句一样，Pig Latin 同样具有对数据进行分组和连接的能力。GROUP 运算符能够对一个或多个关系中的数据进行分组，对多个关系进行分组时模型至少要包含一个相同的 key。GROUP 运算符语法格式如下。

```
# 对一个关系中的数据进行分组
Group_data = GROUP Relation_name BY Group_key;
# 对多个关系中的数据进行分组
Group_data = GROUP Relation_name1 BY Group_key, Relation_name2 BY Group_key;
```

参数说明如下。

● Relation_name：关系名。

● Group_key：分组 key。

当前有两个数据文件，分别为 contract.txt 和 temporary.txt，在 Linux 系统中创建两个文件并将其上传到 HDFS 的 /pig_input 目录下，命令如下。

```
[root@master ~]# vim contract.txt
001,Rajiv,21,1254745857,Hyderabad
002,Siddarth,22,54786541785,Kolkata
003,Rajesh,22,14856978541,Delhi
004,Preethi,21,13254785642,Pune
005,Trupthi,23,9848022336,Bhuwaneshwar
006,Archana,23,487965214857,Chennai
007,Komal,24,35478595417,Trivendram
008,Bharathi,24,12547896547,Chennai
[root@master ~]# vim temporary.txt
001,Robin,22,Newyork
002,Bob,23,Kolkata
003,Maya,23,Tokyo
004,Sara,25,London
005,David,23,Bhuwaneshwar
006,Maggy,22,Chennai
[root@master ~]# hadoop fs -mkdir /pig_input
[root@master ~]# hadoop fs -put contract.txt temporary.txt /pig_input
[root@master ~]# hadoop fs -ls /pig_input
```

结果如图 1-3-28 所示。

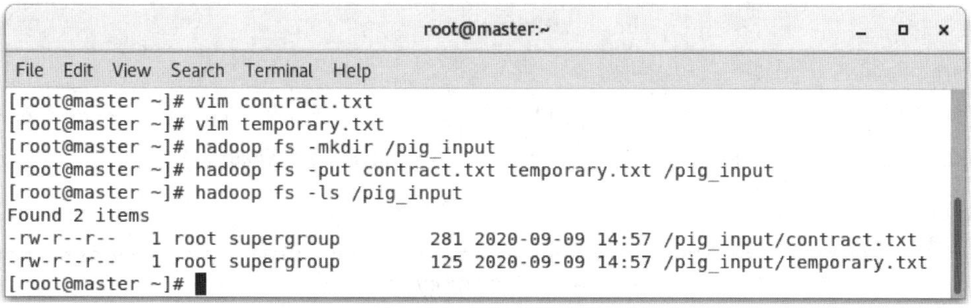

图 1-3-28　准备数据文件

以 MapReduce 模式运行 Grunt Shell,将两个文件中的数据分别加载到 contract 和 temporary 关系中,命令如下。

> grunt> contract = LOAD 'hdfs://master:9000/pig_input/contract.txt' USING PigStorage(',') as (id:int, firstname:chararray, age:int, phone:chararray, city:chararray);
> grunt> temporary = LOAD 'hdfs://master:9000/pig_input/temporary.txt' USING PigStorage (',') as (id:int, name:chararray, age:int, city:chararray);

结果如图 1-3-29 所示。

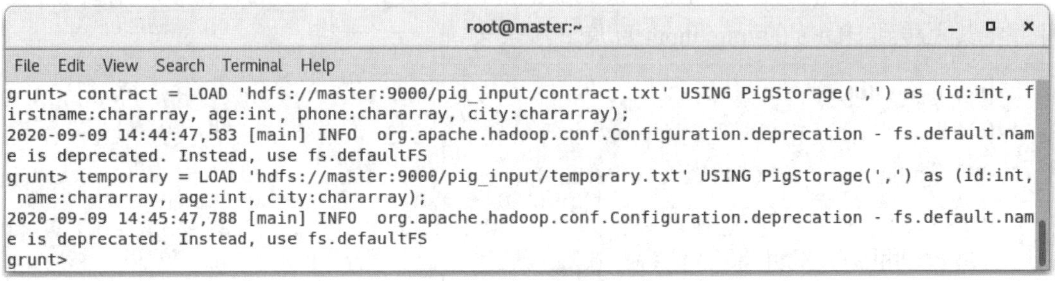

```
                              root@master:~                      _  □  ×
File  Edit  View  Search  Terminal  Help
grunt> contract = LOAD 'hdfs://master:9000/pig_input/contract.txt' USING PigStorage(',') as (id:int, f
irstname:chararray, age:int, phone:chararray, city:chararray);
2020-09-09 14:44:47,583 [main] INFO  org.apache.hadoop.conf.Configuration.deprecation - fs.default.nam
e is deprecated. Instead, use fs.defaultFS
grunt> temporary = LOAD 'hdfs://master:9000/pig_input/temporary.txt' USING PigStorage(',') as (id:int,
 name:chararray, age:int, city:chararray);
2020-09-09 14:45:47,788 [main] INFO  org.apache.hadoop.conf.Configuration.deprecation - fs.default.nam
e is deprecated. Instead, use fs.defaultFS
grunt>
```

图 1-3-29　创建关系

分别对 contract 和 temporary 关系中的数据根据 age 进行分组,命令如下。

> grunt> contract_group = GROUP contract BY age;
> grunt> dump contract_group;
> grunt> temporary_group = GROUP temporary BY age;
> grunt> dump temporary_group;

结果分别如图 1-3-30 和图 1-3-31 所示。

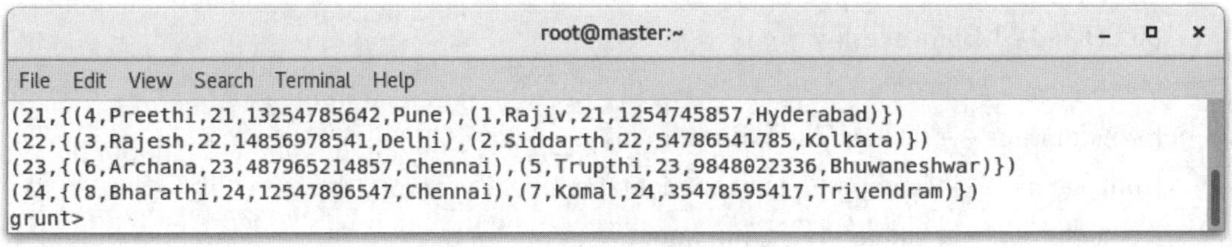

```
                              root@master:~                      _  □  ×
File  Edit  View  Search  Terminal  Help
(21,{(4,Preethi,21,13254785642,Pune),(1,Rajiv,21,1254745857,Hyderabad)})
(22,{(3,Rajesh,22,14856978541,Delhi),(2,Siddarth,22,54786541785,Kolkata)})
(23,{(6,Archana,23,487965214857,Chennai),(5,Trupthi,23,9848022336,Bhuwaneshwar)})
(24,{(8,Bharathi,24,12547896547,Chennai),(7,Komal,24,35478595417,Trivendram)})
grunt>
```

图 1-3-30　contract_group

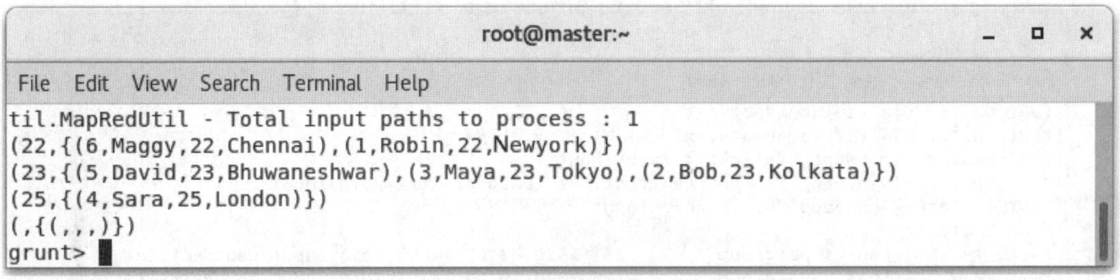

```
                              root@master:~                      _  □  ×
File  Edit  View  Search  Terminal  Help
til.MapRedUtil - Total input paths to process : 1
(22,{(6,Maggy,22,Chennai),(1,Robin,22,Newyork)})
(23,{(5,David,23,Bhuwaneshwar),(3,Maya,23,Tokyo),(2,Bob,23,Kolkata)})
(25,{(4,Sara,25,London)})
(,{(,,,)})
grunt>
```

图 1-3-31　temporary_group

分组结果包含两列数据,第一列是分组 key;第二列是一个 bag,其中包含一个元组。

同时对 contract 和 temporary 关系中的数据根据 age 进行分组,一个元组中会包含两个 bag,两个 bag 中分别包含 contract 和 temporary 中的数据,命令如下。

```
grunt> contract_temporary_group = GROUP contract BY age,temporary BY age;
grunt> dump contract_temporary_group;
```

结果如图 1-3-32 所示。

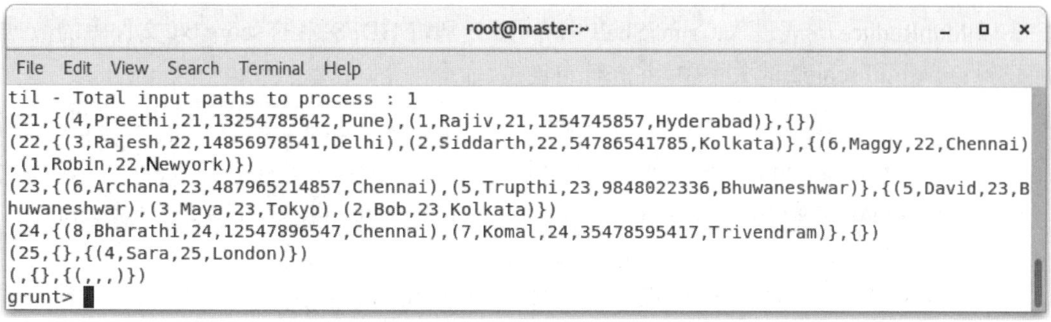

```
root@master:~                                    _  □  ×
File  Edit  View  Search  Terminal  Help
til - Total input paths to process : 1
(21,{(4,Preethi,21,13254785642,Pune),(1,Rajiv,21,1254745857,Hyderabad)},{})
(22,{(3,Rajesh,22,14856978541,Delhi),(2,Siddarth,22,54786541785,Kolkata)},{(6,Maggy,22,Chennai)
,(1,Robin,22,Newyork)})
(23,{(6,Archana,23,487965214857,Chennai),(5,Trupthi,23,9848022336,Bhuwaneshwar)},{(5,David,23,B
huwaneshwar),(3,Maya,23,Tokyo),(2,Bob,23,Kolkata)})
(24,{(8,Bharathi,24,12547896547,Chennai),(7,Komal,24,35478595417,Trivendram)},{})
(25,{},{(4,Sara,25,London)})
(,{},{(,,,)})
grunt>
```

图 1-3-32   contract_temporary_group

4. 连接运算符

JOIN 操作用于组合两个以上关系的记录,在执行该操作时,从每个关系中声明一个或一组元组作为 key,当这些 key 匹配时,元组匹配,否则记录将被丢弃。连接可以是以下类型:自连接、内连接和外连接。

1)自连接

自连接运算用于与自身进行连接,在 Apache Pig 中为了实现自连接,通常使用不同的关系加载相同的数据。自连接语法格式如下。

```
Relation3_name = JOIN Relation1_name BY key, Relation2_name BY key;
```

参数说明如下。

● Relation3_name:连接后的数据保存的目标关系名称。

● Relation1_name、Relation2_name:两个拥有相同数据的关系。

● key:连接键值。

创建名为 score.txt 的数据文件,并上传到 HDFS 的 /pig_input 目录下,命令如下。

```
[root@master ~]# vim score.txt
108,Hadoop 生态体系 ,89
405,Linux 操作系统 ,67
107, 高等数学 ,87
103, 高等数学 ,100
[root@master ~]# hadoop fs -put score.txt /pig_input
[root@master ~]# hadoop fs -ls /pig_input
```

结果如图 1-3-33 所示。

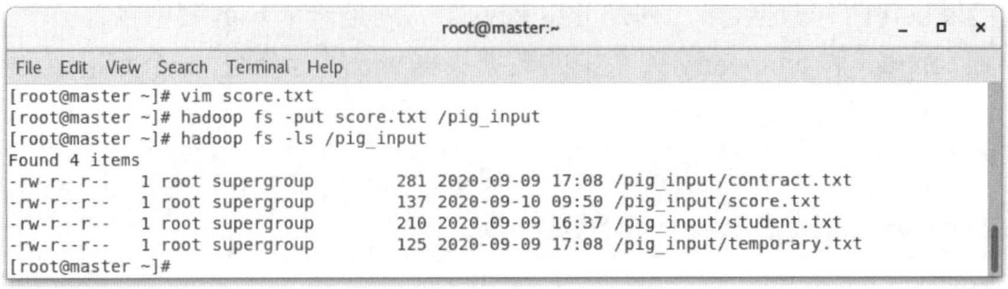

图 1-3-33　准备数据文件

以 MapReduce 方式进入 Grunt Shell 命令行,分别将 HDFS 中的 score.txt 文件中的数据加载到 score1 和 score2 的关系中,并进行自连接,命令如下。

```
grunt> score1 = LOAD 'hdfs://master:9000/pig_input/score.txt' USING PigStorage(',') as
(stu_no:chararray,cname:chararray,degree:int);
grunt> score2 = LOAD 'hdfs://master:9000/pig_input/score.txt' USING PigStorage(',') as
(stu_no:chararray,cname:chararray,degree:int);
grunt> score3 = JOIN score1 BY stu_no,score2 BY stu_no;
grunt> dump score3;
```

结果如图 1-3-34 所示。

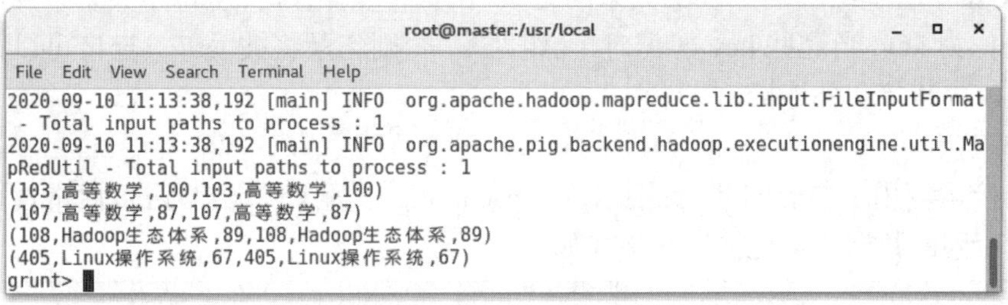

图 1-3-34　自连接

2)内连接

内连接是使用最频繁的连接方式,也被称为等值连接,能够连接两个表中拥有共同谓词的数据并创建新关系。内连接在执行过程中会将 A 的每一行与 B 的每一行进行比较,以找到满足条件的所有行。内连接语法格式如下。

```
result = JOIN relation1 BY columnname, relation2 BY columnname;
```

参数说明如下。

● relation1、relation2:要进行连接操作的两个关系。

● columnname:连接谓词。

将 HDFS 的 /pig_input 目录下的 student.txt 和 score.txt 中的数据加载到关系中,对 student 和 score 进行内连接操作,命令如下。

```
grunt> score = LOAD 'hdfs://master:9000/pig_input/score.txt' USING PigStorage(',') as
(stu_no:chararray,cname:chararray,degree:int);
```

```
grunt> student = LOAD 'hdfs://master:9000/pig_input/student.txt' USING PigStorage(',')
as (sno:chararray,sname:chararray,ssex:chararray,sbirthday:chararray,class:chararray);
grunt> result = JOIN student BY sno LEFT,score BY stu_no;
grunt> dump result;
```

结果如图 1-3-35 所示。

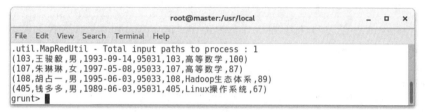

图 1-3-35　内连接

3）外连接

在关系数据库语言中有三种外连接操作，即左外连接、右外连接和全外连接。Pig Latin中的这三种外连接操作如下。

● 左外连接

左外连接能够返回左表中的全部记录和右表中匹配到的记录，右表中没有匹配到的记录使用空值代替，语法格式如下。

```
outer_left = JOIN relation1 BY columnname LEFT, relation1 BY columnname;
```

将 HDFS 的 /pig_input 目录下的 student.txt 和 score.txt 两个文件中的数据分别加载到student 和 score 关系中，并进行左外连接操作，命令如下。

```
grunt> student = LOAD 'hdfs://master:9000/pig_input/student.txt' USING PigStorage(',')
as (sno:chararray,sname:chararray,ssex:chararray,sbirthday:chararray,class:chararray);
grunt> score = LOAD 'hdfs://master:9000/pig_input/score.txt' USING PigStorage(',') as
(stu_no:chararray,cname:chararray,degree:int);
grunt> outer_left = JOIN student BY sno LEFT,score BY stu_no;
grunt> dump outer_left;
```

结果如图 1-3-36 所示。

```
root@master:/usr/local                          _  □  ×
File  Edit  View  Search  Terminal  Help
2020-09-10 13:24:23,592 [main] INFO  org.apache.pig.data.SchemaTupleBackend - Key [pig.sc
hematuple] was not set... will not generate code.
2020-09-10 13:24:23,599 [main] INFO  org.apache.hadoop.mapreduce.lib.input.FileInputForma
t - Total input paths to process : 1
2020-09-10 13:24:23,599 [main] INFO  org.apache.pig.backend.hadoop.executionengine.util.M
apRedUtil - Total input paths to process : 1
(101,蓝樱桃,女,1996-12-11,95033,,,)
(103,王骏毅,男,1993-09-14,95031,103,高等数学,100)
(107,朱琳琳,女,1997-05-08,95033,107,高等数学,87)
(108,胡占一,男,1995-06-03,95033,108,Hadoop生态体系,89)
(109,王三石,男,1994-07-08,95031,,,)
(405,钱多多,男,1989-06-03,95031,405,Linux操作系统,67)
grunt>
```

图 1-3-36　左外连接

● 右外连接

右外连接与左外连接效果相反,右外连接能够返回右表中的所有记录和左表中符合条件的记录,左表中若没有匹配的记录则使用空值代替,语法格式如下。

```
outer_right = JOIN relation1 BY columnname RIGHT, relation2 BY columnname;
```

将 HDFS 的 /pig_input 目录下的 student.txt 和 score.txt 两个文件中的数据分别加载到 student 和 score 关系中,并进行右外连接操作,命令如下。

```
grunt> student = LOAD 'hdfs://master:9000/pig_input/student.txt' USING PigStorage(',')
as (sno:chararray,sname:chararray,ssex:chararray,sbirthday:chararray,class:chararray);
grunt> score = LOAD 'hdfs://master:9000/pig_input/score.txt' USING PigStorage(',') as
(stu_no:chararray,cname:chararray,degree:int);
grunt> outer_right= JOIN student BY sno RIGHT,score BY stu_no;
grunt> dump outer_right;
```

结果如图 1-3-37 所示。

图 1-3-37　右外连接

● 全外连接

全外连接能够返回两个表中的所有记录,没有匹配的记录则使用空值代替,语法格式如下。

```
outer_full = JOIN relation1 BY columnname FULL OUTER, relation2 BY columnname;
```

将 HDFS 的 /pig_input 目录下的 student.txt 和 score.txt 两个文件中的数据分别加载到 student 和 score 关系中,并进行全外连接操作,命令如下。

```
grunt> student = LOAD 'hdfs://master:9000/pig_input/student.txt' USING PigStorage(',')
as (sno:chararray,sname:chararray,ssex:chararray,sbirthday:chararray,class:chararray);
grunt> score = LOAD 'hdfs://master:9000/pig_input/score.txt' USING PigStorage(',') as
(stu_no:chararray,cname:chararray,degree:int);
grunt> outer_full = JOIN student BY sno FULL OUTER,score BY stu_no;
grunt> dump outer_full;
```

结果如图 1-3-38 所示。

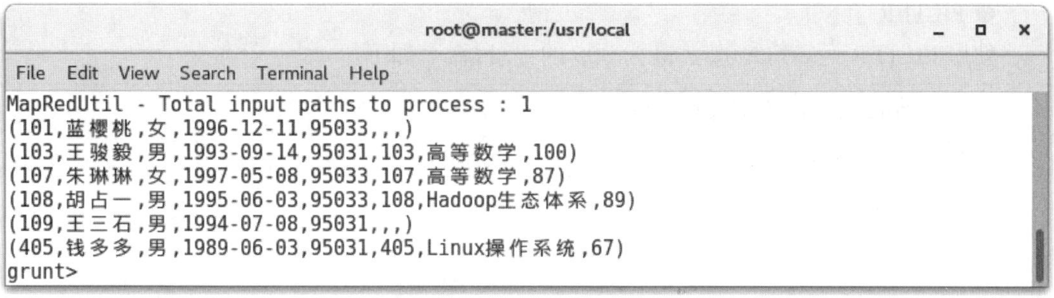

```
root@master:/usr/local
File  Edit  View  Search  Terminal  Help
MapRedUtil - Total input paths to process : 1
(101,蓝樱桃,女,1996-12-11,95033,,,)
(103,王骏毅,男,1993-09-14,95031,103,高等数学,100)
(107,朱琳琳,女,1997-05-08,95033,107,高等数学,87)
(108,胡占一,男,1995-06-03,95033,108,Hadoop生态体系,89)
(109,王三石,男,1994-07-08,95031,,,)
(405,钱多多,男,1989-06-03,95031,405,Linux操作系统,67)
grunt>
```

图 1-3-38　全外连接

5. 过滤运算符

Pig Latin 中包含三种过滤运算符，即 FILTER、DISTINCT 和 FOREACH 运算符。FILTER 运算符用于根据条件从关系中选择所需的元组，DISTINCT 运算符用于从关系中删除冗余（重复）的元组，FOREACH 运算符用于基于列数据生成指定的数据转换。三种运算符的语法格式如下。

```
#FILTER 语法
FILTER relation BY (condition);
#DISTINCT 语法
DISTINCT relation;
#FOREACH 语法
FOREACH relation GENERATE (required data);
```

创建名为 data_details.txt 的数据文件，上传到 HDFS 的 /pig_input 目录下，并将数据加载到 details 关系中，命令如下。

```
[root@master local]# vim data_details.txt
001,Rajiv,Reddy,9848022337,Hyderabad
002,Siddarth,Battacharya,9848022338,Kolkata
002,Siddarth,Battacharya,9848022338,Kolkata
003,Rajesh,Khanna,9848022339,Delhi
003,Rajesh,Khanna,9848022339,Delhi
004,Preethi,Agarwal,9848022330,Pune
005,Trupthi,Mohanthy,9848022336,Bhuwaneshwar
006,Archana,Mishra,9848022335,Chennai
006,Archana,Mishra,9848022335,Chennai
[root@master local]# hadoop fs -put data_details.txt /pig_input/
[root@master local]# pig -x mapreduce
grunt> details = LOAD 'hdfs://master:9000/pig_data/data_details.txt' USING PigStorage
(',') as (id:int, firstname:chararray, lastname:chararray, age:int, phone:chararray, city:chararray);
```

三种过滤运算符的使用方法如下。

● FILTER

使用 FILTER 运算符过滤出 id 为 005 的记录，命令如下。

```
grunt> filter_data = FILTER details BY id == 5;
grunt> dump filter_data;
```

结果如图 1-3-39 所示。

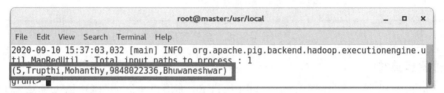

图 1-3-39　FILTER

● DISTINCT

使用 DISTINCT 运算符去掉数据中重复的元组，命令如下。

```
grunt> distinct_data = DISTINCT details;
grunt> dump distinct_data;
```

结果如图 1-3-40 所示。

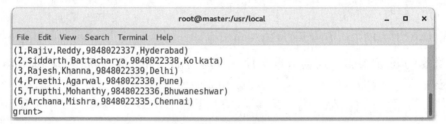

图 1-3-40　DISTINCT

● FOREACH

使用 FOREACH 运算符从 distinct_data 关系中获取 id、firstname 和 city 的值，并将其存储到名为 foreach_data 的关系中，命令如下。

```
grunt> foreach_data= FOREACH distinct_data GENERATE id,firstname,city;
grunt> dump foreach_data;
```

结果如图 1-3-41 所示。

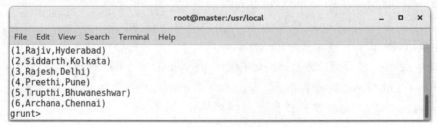

图 1-3-41　FOREACH

6. 排序运算符

Pig Latin 中的排序运算符与关系型数据库中的排序关键字写法一致——ORDER BY，该运算符能够针对一个或多个字段进行排序。ORDER BY 运算符通常与 LIMIT 运算符一起使用，LIMIT 运算符主要用于截取显示排序后的关系中指定数量的元组。ORDER BY 与 LIMIT 语法格式如下。

```
#ORDER BY 运算符
ORDER Relation BY (ASC|DESC);
#LIMIT 运算符
LIMIT Relation required number of tuples;
```

将 HDFS 的 /pig_input 目录下的 student.txt 文件中的数据加载到名为 student 的关系中并按照 sno 进行升序排序，最后显示前两个元组，命令如下。

```
grunt> student = LOAD 'hdfs://master:9000/pig_input/student.txt' USING PigStorage(',')
as (sno:chararray,sname:chararray,ssex:chararray,sbirthday:chararray,class:chararray);
grunt> order_by_data = ORDER student BY sno ASC;
grunt> limit_data = LIMIT order_by_data 2;
grunt> dump limit_data;
```

结果如图 1-3-42 所示。

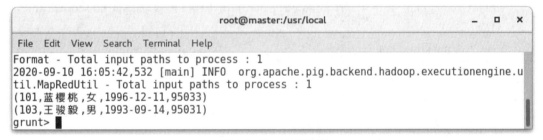

图 1-3-42　排序运算

技能点 5　内置函数

Pig 向开发人员提供了六种仅需简单调用就能够完成对数据的操作的内置函数。常用的内置函数有 Eval 函数、字符串函数、日期时间函数和数学函数。

1. Eval 函数

Eval 函数主要对关系内的数据进行诸如计算平均值、获取元素的数量、获取最大值或最小值等操作。使用 Eval 函数对数据进行操作时必须对数据进行分组，分组条件为 ALL。Eval 函数见表 1-3-6。

表 1-3-6 Eval 函数

函数	描述
AVG()	计算包内数值的平均值
BagToString()	将包中的元素连接成字符串,连接时可以在元素之间放置分隔符(可选)
CONCAT()	连接两个或多个相同类型的表达式
COUNT()	获取包中元素的数量,同时计算包中元组的数量
MAX()	计算单列包中列(数值或字符)的最大值
MIN()	获取单列包中特定列的最小(最低)值(数值或字符)
SIZE()	基于任何 Pig 数据类型计算元素的数量
SUM()	获取单列包中某列的数值总和

上述 Eval 函数的使用方法一致,下面通过 AVG 和 SUM 函数讲解 Eval 函数的使用方法。将 HDFS 的 pig_input 目录下的 student.txt 文件中的数据加载到关系中,并计算总成绩,命令如下。

```
grunt> score = LOAD 'hdfs://master:9000/pig_input/score.txt' USING PigStorage(',') as
(stu_no:chararray,cname:chararray,degree:int);
grunt> score_group = GROUP score ALL;
grunt> score_num = FOREACH score_group GENERATE (score.stu_no,score.degree),
SUM(score.degree);
grunt> dump score_num;
```

结果如图 1-3-43 所示。

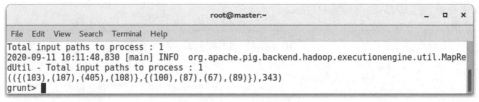

图 1-3-43 计算总成绩

2. 字符串函数

字符串函数也叫字符串处理函数,顾名思义是对字符串进行操作的函数,能够实现比较字符串大小、转换大小写和拆分字符串等操作。Apache Pig 中常用的字符串函数见表 1-3-7。

表 1-3-7 Apache Pig 中常用的字符串函数

函数	描述
ENDSWITH(string, testAgainst)	验证字符串是否以特定字符结尾
STARTSWITH(string, substring)	验证第一个字符串是否以第二个字符串开头
SUBSTRING(string, startIndex, stopIndex)	返回来自给定字符串的子字符串

续表

函数	描述
EqualsIgnoreCase(string1, string2)	比较两个字符串,忽略大小写
INDEXOF(string, 'character', startIndex)	返回字符串中指定的第一个出现的字符
LAST_INDEX_OF(expression)	返回字符串中指定的最后一个出现的字符
LCFIRST(expression)	将字符串中的第一个字符转换为小写
UCFIRST(expression)	将字符串中的第一个字符转换为大写
UPPER(expression)	将字符串中的所有字符转换为大写
LOWER(expression)	将字符串中的所有字符转换为小写
REPLACE(string, oldChar,newChar)	使用新字符替换字符串中的现有字符
STRSPLIT(string, regex, limit)	通过给定的分隔符拆分字符串
STRSPLITTOBAG(string, regex, limit)	与 STRSPLIT 函数类似,通过给定的分隔符拆分字符串,并将结果返回到包中
TRIM(expression)	去掉字符串头尾的空格
LTRIM(expression)	去掉字符串开头的空格
RTRIM(expression)	去掉字符串尾部的空格

上述字符串函数的使用方法均一致,根据提示传入字符串和指定的参数就能实现对应的效果。下面以 UPPER 与 LOWER 为例讲解字符串函数的使用方法,将 HDFS 的 /pig_input 目录下的 contract.txt 文件中的数据加载到 Pig 中,并将 city 字段分别转换为大写和小写,命令如下。

```
grunt> contract = LOAD 'hdfs://master:9000/pig_input/contract.txt' USING PigStorage(',')
as (id:int, firstname:chararray, age:int, phone:chararray, city:chararray);
grunt> up_lo_contract = FOREACH contract GENERATE (id,city),UPPER(city),LOWER
(city);
grunt> dump up_lo_contract;
```

结果如图 1-3-44 所示。

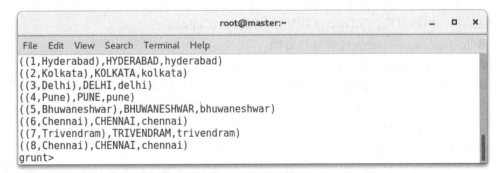

图 1-3-44　字符串函数

3. 日期时间函数

日期时间函数是处理日期型或日期时间型数据的函数，在 Pig 中使用日期时间函数前需要将日期转换为时间对象，再对时间对象应用时间日期函数。常用的时间日期函数见表 1-3-8。

表 1-3-8　常用的日期时间函数

函数	说明
ToDate(datetime)	根据给定的参数返回日期时间对象
GetDay(datetime)	返回时间对象中的天
GetMilliSecond(datetime)	返回时间对象中的毫秒
GetMinute(datetime)	返回时间对象中的分钟
GetMonth(datetime)	返回日期时间对象中的月
GetSecond(datetime)	返回时间对象中的秒
GetWeek(datetime)	返回日期时间对象中的周
GetYear(datetime)	返回日期时间对象中的年
AddDuration(datetime, duration)	返回日期时间对象的结果和持续时间对象
SubtractDuration(datetime, duration)	从日期时间对象中减去 duration 对象并返回结果
DaysBetween(enddatetime, startdatetime)	返回两个日期时间对象之间的天数
HoursBetween(enddatetime, startdatetime)	返回两个日期时间对象之间的小时数
MilliSecondsBetween(datetime1, datetime2)	返回两个日期时间对象之间的毫秒数
MinutesBetween(datetime1,datetime2)	返回两个日期时间对象之间的分钟数
MonthsBetween(datetime1, datetime2)	返回两个日期时间对象之间的月数
SecondsBetween(datetime1, datetime2)	返回两个日期时间对象之间的秒数
WeeksBetween(datetime1, datetime2)	返回两个日期时间对象之间的周数
YearsBetween(datetime1, datetime2)	返回两个日期时间对象之间的年数

在使用日期时间函数处理时间数据时需要注意以下两点。

（1）在使用日期时间函数处理时间数据前必须使用 ToDate 函数将日期时间类型的数据转换成日期时间对象。ToDate 函数有如下四种语法格式。

● ToDate(milliseconds)：接收毫秒时间。

● ToDate(iosstring)：接收字符串类型的时间。

● ToDate(userstring, format)：userstring 代表用户输入的时间字符串，format 用于指定用户输入的日期时间的格式，如 ToDate(1990/12/19 03:11:44', 'yyyy/MM/dd HH:mm:ss')，结果返回 1990-12-19T03:11:44.000+05:30。

● ToDate(userstring, format, timezone)：较上一种可多设置一个时区。

（2）在使用 AddDuration(datetime, duration) 与 SubtractDuration(datetime, duration) 函数

时需要设置持续时间,设置时要遵守 ISO 8601 标准。根据 ISO 8601 标准,P 被放置在开始处表示持续时间,被称为持续时间指示符。详细表示方法见表 1-3-9。

表 1-3-9　ISO 8601 标准时间表示方法

指示符	说明	示例
Y	年指示符	P1Y 表示 1 年
M	月指示符	P1M 表示 1 个月
W	周指示符	P1W 表示 1 周
D	日期指示符	P1D 表示 1 天
T	时间指示符	PT1H 表示 1 小时
H	小时指示符	PT5H 表示 5 小时
M	分钟指示符	PT1M 表示 1 分钟
S	秒指示符	PT1S 表示 1 秒

创建名为 datetime.txt 的数据集,将数据集上传到 HDFS 的 /pig_input 目录下,命令如下。

```
[root@master local]# vim datetime.txt
[root@master local]# hadoop fs -put datetime.txt /pig_input
[root@master local]# hadoop fs -ls /pig_input
```

结果如图 1-3-45 所示。

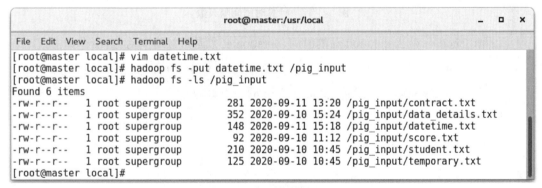

图 1-3-45　准备数据文件

将 datetime.txt 中的数据加载到关系中,并获取 startdate 中的年,命令如下。

```
grunt> date_data = LOAD 'hdfs://master:9000/pig_input/datetime.txt' USING PigStorage
(',') as (id:int,startdate:chararray,enddate:chararray,duration:chararray);
grunt>todate_data = foreach date_data generate ToDate(startdate,'dd/MM/yyyy HH:mm:ss')
as (date_time:DateTime);
grunt>getyear_data = foreach todate_data generate (date_time), GetYear(date_time);
```

结果如图 1-3-46 所示。

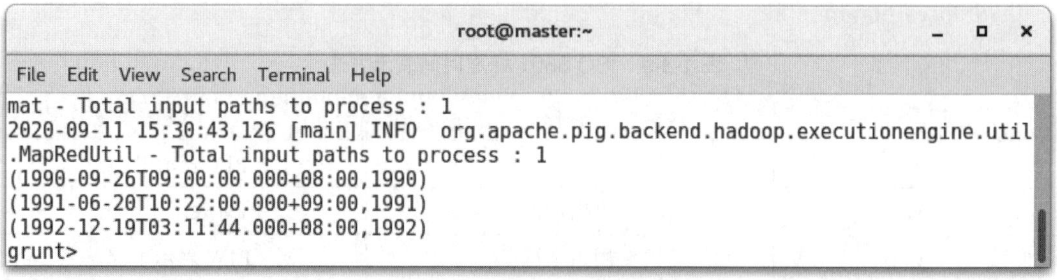

图 1-3-46　获取日期时间对象中的年

获取从 startdate 到 enddate 经过了多少天，需要注意的是第一个参数应是结束时间，命令如下。

> grunt> daysbetween_data = foreach date_data generate DaysBetween(ToDate(enddate,
> 'dd/MM/yyyy HH:mm:ss'),ToDate(startdate,'dd/MM/yyyy HH:mm:ss'));

结果如图 1-3-47 所示。

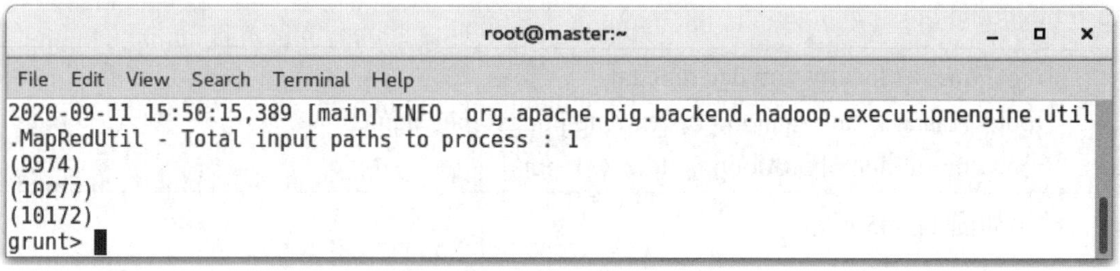

图 1-3-47　计算时间间隔天数

计算出 enddate 减去 duration 后的时间，duration 必须是持续时间对象，命令如下。

> grunt> subtractduration_data = foreach date_data generate(enddate,duration),SubtractDura
> tion(ToDate(enddate,'dd/MM/yyyy HH:mm:ss'),duration);
> grunt> dump subtractduration_data;

结果如图 1-3-48 所示。

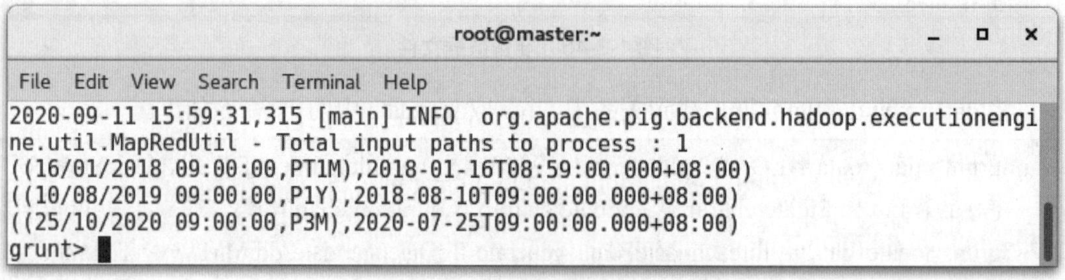

图 1-3-48　减去持续时间对象

4. 数学函数

数学函数通常用于对数值类型的数据进行数学计算,例如求绝对值、平方根,三角函数、指数运算等。Apache Pig 中常用的数学函数见表 1-3-10。

表 1-3-10　Apache Pig 中常用的数学函数

函数	说明
ABS(expression)	获取表达式的绝对值
ACOS(expression)	获取表达式的反余弦值
ASIN(expression)	获取表达式的反正弦值
ATAN(expression)	获取表达式的反正切值
CBRT(expression)	获取表达式的立方根
CEIL(expression)	获取向上取整为最接近的整数的表达式的值(进 1 取整)
COS(expression)	获取表达式的余弦值
COSH(expression)	获取表达式的双曲余弦值
EXP(expression)	获取欧拉数 e 乘以 x 的幂,即指数
FLOOR(expression)	获取向下取整为最接近的整数的表达式的值(四舍五入取整)
LOG(expression)	获取表达式的自然对数(基于 e)
LOG10(expression)	获取表达式的基于 10 的对数
RANDOM( )	获取大于或等于 0.0 且小于 1.0 的伪随机数(double 类型)
ROUND(expression)	将表达式的值四舍五入为整数(如果结果类型为 float)或四舍五入为长整型(如果结果类型为 double)
SIN(expression)	获取表达式的正弦值
SINH(expression)	获取表达式的双曲正弦值
SQRT(expression)	获取表达式的正平方根
TAN(expression)	获取表达式的正切值
TANH(expression)	获取表达式的双曲正切值

上述数学函数的使用方法与传入的值都相同,下面通过 ABS 函数讲解数学函数的使用方法和返回值的效果。创建名为 math.txt 的文件,并将文件上传到 HDFS 的 /pig_input 目录下,将 math.txt 中的数据加载到关系中并计算绝对值,命令如下。

```
[root@master ~]# vim math.txt
[root@master ~]# hadoop fs -put math.txt /pig_input
-5
16
9
-2.5
```

```
5.9
-3.1
grunt> math_data = LOAD 'hdfs://master:9000/pig_input/math.txt' USING PigStorage(',')
as (data:float);
grunt> abs_data = foreach math_data generate (data), ABS(data);
grunt> dump abs_data;
```

结果如图 1-3-49 所示。

```
                              root@master:~                    _  □  ×

File  Edit  View  Search  Terminal  Help
.util.MapRedUtil - Total input paths to process : 1
(-5.0,5.0)
(16.0,16.0)
(9.0,9.0)
(-2.5,2.5)
(5.9,5.9)
(-3.1,3.1)
grunt>
```

图 1-3-49　计算绝对值

通过对以上内容的学习，可以了解 Pig 的基本概念和 Pig Latin 语句。为了巩固所学的知识，通过以下几个步骤，使用 Pig Latin 语句、相关的运算符和内置函数对股票交易数据进行统计分析。数据列说明见表 1-3-11。

表 1-3-11　数据列说明

列名	说明
exchange	交易所
stock_symbol	股票代码
date	日期
stock_price_open	开盘价
stock_price_high	最高价
stock_price_low	最低价
stock_price_close	收盘价
stock_volume	交易量
stock_price_adj_close	股票价格调整收盘价

第一步,将数据文件 daily_stocks.csv 上传到 HDFS 的 /pig_input 目录下并查看是否上传成功,命令如下。

```
[root@master local]# hadoop fs -put daily_stocks.csv /pig_input
[root@master local]# hadoop fs -ls /pig_input
```

结果如图 1-3-50 所示。

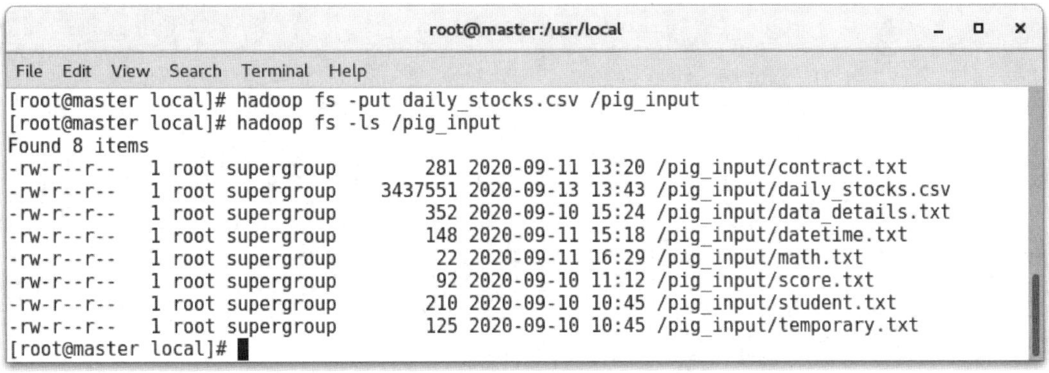

图 1-3-50　上传数据文件

第二步,将 daily_stocks.csv 中的数据加载到名为 stock 的关系中,并查看数据的前十行,命令如下。

```
grunt> stock = LOAD 'hdfs://master:9000/pig_input/daily_stocks.csv' USING PigStorage(',') as (exchange: chararray,symbol:chararray,date:chararray,stock_price_open:double,stock_price_high:double,stock_price_low:double,stock_price_close:double,stock_volume:double,stock_price_adj_close:double);
grunt> lmt = LIMIT stock 10;
grunt> dump lmt;
```

结果如图 1-3-51 所示。

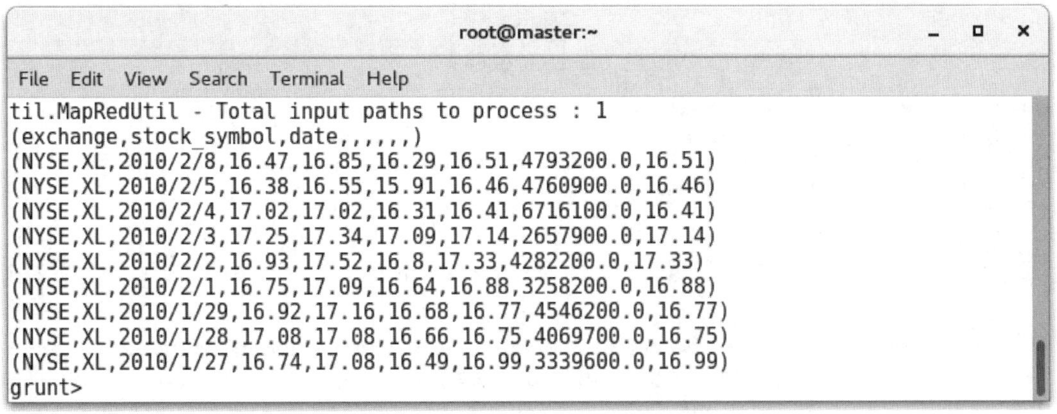

图 1-3-51　加载数据并查看前十行

第三步,按交易所(exchange)进行分组,将结果保存到名为 stock_exc_grp 的关系中并检查分组结果,命令如下。

grunt> stock_exc_grp = GROUP stock BY exchange;
grunt> dump stock_exc_grp;

结果如图 1-3-52 所示。

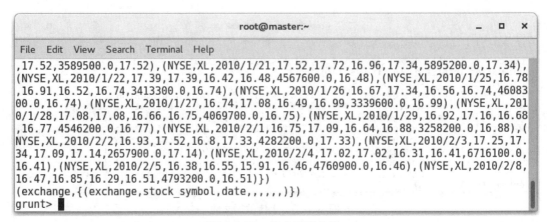

图 1-3-52　按交易所分组

第四步,根据分组后的数据统计出每只股票有几家交易所可进行交易,并显示结果,命令如下。

grunt> unique_symbols = FOREACH stock_exc_grp {
>> symbols = stock.symbol;
>> unique_symbol = DISTINCT symbols;
>> GENERATE group, COUNT(unique_symbol);
>> };
grunt> dump unique_symbols;

结果如图 1-3-53 所示。

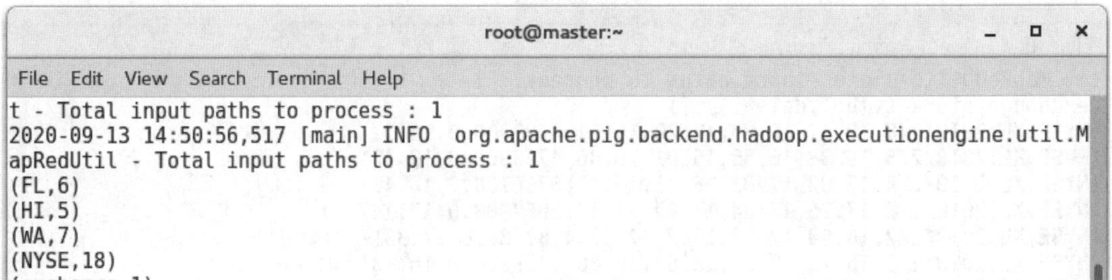

图 1-3-53　统计股票数量

第五步,将 stock 关系按照股票代码(symbol)进行分组,并统计每只股票的平均开盘与收盘价格,命令如下。

```
grunt> stock_symbol_grp = GROUP stock BY symbol;
grunt> avg_stock_price_opens_colses = FOREACH stock_symbol_grp {
>> stock_price_open = stock.stock_price_open;
>> stock_price_close = stock.stock_price_close;
>> GENERATE group, AVG(stock_price_open),AVG(stock_price_close);
>> };
grunt> dump avg_stock_price_opens_closes;
```

结果如图 1-3-54 所示。

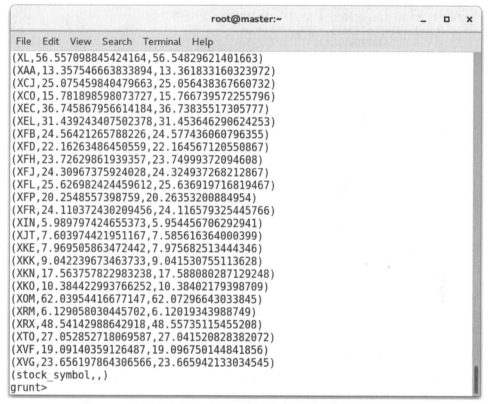

图 1-3-54   统计平均开盘与收盘价格

第六步,统计每只股票的平均最高和最低价格,命令如下。

```
grunt> avg_stock_price_high_low = FOREACH stock_symbol_grp {
>> stock_price_high = stock.stock_price_high;
>> stock_price_low = stock.stock_price_low;
>> GENERATE group, AVG(stock_price_high),AVG(stock_price_low);
>> };
grunt> dump avg_stock_price_high_low;
```

结果如图 1-3-55 所示。

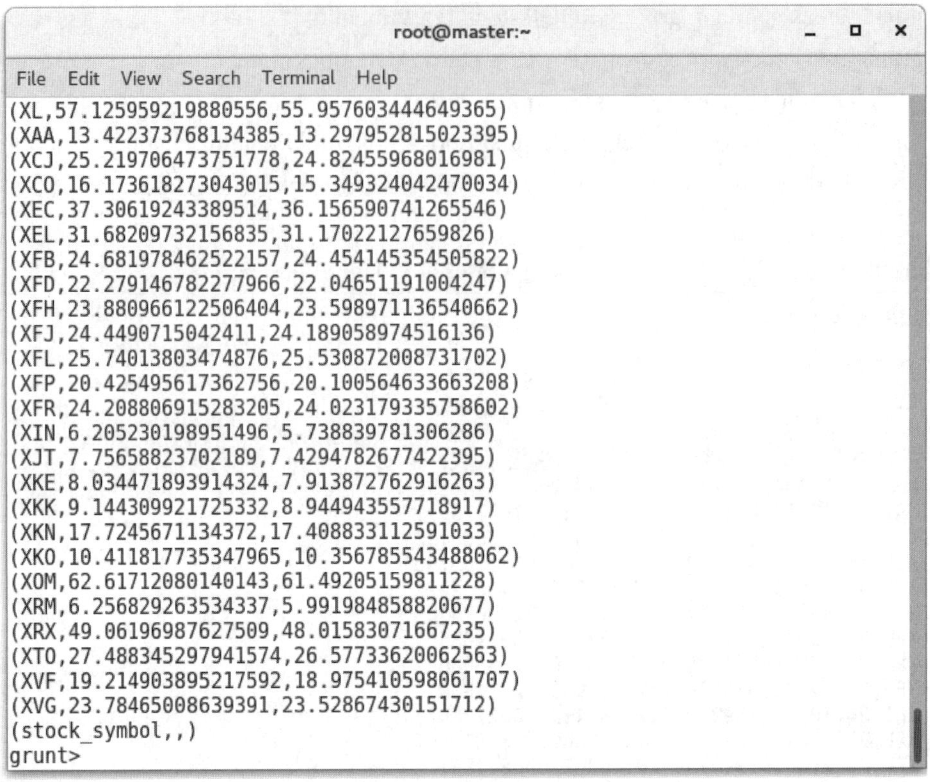

图 1-3-55　统计平均最高和最低价格

第七步,将 avg_stock_price_high_low、avg_stock_price_opens_closes 和 unique_symbols 导出到 HDFS 文件系统中,命令如下。

```
store unique_symbols into 'unique_symbols' using PigStorage(',');
store avg_stock_price_opens_colse into 'avg_stock_price_opens_colse' using PigStorage(',');
store avg_stock_price_high_low into 'avg_stock_price_high_low' using PigStorage(',');
[root@master local]# hadoop fs -ls /user/root
[root@master local]# hadoop fs -cat /user/root/unique_symbols/part-r-00000
```

结果如图 1-3-56 所示。

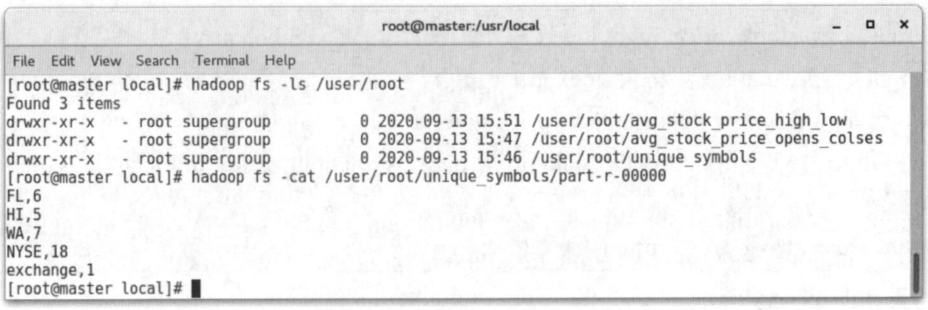

图 1-3-56　导出结果

本任务通过股票交易数据处理，使读者对 Pig 的相关知识有了初步了解，对 Pig 的架构、Pig 的配置与执行、Pig Latin 操作等有所了解和掌握，并能够通过所学的 Pig 知识实现股票交易数据处理。

execution	执行	command	命令
release	释放	load	装载
engine	引擎	dump	倾倒

1. 选择题

（1）Pig 是最早由（   ）公司基于 Hadoop 开发的并行处理框架。

A. 雅虎　　　　　B. 甲骨文　　　　　C. Apache　　　　　D. 微软

（2）下列数据类型中表示 64 位有符号整数的是（   ）。

A. long　　　　　B. int　　　　　C. float　　　　　D. double

（3）从关系中删除不需要的行需要使用（   ）。

A. FILTER　　　　B. DISTINCT　　　C. STREAM　　　D. GENERATE

（4）用于将非结构化数据加载到 Pig 中的加载函数是（   ）。

A. TextLoader()　　B. PigStorage()　　C. JsonLoader()　　D. BinStorage()

（5）主要负责检查脚本的语法和类型的是（   ）。

A. Parser　　　　B. Optimizer　　　C. Compiler　　　D. Execution Engine

2. 简答题

（1）简单介绍 Pig。

（2）创建一组考试成绩数据，加载到 Pig 中，并根据成绩排序。

单元 2　基于实时数据的处理与分析

任务 2-1——Apache Flink 热门商品统计

通过 Apache Flink 热门商品统计的实现，了解 Apache Flink 的相关知识，熟悉 Flink 的架构，掌握 Flink 批处理，具有使用 Flink 知识实现热门商品统计的能力，在任务实施过程中：

● 了解 Apache Flink 的相关知识；
● 熟悉 Flink 的架构；
● 掌握 Flink 批处理；
● 具有使用 Flink 知识实现热门商品统计的能力。

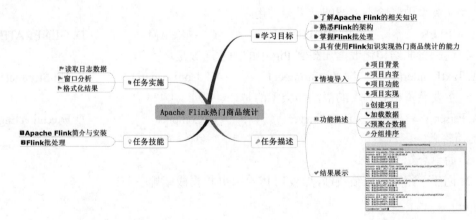

【情境导入】

随着电商行业的兴起,越来越多的实体商铺开通了网上店铺,网上店铺为了吸引更多的顾客,会在主页上推荐比较热门的几款商品。从庞大的销售数据中提取热门商品一直困扰着网购平台,要解决这一问题,可以使用 Flink 批处理工具对数据进行分组统计,计算固定时间长度内访问量最高的商品而后进行推荐。本任务通过对 Flink 知识的学习,最终实现热门商品统计。

【功能描述】

- 创建项目;
- 加载数据;
- 预聚合数据;
- 分组排序。

【结果展示】

通过对本任务的学习,能够使用 Flink 的相关知识实现热门商品统计,结果如图 2-1-1 所示。

图 2-1-1　结果图

技能点 1　Apache Flink 简介与安装

1. Flink 的概念

在当今这个数据量激增的时代,各种业务场景都有大量的业务数据产生,如何对这些不断产生的数据进行有效的处理,成为当下大多数公司面临的问题。随着雅虎对 Hadoop 的开源,越来越多的大数据处理技术涌入人们的视线,例如目前比较流行的大数据处理引擎 Apache Spark,基本上已经取代 MapReduce,成为当前大数据处理的标准。但是随着数据量的不断增长,新技术的不断发展,人们逐渐意识到实时数据处理的重要性。相对于传统的数据处理模式,流式数据处理有更高的处理效率和更强的成本控制能力。Apache Flink 就是近年来在开源社区不断发展的技术中,具有高吞吐、低延迟、高性能特点的分布式处理框架。

Apache Flink 是一个分布式流批一体化的开源平台。Flink 的核心是一个提供数据分发、通信和自动容错功能的流计算引擎。Flink 在流计算之上构建批处理,并且原生地支持迭代计算、内存管理和程序优化。官方称之为"stateful computations over data streams",即数据流上的状态计算。Flink 是 Apache 的顶级项目,它是一个可扩展的数据分析框架,与 Hadoop 完全兼容,可以轻松地执行流处理和批处理。

Apache Flink 是在名为 Stratosphere 的项目下启动的。2008 年,沃尔克·马克(Volker Markl)提出了"平流层"的构想,吸引了来自 HU Berlin、TU Berlin 和波茨坦 Hasso Plattner Institute 的其他主要研究人员。他们共同致力于实现愿景,在开源部署和系统构建方面作出了巨大努力。

后来,他们采取了几个决定性的步骤,使该项目在商业、研究和开源社区中广受欢迎。一个商业实体将该项目命名为"平流层"。在 2014 年 4 月申请 Apache 孵化后,定名为 Flink。Flink 是德语单词,意思为敏捷。Apache Flink 图标如图 2-1-2 所示。

图 2-1-2　Apache Flink 图标

2. Flink 的特点和优势

现有的开源计算方案会把流处理和批处理作为两种不同的应用类型,Flink 在支持流处理和批处理的同时,还支持高度容错的状态管理,以防止状态在计算过程中因为系统异常而丢失。Flink 周期性地通过分布式快照技术 checkpoints 实现状态的持久化维护,即使在系统停机或者异常的情况下都能计算出正确的结果。Flink 除了具有流处理和批处理的相关特性外,还有自己特有的一些优势。

1)高吞吐、低延迟、高性能

Flink 是目前开源社区中唯一一个集高吞吐、低延迟、高性能三者于一身的分布式流式数据处理框架,只需通过很少的配置即可实现数据处理的高吞吐和低延迟。Flink 与 Hadoop 数据处理对比如图 2-1-3 所示。

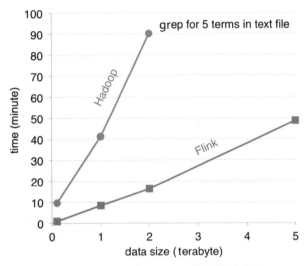

图 2-1-3 Flink 与 Hadoop 数据处理对比

2)支持高度灵活的窗口(windows)操作

在流处理应用中,数据是连续不断的,需要通过窗口的方式对流数据进行一定范围的聚合计算,例如统计在过去的 1 min 内有多少用户点击某一网页,在这种情况下,我们必须定义一个窗口,用来收集最近 1 min 内的数据,并对这个窗口内的数据进行再计算。Flink 将窗口划分为基于 Time、Count、Session、Data-driven 等类型的窗口,窗口可以通过灵活的触发条件定制化来实现对复杂的流传输模式的支持,用户可以通过定义不同的窗口触发机制来满足不同的需求。Flink 窗口(windows)操作如图 2-1-4 所示。

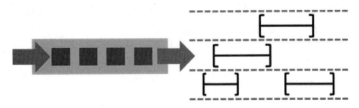

图 2-1-4 Flink 窗口(windows)操作

3)基于轻量级分布式快照(snapshot)实现容错

Flink 能够分布式运行在上千个节点上,将大型计算任务的流程拆解成小的计算过程,然后将 task 分布到并行节点上进行处理。在任务执行过程中,Flink 能够自动发现事件处理过程中因出现错误而导致数据不一致的问题,例如节点宕机,网路传输问题,由于升级或修复问题而导致计算服务重启等。在这些情况下,通过分布式快照技术 checkpoints 将执行过程中的状态信息持久化存储,一旦任务异常停止,Flink 就能够从 checkpoints 中进行任务的自动恢复,以确保数据在处理过程中的一致性。Flink 容错如图 2-1-5 所示。

4)基于 JVM 实现独立的内存管理

内存管理是所有计算框架都需要重点考虑的部分,尤其是计算量比较大的计算场景,数据在内存中如何进行管理显得至关重要。Flink 实现了自身管理内存的机制,能尽可能减小 JVM GC 对系统的影响。另外,Flink 通过序列化 / 反序列化方法将所有的数据对象转换成二进制存储在内存中,在减小数据存储空间的同时,能够更加有效地对内存空间进行利用,降低 JVM GC 带来的性能下降或任务异常的风险。因此,Flink 较其他分布式处理框架更加稳定,不会因为 JVM GC 等问题而影响整个应用的运行。Flink 内存管理如图 2-1-6 所示。

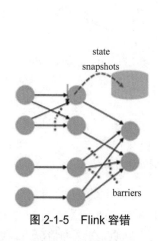

图 2-1-5　Flink 容错

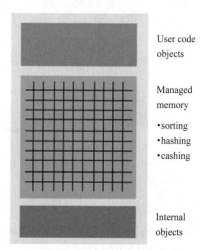

图 2-1-6　Flink 内存管理

5)与大数据处理生态系统集成

Flink 能与开源大数据处理生态系统中的许多项目集成。Flink 可以运行在 YARN 上,与 HDFS 协同工作,从 Kafka 中读取流数据,执行 Hadoop 程序代码,连接多种数据存储系统。

6)具有类库生态系统

Flink 栈中提供了很多具有高级 API 和满足不同场景的类库,如机器学习、图分析、关系式数据处理。Flink 常用类库如图 2-1-7 所示。

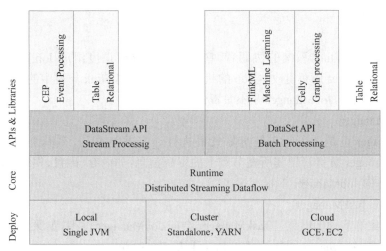

图 2-1-7　Flink 常用类库

3. Flink 的架构

Flink 的架构与 Spark 类似，是基于 Master-Slave 的架构，主要由三个部分组成，分别是提交任务的客户端 Flink Program、作业管理器 JobManager 和任务管理器 TaskManager。Flink 的架构如图 2-1-8 所示。

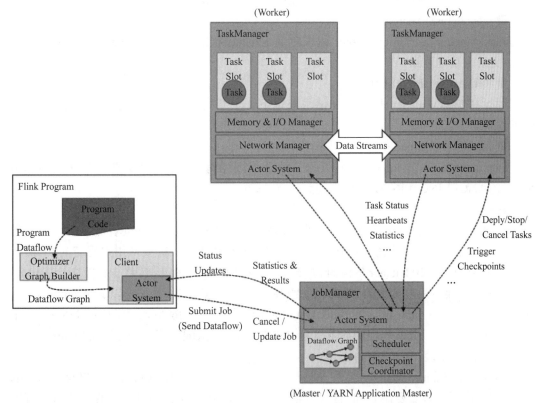

图 2-1-8　Flink 的架构

具体介绍如下。

● JobManager

JobManager 是 Flink 系统的协调者，它负责接收 Job，调度组成 Job 的多个 Task 的执行。同时，JobManager 还负责收集 Job 的状态信息，并管理 Flink 集群中的从节点 TaskManager。需要注意的是，JobManager 是不负责任务执行的。

● TaskManager

TaskManager 也是 Actor，它是实际负责执行计算的 Worker，在其上执行 Job 的一组 Task。TaskManager 负责管理其所在节点上的资源信息，如内存、磁盘、网络，在启动的时候将资源的状态向 JobManager 汇报。

● RegisterTaskManager

在 Flink 集群启动的时候，TaskManager 会向 JobManager 注册，如果注册成功，则 JobManager 会向 TaskManager 回复消息 AcknowledgeRegistration。

● SubmitJob

在 Flink 程序内部通过 Client 向 JobManager 提交 Job，在 SubmitJob 消息中以 JobGraph 的形式描述 Job 的基本信息。

● CancelJob

CancelJob 用于请求取消 Job 的执行，CancelJob 消息中包含 Job 的 ID，如果成功返回消息 CancellationSuccess，失败则返回消息 CancellationFailure。

● UpdateTaskExecutionState

TaskManager 会向 JobManager 请求更新 ExecutionGraph 中的 ExecutionVertex 的状态信息，更新成功则返回 true。

● RequestNextInputSplit

运行在 TaskManager 中的 Task 请求获取下一个要处理的输入 Split，成功则返回 NextInputSplit。

● JobStatusChanged

ExecutionGraph 向 JobManager 发送该消息，用来表示 Job 的状态发生的变化，如 RUNNING、CANCELING、FINISHED 等。

● Client

当用户提交一个 Flink 程序时，会首先创建一个 Client，该 Client 会首先对用户提交的 Flink 程序进行预处理，并提交到 Flink 集群中处理，所以 Client 需要从用户提交的 Flink 程序的配置中获取 JobManager 的地址，并建立到 JobManager 的连接，将 Job 提交给 JobManager。Client 会将用户提交的 Flink 程序组装成一个 JobGraph，并且是以 JobGraph 的形式提交的。一个 JobGraph 是一个 Flink Dataflow，它是由多个 JobVertex 组成的 DAG。一个 JobGraph 包含一个 Flink 程序的如下信息：JobID、Job 名称、配置信息、一组 JobVertex 等。

4. Flink 的安装

Flink 可在 Linux、Mac OS X 和 Windows 上运行，但一般用在 Linux 中。Flink 在 Linux 上安装非常简单，只需要在 Flink 官网下载相应的安装包，之后进行相关文件的修改配置即可。需要注意的是，由于 Flink 是基于 Java 开发的，因此在安装 Flink 之前需要事先安装并配置好 Java 环境，除了 Java 环境外，还需要 Hadoop 环境的支持。Flink 的安装步骤如下。

第一步,打开命令窗口,输入 java -version 进行 JDK 版本的查看,结果如图 2-1-9 所示。

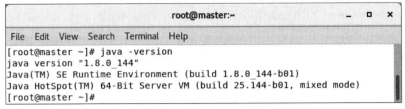

图 2-1-9　JDK 版本查看

第二步,打开浏览器,输入 https://flink.apache.org/ 进入 Flink 官网,Flink 官网如图 2-1-10 所示。

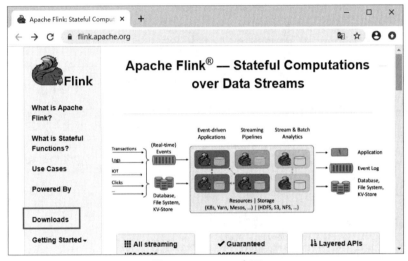

图 2-1-10　Flink 官网

第三步,点击图 2-1-10 中的"Downloads"按钮,进入 Flink 版本选择界面,向下滑动找到需要的安装包,Flink 版本选择界面如图 2-1-11 所示。

图 2-1-11　Flink 版本选择界面

第四步,在图 2-1-11 中选择安装包进入 Flink 安装包下载界面,然后点击下载链接进行下载,Flink 安装包下载界面如图 2-1-12 所示。

图 2-1-12　Flink 安装包下载界面

第五步,解压 Flink 安装包进行安装,结果如图 2-1-13 所示。

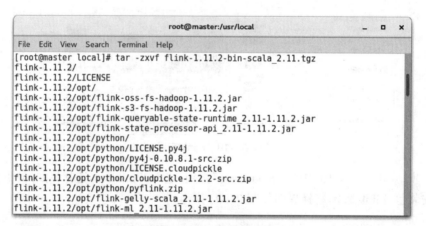

图 2-1-13　安装 Flink

第六步,将安装文件的名称修改为 flink 并进入 bin 目录,启动本地 Flink 集群,结果如图 2-1-14 所示。

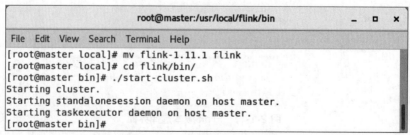

图 2-1-14　启动本地 Flink 集群

第七步,查看本地服务验证本地 Flink 集群是否启动成功,如图 2-1-15 所示。

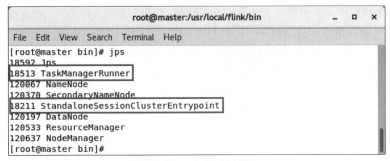

图 2-1-15　查看本地服务

第八步,Flink 内置了 Scala 供开发人员测试应用程序,命令如下。

```
[root@master bin]# ./start-scala-shell.sh remote master 8081
```

结果如图 2-1-16 所示。

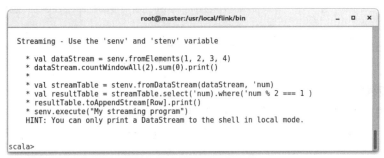

图 2-1-16　Flink 内置命令行

技能点 2　Flink 批处理

Flink 可以使用相同的 API 分别进行批处理分析和流失分析,所以具有更强的灵活性,能够使代码在不同的分析类型之间复用。

1. 读取文件

Flink 可读取多种格式的文件,能够读取普通的数据文件并生成数据集。读取文件的方法见表 2-1-1。

表 2-1-1　读取文件的方法

方法	说明
readTextFile（path）	逐行读取文件,以字符串形式返回,每行为一个字符串
readTextFileWithValue（path）	逐行读取文件,并作为可修改的 String Values 返回
readFileOfPrimitives（path,delimiter）	使用给定的分隔符解析文件

表中方法的具体使用方法如下。

```
[root@master bin]# ./start-scala-shell.sh remote master 8081
scala> val dataset = benv.readTextFile("/usr/local/OnlineRetail.csv")
scala> val dataset = benv.readTextFileWithValue("/usr/local/OnlineRetail.csv","UTF-8")
scala> val dataset = benv.readFileOfPrimitives[String]("/usr/local/OnlineRetail.csv",delimi
ter=",")
```

结果如图 2-1-17 所示。

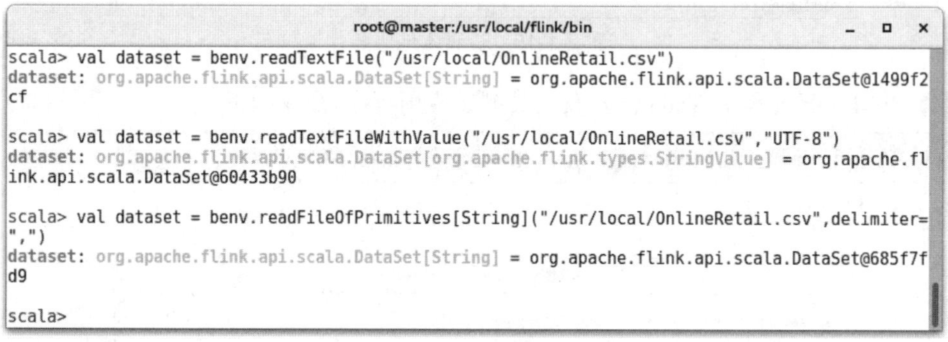

```
root@master:/usr/local/flink/bin
scala> val dataset = benv.readTextFile("/usr/local/OnlineRetail.csv")
dataset: org.apache.flink.api.scala.DataSet[String] = org.apache.flink.api.scala.DataSet@1499f2
cf

scala> val dataset = benv.readTextFileWithValue("/usr/local/OnlineRetail.csv","UTF-8")
dataset: org.apache.flink.api.scala.DataSet[org.apache.flink.types.StringValue] = org.apache.fl
ink.api.scala.DataSet@60433b90

scala> val dataset = benv.readFileOfPrimitives[String]("/usr/local/OnlineRetail.csv",delimiter=
",")
dataset: org.apache.flink.api.scala.DataSet[String] = org.apache.flink.api.scala.DataSet@685f7f
d9

scala>
```

图 2-1-17 读取文件

2. 数据转换

数据转换是对原始 dataset 的逻辑操作，可以通过对原始 dataset 进行转换生成新的 dataset。例如可以删除数据中的第一行（数据头），也可删除数据中不需要的列。常用的转换函数见表 2-1-2。

表 2-1-2 常用的转换函数

函数	说明
map	接收一个元素并生成新元素
flatMap	接收一个元素并生成多个元素
filter	计算每个元素的布尔值，保存返回 TRUE 的元素
reduce	将一组元素整合到一个元素中

表中方法的具体使用方法如下。

● map

scala 读取文件内容作为 dataset 时，每一行返回一个字符串，可以将每一行看作一个元素，map 函数可以读取 dataset 中的每个元素并生成新元素。读取 OnlineRetail.csv 中的数据，根据逗号进行分隔并取出下标为 1 的列，显示前十行，命令如下。

```
scala> val dataset = benv.readTextFile("/usr/local/OnlineRetail.csv")
scala> dataset.map(x=>x.split(",")(1)).first(10).print
```

结果如图 2-1-18 所示。

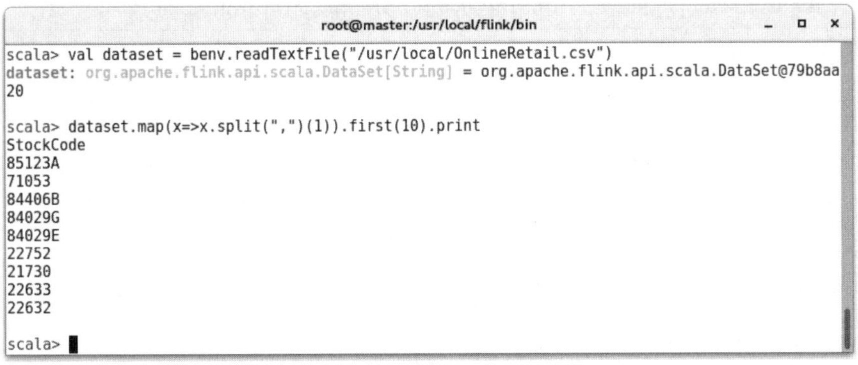

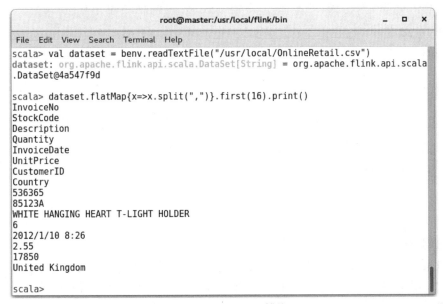

图 2-1-18   map 转换

● flatMap

flatMap 能够将传入的元素根据指定的分隔符拆分为多个。读取 OnlineRetail.csv 中的数据，根据逗号将每个元素拆分为多个，显示前十六个元素，命令如下。

```scala
scala> val dataset = benv.readTextFile("/usr/local/OnlineRetail.csv")
scala> dataset.flatMap{x=>x.split(",")}.first(16).print()
```

结果如图 2-1-19 所示。

图 2-1-19   flatMap 转换

● filter

filter 通过计算每个元素的布尔函数，保留返回值为 TRUE 的元素，类似于条件查询。输出 dataset 中开头不为 InvoiceNo 的元素（去掉数据头），命令如下。

```
scala> val dataset = benv.readTextFile("/usr/local/OnlineRetail.csv")
scala> dataset.filter{!_.startsWith("InvoiceNo")}.first(10).print()
```

结果如图 2-1-20 所示。

图 2-1-20　filter 转换

● reduce

reduce 能够将分组后的数据或所有数据的元素整合到同一个元素中。计算 dataset 中第四列的值的和,命令如下。

```
scala> val dataset = benv.readTextFile("/usr/local/OnlineRetail.csv")
scala> val data = dataset.flatMap{x=>x.split(",")(4)}.map(x=>x.toInt)
scala> data.reduce{_+_}.print()
```

结果如图 2-1-21 所示。

图 2-1-21　reduce 转换

3. 分组聚合

分组聚合在数据分析过程中非常重要,groupBy 能够根据指定的列进行分组操作,分组后通常对每组中的数据进行计算,如求和、求平均值、求最大值、求最小值等。常用的聚合函数见表 2-1-3。

表 2-1-3　常用的聚合函数

函数	说明
sum	对指定列中的所有元素求和

函数	说明
min	计算指定列中的最小值
max	计算指定列中的最大值

下面使用 groupBy 和 sum 函数示范如何进行分组聚合。加载名为 OnlineRetail.csv 的数据文件，将数据按照第一列分组并计算第四列值的和，命令如下。

```scala
scala> val dataset = benv.readTextFile("/usr/local/OnlineRetail.csv").filter(!_.startsWith("InvoiceNo")).filter(_.split(",").length == 8)
scala> dataset.map(x=>(x.split(",")(0),x.split(",")(3).toInt)).groupBy(0).sum(1).first(10).print()
```

结果如图 2-1-22 所示。

图 2-1-22　分组求和

4. 连接

Flink 提供了与关系型数据库 JOIN 类似的操作，能够将两个 dataset 中的数据内连接、左外连接、右外连接和全外连接。四种连接方式说明如下。

1）内连接

内连接要求左表和右表中包含同样的列。如果两个表之间包含多个重复的键或副本，连接会膨胀为笛卡尔连接，会导致计算式增长。内连接如图 2-1-23 所示。

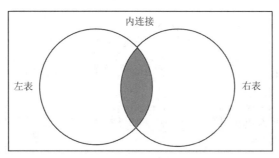

图 2-1-23　内连接示意

内连接语法格式如下。

```
tuple_1.join(tuple_2).where(0).equalTo(0).first(10).print()
```

where 和 equalTo 用于指定两个元组中用于进行连接的列。下面通过一个例子讲解内连接的使用方法。

将数据集 cities.csv 和 temperatures.csv 加载到 Flink 的 dataset 中并去掉第一行的字段名，然后将 dataset 转换为元组，命令如下。

```
scala> val cities = benv.readTextFile("/usr/local/cities.csv").filter(!_.contains("Id"))
scala> val temp= benv.readTextFile("/usr/local/temperatures.csv").filter(!_.contains("Id"))
scala> val cities_2 = cities.map(x=>(x.split(",")(0),x.split(",")(1)))
scala> val temp_2 = temp.map(x=>(x.split(",")(1),x.split(",")(2)))
scala> cities_2.first(10).print()
scala> temp_2.first(10).print()
```

结果如图 2-1-24 所示。

图 2-1-24　加载数据

将 cities_2 和 temp_2 按照第一列数据进行内连接，并统计出每个城市的最高温度，输出前五行的结果，命令如下。

```
scala> cities_2.join(temp_2).where(0).equalTo(0).map(x=> (x._1._2,x._2._2.toInt)).group-
By(0).max(1).print()
```

结果如图 2-1-25 所示。

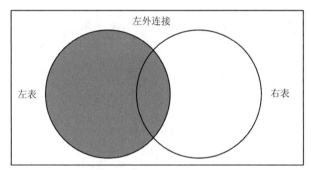

图 2-1-25　内连接

2）左外连接

左外连接是连接生成左表的全部行和左右表之间的公共部分，可以得到左表中的全部行和右表中的公共行，如果右表中不存在对应的内容，则填写 null。左外连接如图 2-1-26 所示。

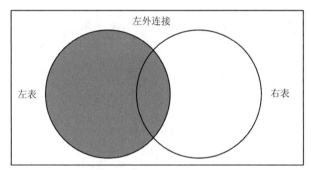

图 2-1-26　左外连接示意

左外连接 cities_2 和 temp_2 两个元组，当 temp_2 元组中没有满足条件的记录时填写为 0，将连接后的数据按第一列分组并计算出每组中的最高温度，命令如下。

```scala
scala>    cities_2.leftOuterJoin(temp_2).where(0).equalTo(0){(x,y)=>(x,if(y==null)(x._1,0)
else (x._1,y._2.toInt))}.map(x=> (x._1._2,x._2._2.toInt)).groupBy(0).max(1).print()
```

结果如图 2-1-27 所示。

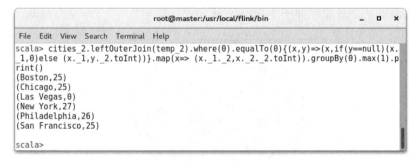

图 2-1-27　左外连接

3）右外连接

右外连接是连接生成右表的全部行和左右表之间的公共部分，可以得到右表中的全部行和左表中的公共行,如果左表中不存在对应的内容,则填写 null。右外连接如图 2-1-28 所示。

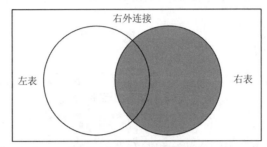

图 2-1-28　右外连接示意

右外连接 cities_2 和 temp_2 两个元组,当 cities_2 元组中没有满足条件的记录时填写为 unknown,将连接后的数据按第一列分组并计算出每组中的最高温度,命令如下。

```
scala>      cities_2.rightOuterJoin(temp_2).where(0).equalTo(0){(x,y)=>(if(x==null)(y._1,
"unknown")   else   (y._1,x._2),y)}.map(x=>   (x._1._2,x._2._2.toInt)).groupBy(0).max(1).
print()
```

结果如图 2-1-29 所示。

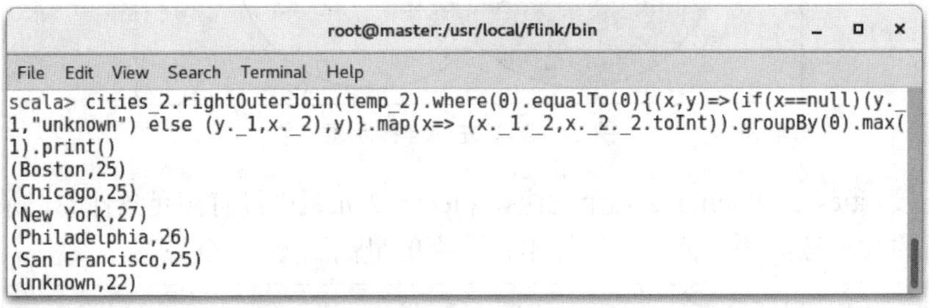

```
root@master:/usr/local/flink/bin                        _  □  ×

File  Edit  View  Search  Terminal  Help
scala> cities_2.rightOuterJoin(temp_2).where(0).equalTo(0){(x,y)=>(if(x==null)(y._
1,"unknown") else (y._1,x._2),y)}.map(x=> (x._1._2,x._2._2.toInt)).groupBy(0).max(
1).print()
(Boston,25)
(Chicago,25)
(New York,27)
(Philadelphia,26)
(San Francisco,25)
(unknown,22)
```

图 2-1-29　右外连接

4)全外连接

全外连接生成左右两个表中的全部行,当所要连接的两个表公共行较少时,结果会十分庞大,性能会降低。全外连接如图 2-1-30 所示。

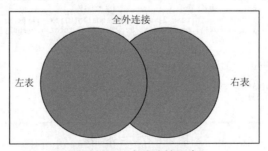

图 2-1-30　全外连接示意

全外连接 cities_2 和 temp_2 两个元组,当 cities_2 元组中没有满足条件的记录时填写

unknown，当 temp_2 元组中没有满足条件的记录时填写 0，将连接后的数据按第一列分组并计算出每组中的最高温度，命令如下。

```
scala> cities_2.rightOuterJoin(temp_2).where(0).equalTo(0){(x,y)=>(if(x==null)
(y._1,"unknown") else (y._1,x._2),if (y==null)(x._1,0) else (y._1,y._2.toInt))}.map(x=>
(x._1._2,x._
2._2.toInt)).groupBy(0).max(1).print()
```

结果如图 2-1-31 所示。

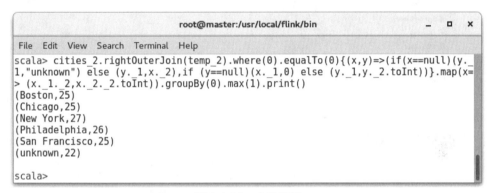

图 2-1-31　全外连接

通过对以上内容的学习，可以掌握 Flink 的基本概念，实现 Flink 的部署，掌握读取文件、数据转换、分组聚合、连接操作等。为了巩固所学的知识，通过以下几个步骤，使用 Flink 完成热门商品的统计，数据格式如下。

```
543462,1715,1464116,pv,1511658000
```

数据说明见表 2-1-4。

表 2-1-4　数据说明

数据	说明
543462	用户 ID
1715	商品 ID
1464116	类别
pv	浏览类型
1511658000	时间戳

第一步，使用 IDEA 创建 Scala 项目。点击"File"→"New"→"Project"，选择"Scala"→"IDEA"，如图 2-1-32 所示。

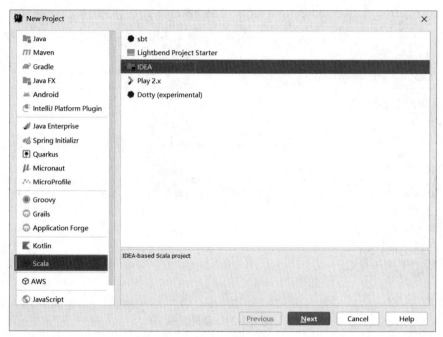

图 2-1-32　创建项目

第二步，设置项目名称为"hotproducts"，Scala 版本为"2.11.12"，点击"Finish"，如图 2-1-33 所示。

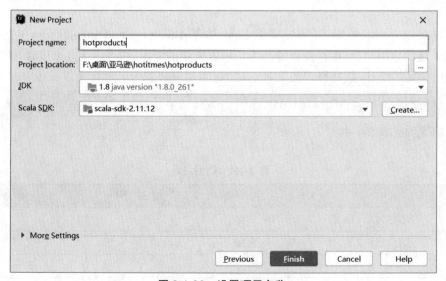

图 2-1-33　设置项目名称

第三步，在"src"上单击鼠标右键，选择"New"→"Package"，创建名为 com.items 的包，如图 2-1-34 所示。

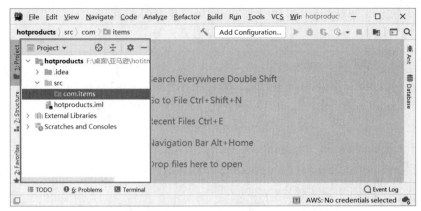

图 2-1-34　创建包

第四步，在 com.items 包中创建名为 hotitems 的 Scala 类，如图 2-1-35 所示。

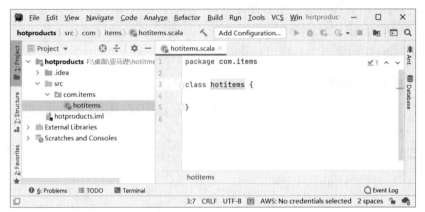

图 2-1-35　创建类

第五步，将 Flink 安装包中的 lib 文件夹复制到本地，并将 lib 中的所有 jar 包导入项目中。点击"File"→"Project Structure"→"Libraries"，点击加号，找到 lib 文件夹并选中，点击"OK"按钮即可将 jar 包导入项目中，如图 2-1-36 所示。

图 2-1-36　导入 jar 包

第六步，因为需要使用 Flink 提供的开发工具，故要向 Scala 类中导入需要用到的类，命令如下。

```
import java.sql.Timestamp
import org.apache.flink.api.common.functions.AggregateFunction
import org.apache.flink.api.common.state.{ListState, ListStateDescriptor}
import org.apache.flink.configuration.Configuration
import org.apache.flink.streaming.api.TimeCharacteristic
import org.apache.flink.streaming.api.functions.KeyedProcessFunction
import org.apache.flink.streaming.api.scala._
import org.apache.flink.streaming.api.scala.function.WindowFunction
import org.apache.flink.streaming.api.windowing.time.Time
import org.apache.flink.streaming.api.windowing.windows.TimeWindow
import org.apache.flink.util.Collector
import scala.collection.JavaConversions._
import scala.collection.mutable.ListBuffer
```

结果如图 2-1-37 所示。

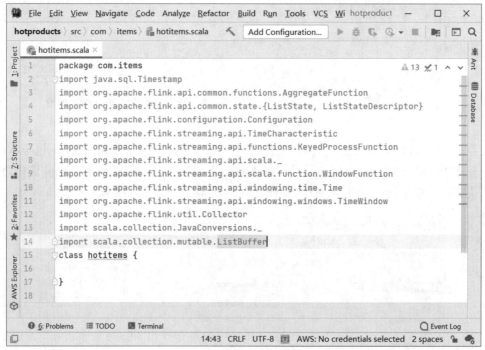

图 2-1-37　导入类

第七步，为了在程序中精确定位数据中的某列，需要创建一个类，该类主要用于为数据添加列名称，为了方便阅读，相对应地也要为结果数据创建一个类，为结果数据添加列名称，命令如下。

```
// 创建原始数据样例类，方便对数据进行操作
case class UserBehavior(userId: Long, itemId: Long, categoryId: Int, behavior: String,
timestamp: Long)
// 定义窗口聚合结果样例类，方便管理内部的数据
case class ItemViewCount(itemId: Long, windowEnd: Long, count: Long)
```

结果如图 2-1-38 所示。

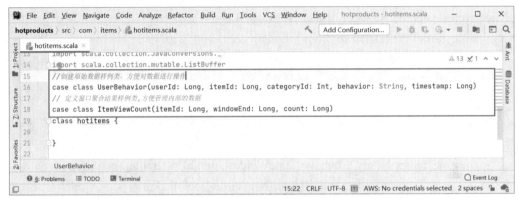

图 2-1-38　创建样例类

第八步，创建程序入口，并创建 Flink 的客户端对象，以时间戳设置时间语义，然后将 class hotitems 改为 object hotitems，命令如下。

```
def main(args:Array[String]) {
    val env = StreamExecutionEnvironment.getExecutionEnvironment
    // 设置时间语义，EventTime 简单理解就是以时间戳的时间为准 .
    env.setStreamTimeCharacteristic(TimeCharacteristic.EventTime)
}
```

结果如图 2-1-39 所示。

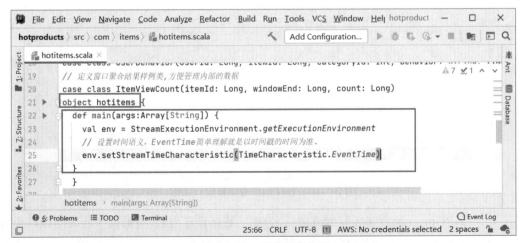

图 2-1-39　创建程序入口

第九步，在程序中需要计算每小时的商品访问量，并且每 5 min 统计一次从当前时间向前 1 h 内的数据，所以需要自定义一个窗口函数，并且为了减小计算压力，应在进行窗口计算前对数据进行一次预聚合，在 object 外创建名为 CountAgg 的预聚合类和名为 Window-Result 的窗口函数，命令如下。

```scala
// 自定义预聚合时，减小 State 压力，效率更高
class CountAgg() extends AggregateFunction[UserBehavior, Long, Long] {
    override def createAccumulator(): Long = 0L // 初始值
    override def merge(acc: Long, acc1: Long): Long = acc + acc1
    override def getResult(acc: Long): Long = acc // 输出终值
    override def add(in: UserBehavior, acc: Long): Long = acc + 1
}
// 窗口函数
class WindowResult() extends WindowFunction[Long, ItemViewCount, Long, TimeWindow] {
    override def apply(key: Long, w: TimeWindow, iterable: Iterable[Long],
                      collector: Collector[ItemViewCount]): Unit = {
        collector.collect(ItemViewCount(key, w.getEnd, iterable.iterator.next))
    }
}
```

结果如图 2-1-40 所示。

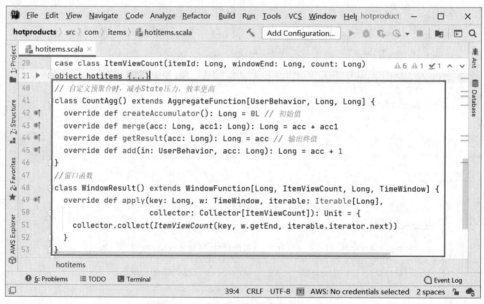

图 2-1-40　创建预聚合类和窗口函数

第十步，在 main 函数中编写加载数据，为原始数据设置列名，将数据中的时间戳转换为秒，筛选出数据类型为 pv 的数据，并利用窗口函数统计 1 h 内的数据且每 5 min 移动一次窗

口,命令如下。

```
val dataStream = env.readTextFile(filePath="/usr/local/UserBehavior.csv")// 数据文件位置
    .map(data => {
        val dataArray = data.split(regex=",")
        UserBehavior(dataArray(0).trim.toLong, dataArray(1).trim.toLong, dataArray(2)
            .trim.toInt, dataArray(3).trim, dataArray(4).trim.toLong)
    })
    // 因为源数据时间戳为升序,所以直接用下边这个 API 乘 1000 转,单位为秒
    .assignAscendingTimestamps(_.timestamp * 1000)
    .filter(_.behavior == "pv") // 筛出 pv 数据
    .keyBy(_.itemId) // 用 itemId 划出 keyedStream,简单理解就是变成多个流了
    .timeWindow(Time.hours(hours=1), Time.minutes(minutes=5)) // 对流进行窗口操作,
    前参为窗口大小,后参为步长
    .aggregate(new CountAgg(), new WindowResult()) // 窗口聚合,前为预聚合,可以提
    高效率,不至于把数据全放到一起计算
```

结果如图 2-1-41 所示。

图 2-1-41　读取数据

第十一步,通过上面的步骤已经对数据进行了初步过滤,下面创建名为 TopNHotItems 的类,在该类中完成统计并输出。首先创建该类并创建一个用于存储数据的列表,然后初始化并向列表中添加数据,命令如下。

```
class TopNHotItems(topSize: Int) extends KeyedProcessFunction[Long, ItemViewCount,
String] {
    // 定义列表状态,就是用来保存数据流的数据结构,共有四种,初始化在 open 中完
    成,后续案例有简化写法
```

```
private var itemState: ListState[ItemViewCount] = _
// 初始化,定义列表状态中的内容
override def open(parameters: Configuration): Unit = {
    itemState = getRuntimeContext
                .getListState(new ListStateDescriptor[ItemViewCount](name="item-state",
classOf[ItemViewCount]))
    }
    override def processElement(i: ItemViewCount, context: KeyedProcessFunction[Long,
ItemViewCount, String]#Context,
                            collector: Collector[String]): Unit = {
    itemState.add(i)
    // 注册一个定时器,+ 100 表示延迟 100 毫秒触发,触发指启动 onTimer 方法
    context.timerService().registerEventTimeTimer(i.windowEnd + 100)
    }
}
```

结果如图 2-1-42 所示。

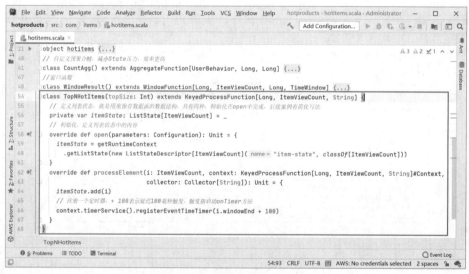

图 2-1-42　创建列表并加载数据

第十二步,在 TopNHotItems 中创建名为 onTimer 的定时触发器,并在定时触发器中设置,对数据进行排序,命令如下。

```
// 定时器触发时,对所有数据进行排序,并输出结果
override def onTimer(timestamp: Long, ctx: KeyedProcessFunction[Long, ItemView
    Count, String]#OnTimerContext,
                            out: Collector[String]): Unit = {
// 将所有 State 中数据取出放到一个 List Buffer 中
val allItems: ListBuffer[ItemViewCount] = new ListBuffer()
```

```
// 注意遍历 ListState 需要引入下边这个包
for (item <- itemState.get()) {
    allItems += item
}
// 按照 count 大小排序，并取前 N 个
val sortedItems = allItems.sortBy(_.count)(Ordering.Long.reverse).take(topSize)
out.collect(itemState.toString())
// 清空状态
itemState.clear()
}
```

结果如图 2-1-43 所示。

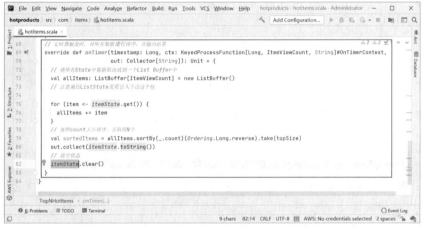

图 2-1-43　对数据进行排序

第十三步，在 onTimer 中编写代码，格式化数据并输出，命令如下。

```
// 将排名结果格式化输出
val result: StringBuilder = new StringBuilder()
// 此处的 -100 与定时器呼应，结果会保持 0; Timestamp 是格式化用的
result.append(" 时间：").append(new Timestamp(timestamp - 100)).append("\n")
// 输出每一个商品的信息
for (i <- sortedItems.indices) {
    val currentItem = sortedItems(i)
    result.append("No").append(i + 1).append(":")
        .append(" 商品 ID=").append(currentItem.itemId)
        .append(" 浏览量 =").append(currentItem.count)
        .append("\n")
}
result.append("=====================================")
// 控制输出频率
```

```
Thread.sleep(millis=1000)
out.collect(result.toString())
```

结果如图 2-1-44 所示。

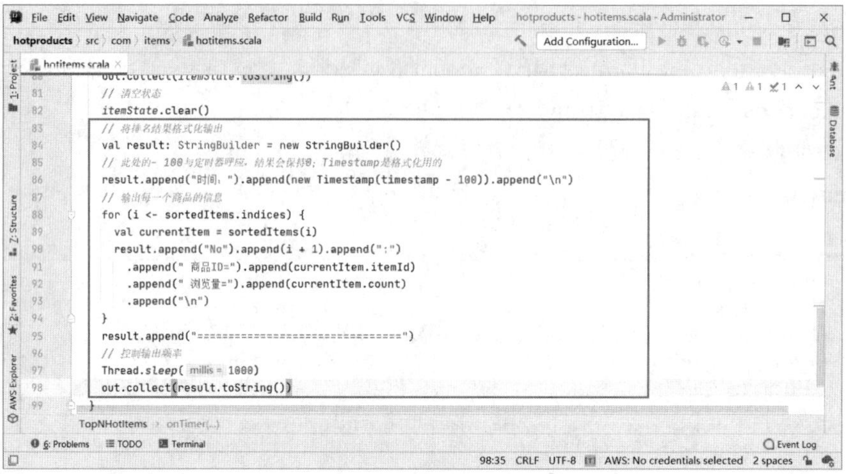

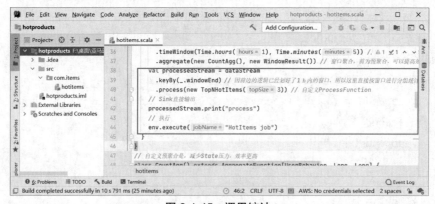

图 2-1-44　格式化输出

第十四步，在 main 函数中调用 TopNHotItems，设置查看前三名的商品并执行任务，命令如下。

```
val processedStream = dataStream
  .keyBy(_.windowEnd) // 因前边的逻辑已经划好了 1 h 内的窗口，所以这里直接按
窗口进行分组统计
  .process(new TopNHotItems(topSize=3)) // 自定义 ProcessFunction
// Sink 直接输出
processedStream.print("process")
// 执行
env.execute(jobName="HotItems job")
```

结果如图 2-1-45 所示。

图 2-1-45　调用统计

…

第十五步,代码编写完成后,生成 jar 包。点击"File"→"Project Structure"→"Artifacts",点击加号后选择"JAR"→"Empty",设置 Name 为"hotproducts",双击"'hotproducts' compile output",点击"OK"按钮,如图 2-1-46 所示。

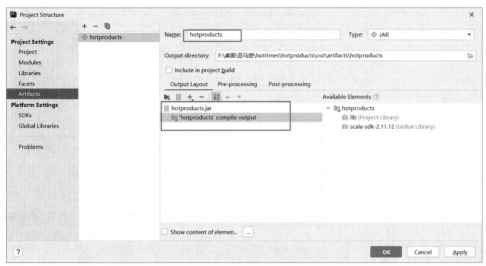

图 2-1-46　将程序加载到 jar 包

第十六步,编译生成 jar 包。点击"Build"→"Build Artifact"→"Build",生成 jar 包,如图 2-1-47 所示。

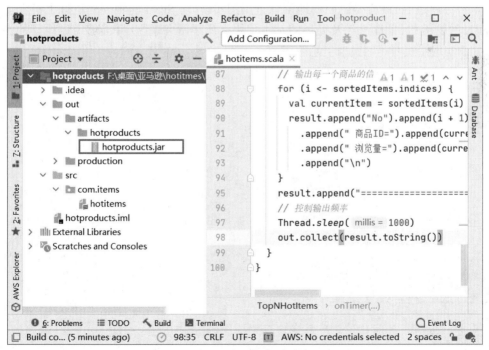

图 2-1-47　生成 jar 包

第十七步,将数据集与 jar 包同时上传到 Linux 的 /usr/local 目录下并运行,命令如下。

```
[root@master bin]# ./flink run --class com.items.hotitems /usr/local/hotproducts.jar
```

结果如图 2-1-48 所示。

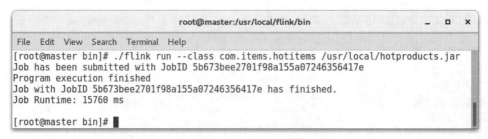

图 2-1-48　运行 jar 包

第十八步,查看数据分析结果。数据分析结果在 /flink/log 目录下,使用 cat 命令查看,命令如下,结果如图 2-1-1 所示。

```
[root@master log]# cd /usr/local/flink/log/
[root@master log]# cat flink-root-taskexecutor-15-master.localdomain.out
```

本任务通过 Scala 机号码归属地信息查询的实现,对 Scala 的相关知识有了初步了解,对 Scala 数据结构、条件语句及循环的基本使用有所了解并掌握,并能够通过所学的 Scala 基础知识实现手机号码归属地信息的查询。

checkpoints	检查点	worker	工人
runtime	运行时	client	顾客
DataSet API	数据集	temp	临时雇员

1. 选择题

(1)Flink 可读取多种格式的文件,能够读取普通的数据文件并生成数据集,以下不属于 Flink 读取文件的方法的是( )。

A. load　　　　　　　　　　　　　　　B. readTextFile

C. readTextFileWithValue　　　　　　　D. readFileOfPrimitives

（2）不属于 Flink 的架构的部分的是（　　　）。

A. Actor　　　　　B. Flink Program　　　　C. JobManager　　　　D. TaskManager

（3）返回的结果包含左表的全部内容和左右表的公共部分的连接方式是（　　　）。

A. 左外连接　　　　　B. 内连接　　　　　C. 右外连接　　　　　D. 全外连接

（4）读取文件时以字符串形式返回，每行为一个字符串的是（　　　）。

A. readTextFile　　　　　　　　　　　B. readTextFileWithValue

C. geoip　　　　　　　　　　　　　　D. readFileOfPrimitives

（5）FLink 是沃尔克·马克在（　　　）年提出的。

A. 2008　　　　　B. 2014　　　　　C. 2007　　　　　D. 2006

2. 简答题

（1）简述一下 Flink 是什么。

（2）Flink 中包含哪些主要组件？

任务 2-2——ELK 日志实时分析

通过日志实时分析的实现，了解 Elasticsearch 和 Kibana 的基本概念，熟悉 Logstash 数据采集工具的配置，掌握 Logstash 的输入、过滤和输出配置，具有使用 ELK 知识实现日志实时分析的能力，在任务实施过程中：

● 了解 Elasticsearch 和 Kibana 的基本概念；

● 熟悉 Logstash 数据采集工具的配置；

● 掌握 Logstash 的输入、过滤和输出配置；

● 具有使用 ELK 知识实现日志实时分析的能力。

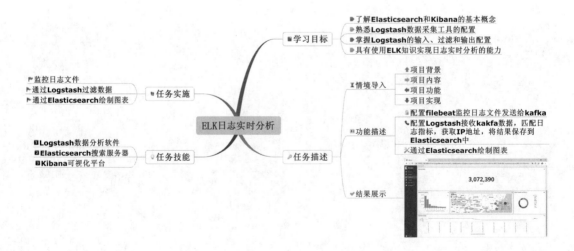

【情境导入】

在网络高速发展的今天,网络无处不在,甚至已经到了人们没有网络就不能正常生活的地步,各大互联网类型的公司纷纷开通了官网等业务,推广公司的产品和服务,但推广效果如何提升是一个很大的问题,例如不同的地区和人群消费水平和观念等是不同的,需要的服务也是不同的,但去实地考察会消耗较多的人力和物力。为了解决这一问题,可以通过采集网站的日志数据,根据用户访问产品的地址和区域性的访问习惯,判断不同地区、人群的消费水平和需要,从而有针对性地投放广告。本任务通过对 ELK 知识的学习,最终实现日志实时分析。

【功能描述】

- 配置 filebeat 监控日志文件发送给 kafka;
- 配置 Logstash 接收 kakfa 数据,匹配日志指标,获取 IP 地址,将结果保存到 Elasticsearch 中;
- 通过 Elasticsearch 绘制图表。

【结果展示】

通过对本任务的学习,能够使用 filebeat、Logstash、Elasticsearch 完成数据采集、过滤、存储和可视化,最后实现日志实时分析,结果如图 2-2-1 所示。

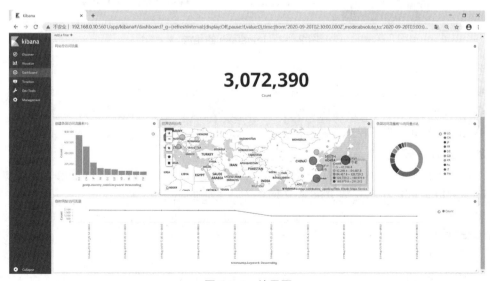

图 2-2-1　结果图

技能点 1　Logstash 数据分析软件

1. Logstash 简介

Logstash 是 ELK（ElasticSearch、Logstash、Kibana）组件中的一个。它可以实现数据传输、格式处理、格式化输出，还有强大的插件功能，常用于处理日志。Logstash 由三个组件组成，如图 2-2-2 所示。

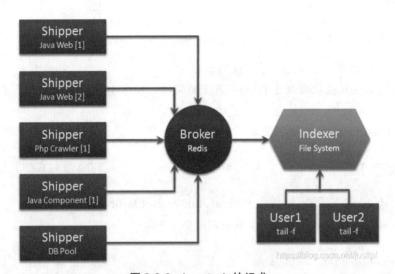

图 2-2-2　Logstash 的组成

各组件说明如下。

● Shipper：主要负责收集日志，监控本地日志文件的变化，最后输出到 Redis 中缓存。

● Broker：负责对日志数据进行集中缓存，能够连接多个 Shipper 和多个 Indexer。

● Indexer：负责存储日志，在这个架构中会从 Redis 中接收日志，写入本地文件。

2. Logstash 安装

通过对 Logstash 基本概念的学习，可以了解到 Logstash 与 Flume 一样能够实现数据采集。可通过以下步骤在已安装 JDK 的环境中完成 Logstash 的安装。

第一步，打开链接 https://www.elastic.co/cn/downloads/logstash，选择"TAR.GZ"下载二进制安装包，如图 2-2-3 所示。

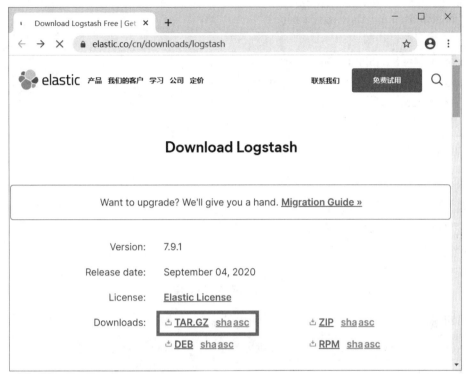

图 2-2-3　下载 Logstash

第二步，将安装包上传到 Linux 主机的 /usr/local 目录下，解压并重命名为 logstash，命令如下。

```
[root@master local]# tar -zxvf logstash-7.9.1.tar.gz
[root@master local]# mv logstash-7.9.1 logstash
[root@master local]# ls
```

结果如图 2-2-4 所示。

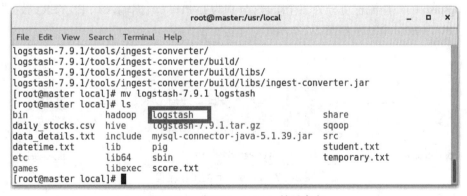

图 2-2-4　解压 Logstash 并重命名

第三步，配置环境变量并使环境变量生效，测试 Logstash 是否安装成功，命令如下。

```
[root@master local]# vim ~/.bashrc
# 在环境变量中输入以下内容
export LOGSTASH_HOME=/usr/local/logstash
export PATH=$PATH:$LOGSTASH_HOME/bin
[root@master local]# source ~/.bashrc
[root@master local]# logstash -V
```

结果如图 2-2-5 所示。

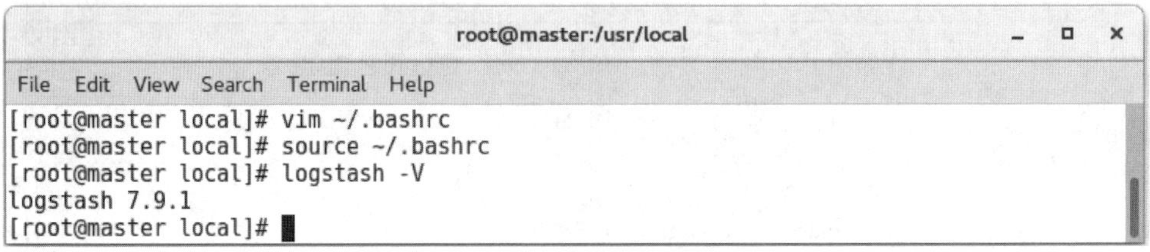

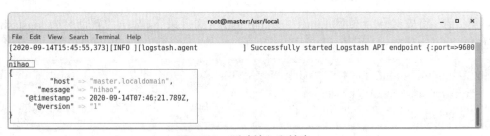

图 2-2-5　配置环境变量

第四步，查看是否能够正常地输入和输出结果，命令如下。

```
[root@master local]# logstash -e 'input { stdin { } } output { stdout {} }'
```

结果如图 2-2-6 所示。

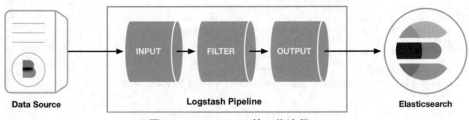

图 2-2-6　测试输入和输出

　　Logstash 的工作流程可分为三个阶段，分别为 INPUT（数据输入）、FILTER（数据过滤）和 OUTPUT（数据输出），如图 2-2-7 所示。

图 2-2-7　Logstash 的工作流程

　　配置 INPUT（数据输入）、FILTER（数据过滤）和 OUTPUT（数据输出）需要在 /etc/logstash/conf.d 目录下创建扩展名为 conf 的配置文件，文件结构如下。

```
input {
…
}
filter {
…
}
output {
…
}
```

3. 数据输入配置

Logstash 支持多种数据源插件，能够从 stdin、file、filebeat 和 kafka 中获取数据，方法如下。

1）stdin

stdin 为标准输入，能够从命令行中接收输入的日志内容，主要用于开发人员进行测试，使用方法如下。

```
input {
    stdin{}
}
```

在 /usr/local/logstash 目录下创建名为 logstash-plain.conf 的配置文件，使用标准输入采集命令行输入的日志内容并使用标准输出将采集结果输出到当前命令行中，命令如下。

```
[root@master logstash]# vim logstash-plain.conf
input {
        stdin{}
}
output{
        stdout{}
}
[root@master logstash]# logstash -f ./logstash-plain.conf
```

结果如图 2-2-8 所示。

图 2-2-8　标准输入

2）file

file 插件能够读取文件中的数据，读取文件中的数据有两种模式，分别为 tail 模式和 read 模式。在 tail 模式下，Logstash 会始终监控数据文件获取新增内容；在 read 模式下，插件会将每个文件都视为完整的，获取文件的全部内容。file 插件配置见表 2-2-1。

表 2-2-1　file 插件配置

配置	说明
path	数据文件路径
type	用于激活过滤器
start_position	选择 Logstash 开始读取文件的位置，beginning 或者 end
stat_interval	刷新文件的频率
mode	可设置为 tail 或 read，默认为 tail

使用 Flume 采集 Apache 服务器的日志文件，并将采集到的结果以标准输出的方式输出到控制台，步骤如下。

安装 httpd 服务器并在 /var/www/html 目录下创建一个名为 index.html 的页面，命令如下。

```
[root@master ~]# yum -y install httpd
[root@master ~]# cd /var/www/html/
[root@master html]# vi index.html        #输入如下内容
Hello logstash
[root@master html]# service httpd start
```

结果如图 2-2-9 所示。

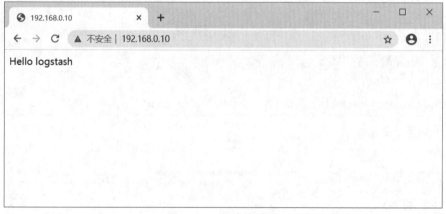

图 2-2-9　创建的页面

每访问一次页面的 access_log 文件都会有对应的访问日志生成，使用 Logstash 采集该日志文件中的数据并将结果打印到控制台，刷新一次页面就会有对应的数据采集到 Logstash，命令如下。

```
[root@master ~]# cd /usr/local/logstash/
[root@master logstash]# vim logstash-plain.conf  # 编辑文件内容
input {
file{
        path => ['/var/log/httpd/access_log']
        type => 'httpd_access_log'
        start_position => "beginning"
}
}
output{
  stdout {}
}
[root@master logstash]# logstash -f ./logstash-plain.conf
```

结果如图 2-2-10 所示。

图 2-2-10　数据采集结果

3）filebeat

Logstash 可以使用 filebeat 作为输入插件,但 filebeat 也是一个独立的数据采集工具。由于 Logstash 是基于 JVM 运行的,资源消耗比较大,开发者为了解决此问题开发了 filebeat,filebeat 更轻量,占用的资源更少。使用 filebeat 采集数据需要编写相对应的配置文件,在 filebeat 配置文件中定义文件读取位置,输出流的位置和对应的性能参数。常用参数如下。

● paths: 定义日志文件路径,可以采用模糊匹配模式。

● fields:topic 对应的消息字段或自定义增加的字段。

● output.kafka:输出位置为 kafka。

● enabled:当前模块的状态。

● topic:指定要将数据发送给 kafka 集群的哪个 topic,若指定的 topic 不存在,则会自动创建此 topic。

● version：指定 kafka 的版本。

● drop_fields：舍弃字段。

● name：收集日志中对应主机的名字，建议设置为 IP，以便于区分多台主机的日志信息。

通过以下步骤完成 filebeat 的安装和 filebeat.yml 的配置，采集 /var/log/httpd/access_log 中的数据发送给 Logstash，方法如下。

下载 filebeat-6.5.4 安装包，filebeat 与 kafka 有严格的版本依赖，版本不对应会导致无法将数据发送给 kafka，历史版本下载链接为 https://www.elastic.co/downloads/past-releases，在页面中选择"Filebeat"和"6.5.4"点击"Download"下载，如图 2-2-11 所示。

图 2-2-11　下载 filebeat

将安装包上传到 Linux 主机的 /usr/local 目录下，并在该目录下解压重命名为 filebeat，完成后修改 /filebeat 目录下的 filebeat.yml 文件，将 input 设置为 /var/log/httpd/access_log，将 output 修改为 logstash，命令如下。

```
[root@master local]# tar -zxvf filebeat-6.5.4-linux-x86_64.tar.gz
[root@master local]# mv filebeat-6.5.4-linux-x86_64 filebeat
[root@master local]# cd ./filebeat
[root@master filebeat]# vim filebeat.yml   修改以下配置
filebeat.inputs:
- type: log
  enabled: true
  paths:
```

```
    - /var/log/httpd/access_log


  output.logstash:
    hosts: ["localhost:5044"]


  processors:
  - drop_fields:
      fields: ["beat", "input", "source", "offset"]


    name: 192.168.0.10
```

结果如图 2-2-12 至图 2-2-14 所示。

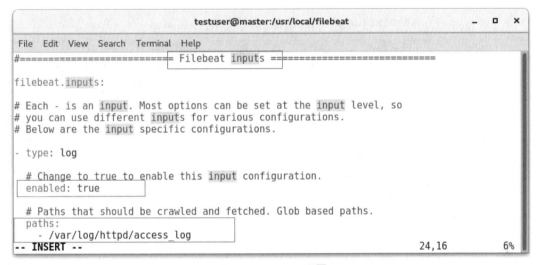

图 2-2-12　input 配置

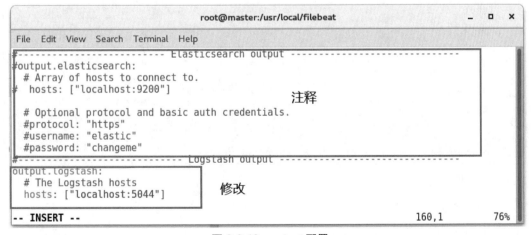

图 2-2-13　output 配置

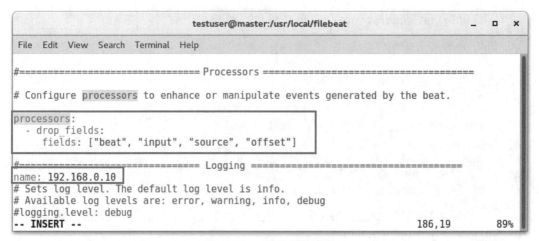

图 2-2-14　性能参数配置

启动 filebeat，启动后刷新 index.html 页面，命令如下。

[root@master filebeat]# nohup ./filebeat -e -c filebeat.yml &

结果如图 2-2-15 所示。

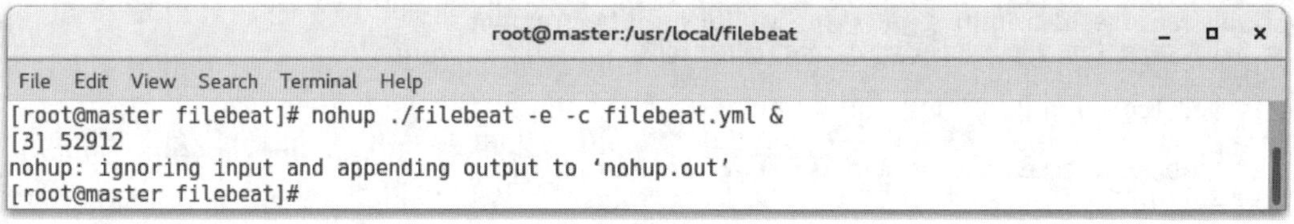

图 2-2-15　启动 filebeat

Logstash 通过 filebeat 的 5044 端口接收数据，仅需设置端口，使用标准输出，命令如下。

```
[root@master logstash]# vim logstash-plain.conf
input {
beats{
    port => 5044
}
}
output{
  stdout {}
}
[root@master logstash]# logstash -f ./logstash-plain.conf
```

结果如图 2-2-16 所示。

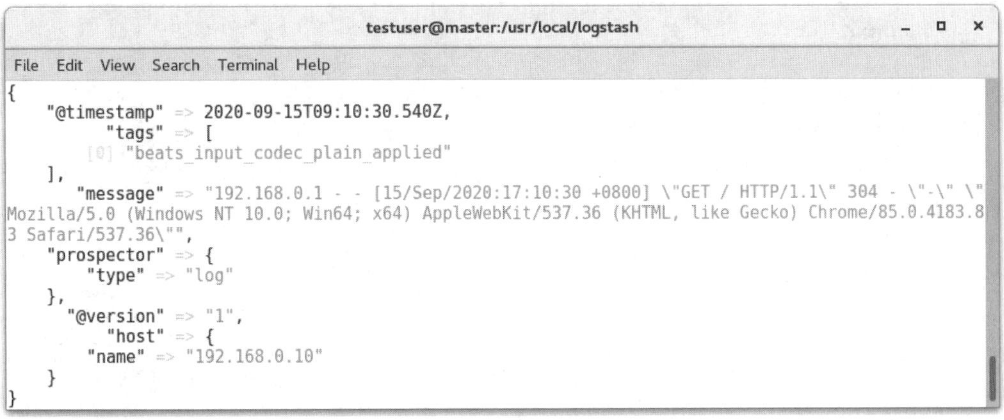

图 2-2-16　Logstash 接收 filebeat 数据

4）kafka

kafka 插件能够读取 kafka 主题中的事件，使 Logstash 消费 kafka 中的数据。消费 kafka 中的原数据时，事件中会包含 kafka 代理的原数据。原数据说明如下。

● [topic]：原始 kafka 主题，从那里消费消息。
● [consumer_group]：消费群体。
● [partition]：消息的分区信息。
● [offset]：消息的原始记录偏移量。
● [timestamp]：记录中的时间戳。

kafka 插件的必要配置参数见表 2-2-2。

表 2-2-2　kafka 插件的必要配置系数

配置参数	说明
bootstrap_servers	kafka 主机和端口
topics	要订阅的主题列表
group_id	消费者所属的组的标识符
codec	编码器

kafka 作为 Logstash 的输入插件时，常与 filebeat 一起使用，由 filebeat 监控文件采集数据，发送给 kafka，最后由 Logstash 对数据进行过滤，这样的架构能够有效避免数据丢失。filebeat+kafka+Logstash 的实现方法如下。

修改 /filebeat 目录下的 filebeat.yml 文件，将 input 设置为 /var/log/httpd/access_log，将 output 修改为 kafka，命令如下。

```
[root@master local]# cd ./filebeat
[root@master filebeat]# vim filebeat.yml　修改以下配置
filebeat.inputs:
- type: log
```

```
    enabled: true
    paths:
      - /var/log/httpd/access_log


output.kafka:
    hosts: ["master:9092"]
    topic: "applog"


processors:
- drop_fields:
    fields: ["beat", "input", "source", "offset"]


name: 192.168.0.10
```

结果如图 2-2-17 至图 2-2-19 所示。

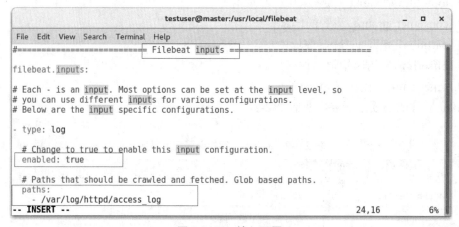

图 2-2-17　输入配置

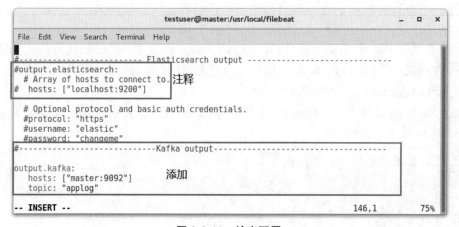

图 2-2-18　输出配置

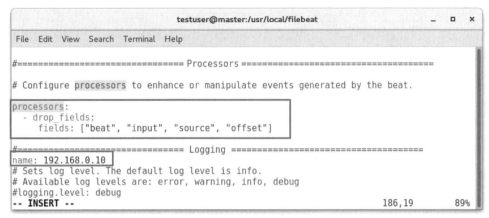

图 2-2-19　性能参数配置

启动 filebeat，命令如下。

[root@master filebeat]# nohup ./filebeat -e -c filebeat.yml &

结果如图 2-2-20 所示。

```
                          root@master:/usr/local/filebeat              _  □  ×
File  Edit  View  Search  Terminal  Help
[root@master filebeat]# nohup ./filebeat -e -c filebeat.yml &
[3] 52912
nohup: ignoring input and appending output to 'nohup.out'
[root@master filebeat]#
```

图 2-2-20　启动 filebeat

配置 Logstash，将 kafka 作为 input，并设置输出为标准输出，最后启动 Logstash，命令如下。

```
[root@master logstash]# vim logstash-plain.conf
input {
kafka{
    bootstrap_servers=> "master:9092"
    topics => ["applog"]
    group_id => "logstash-file"
    codec => "json"
}
}
output{
    stdout {}
}
[root@master logstash]# logstash -f ./logstash-plain.conf
```

结果如图 2-2-21 所示。

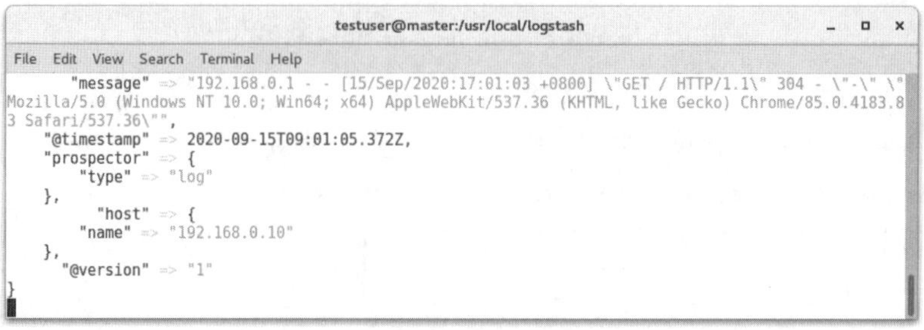

图 2-2-21　Logstash 接收 kafka 数据

4. 过滤配置

Logstash 提供了丰富的过滤器，在 Logstash 中过滤配置是最复杂的。Logstash 中常用的过滤器包括 grok、mutate 和 geoip，这些过滤器扩展了进入过滤器的原始数据，能够对数据进行复杂的逻辑处理。常用过滤器的使用方法如下。

1）grok

grok 可以通过正则解析文本，通过正则匹配将非结构化日志数据构建成结构化数据，以方便查询。grok 的语法格式如下。

> %{语法:语义}

语法可以使用 Logstash 中内置的匹配模式或自行编写正则表达式，语义可以理解为字段名称。Logstash 中内置的匹配模式为开发人员提供了简单、快捷的操作方式，输入匹配模式名称就能够从日志数据中匹配到对应的结果。常用的匹配模式见表 2-2-3。

表 2-2-3　常用的匹配模式

匹配模式	说明
IPORHOST	匹配日志中的 IP 地址
HTTPUSER	匹配 http 用户
WORD	匹配单词
NOTSPACE	匹配空格
IPV4	匹配 IPv4 地址
HOSTNAME	匹配主机名
HTTPDATE	用于匹配日志中的日期
QS	匹配报文头
NUMBER	匹配数字

当前有一条日志数据，要求使用 grok 匹配 IPv4 和 HTTPDATE，并设置语义为 iphos，然后使用标准输出，将采集结果打印到命令行中，Logstash-plain.conf 配置文件和日志数据如下。

```
[root@master logstash]# vim logstash-plain.conf
input {
  stdin{}
}
filter{
    grok{
      match => {
            "message" => "%{IPV4:ip}\ \-\ \-\ \[%{HTTPDATE:date}]"
      }
    }
}
output{
  stdout{}
}
[root@master logstash]# logstash -f ./logstash-plain.conf
# 运行成功后手动输入如下数据
125.36.42.42 - - [15/Sep/2020:17:06:56 +0800] \"GET / HTTP/1.1\" 304 -\"-\"\"Mozilla/5.0
(Windows NT 10.0; Win64; x64) AppleWebKit/537.36 (KHTML, like Gecko)
Chrome/85.0.4183.83 Safari/537.36\"
```

结果如图 2-2-22 所示。

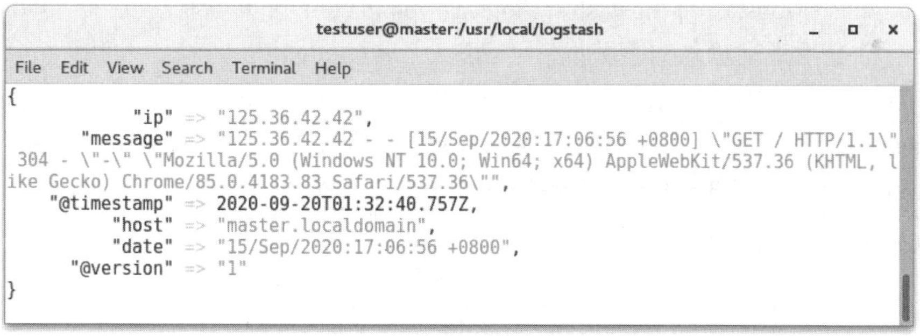

图 2-2-22　匹配 IPv4 和 HTTPDATE

在过滤日志数据时，将 Logstash 提供的匹配模式灵活组合能够匹配出想要的数据，但 Logstash 的开发者考虑到 Logstash 常用于各种日志数据的采集，所以提供了更方便的日志匹配模式，如 httpd、java、redis 等，见表 2-2-4。

表 2-2-4　常用的日志匹配模式

匹配模式	说明
HTTPD_COMBINEDLOG	匹配过滤 httpd 日志
JAVACLASS	匹配 java 类

续表

匹配模式	说明
REDISTIMESTAMP	匹配 redis 时间
REDISLOG	匹配 redis 日志

使用 grok 将 message 替换为 HTTPD_COMBINEDLOG，匹配日志中包含的所有信息，更改后的脚本如下。

```
input {
    stdin{}
}
filter{
    grok{
      match => {
            "message" => "%{HTTPD_COMBINEDLOG}"
        }
    }
}
output{
    stdout{}
}
[root@master logstash]# logstash -f ./logstash-plain.conf
# 运行成功后手动输入如下数据
125.36.42.42 - - [15/Sep/2020:17:06:56 +0800]\"GET / HTTP/1.1\" 304 -\"-\"\"Mozilla/5.0
(Windows NT 10.0; Win64; x64) AppleWebKit/537.36 (KHTML, like Gecko)
Chrome/85.0.4183.83 Safari/537.36\"
```

结果如图 2-2-23 所示。

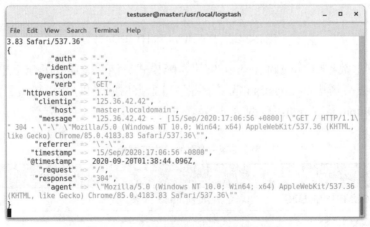

图 2-2-23　匹配日志中包含的所有信息

2）mutate

mutate 具有对基础类型数据进行处理的能力，包括重命名、删除、替换和修改日志事件中的字段等。常用的 mutate 插件见表 2-2-5。

表 2-2-5　常用的 mutate 插件

插件	说明
covert	转换字段类型
split	用分隔符将字符串分隔为数值
rename	重命名字段
remove_field	删除字段

修改 logstash-plain.conf 配置文件，删除 message 字段，将 clientip 字段的类型转换为 string，将 agent 字段按照空格分隔，将 timestamp 字段的名称改为 logtimes，命令如下。

```
[root@master logstash]# vim logstash-plain.conf
input {
stdin{}
}
filter{
  grok{
        match => {
                "message" => "%{HTTPD_COMBINEDLOG}"
        }
    }
 mutate{
    remove_field=> ["message"]
    split=>["agent"," "]
    convert => ["clientip","string"]
    rename => ["timestamp","logtimes"]
 }

}
output{
        stdout{}
}
[root@master logstash]# logstash -f ./logstash-plain.conf
# 运行成功后手动输入如下数据
```

125.36.42.42 - - [15/Sep/2020:17:06:56 +0800] "GET / HTTP/1.1" 304 - "-" "Mozilla/5.0 (Windows NT 10.0; Win64; x64) AppleWebKit/537.36 (KHTML, like Gecko) Chrome/85.0.4183.83 Safari/537.36\"

结果如图 2-2-24 所示。

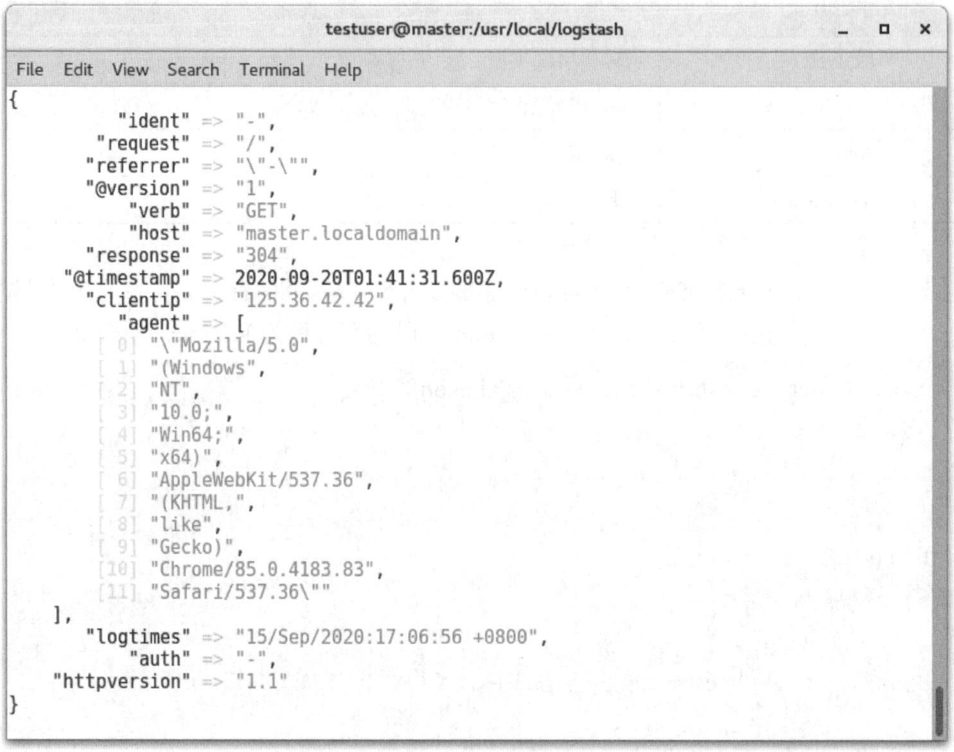

图 2-2-24　用 mutate 修改配置文件

3）geoip

geoip 能够根据免费的 IP 地址提供对应的地域信息,包括国家、省市和经纬度等,可用于绘制可视化地图,主要应用在根据地域统计访问流量的场景,能使用 fields 插件根据实际需求指定需要显示的字段。常用 geoip 插件见表 2-2-6。

表 2-2-6　常用的 geoip 插件

插件	说明
source	指定包含 IP 的字段
target	指定地域的字段名称,默认为 geoip
fields	设置显示的地域信息,在使用该插件时必须使用 target

geoip 匹配的地域信息见表 2-2-7。

表 2-2-7   地域信息

字段	说明
region_code	省份代码
ip	所查询的 IP 地址
country_name	国家名称
region_name	省份名称
city_name	城市名称
lat	纬度
lon	经度

使用 geoip 查询出 125.36.42.42 所在的位置,要求显示 city_name、region_name、country_name 和 ip,修改 logstash-plain.conf 配置文件,命令如下。

```
[root@master logstash]# vim logstash-plain.conf
input {
stdin{}
}
filter{
    grok{
            match => {"message" => "%{IP:clientip}"}
            remove_field=>["message"]
    }

            geoip {
                source => ["clientip"]
                target => ["geoip"]
                fields => ["city_name","region_name","country_name","ip"]
            }
}
output{
        stdout{}
}
[root@master logstash]# logstash -f ./logstash-plain.conf
# 运行成功后手动输入如下数据
125.36.42.42 - - [15/Sep/2020:17:06:56 +0800] "GET / HTTP/1.1" 304 - "-" "Mozilla/5.0
(Windows NT 10.0; Win64; x64) AppleWebKit/537.36 (KHTML, like Gecko)
Chrome/85.0.4183.83 Safari/537.36"
```

结果如图 2-2-25 所示。

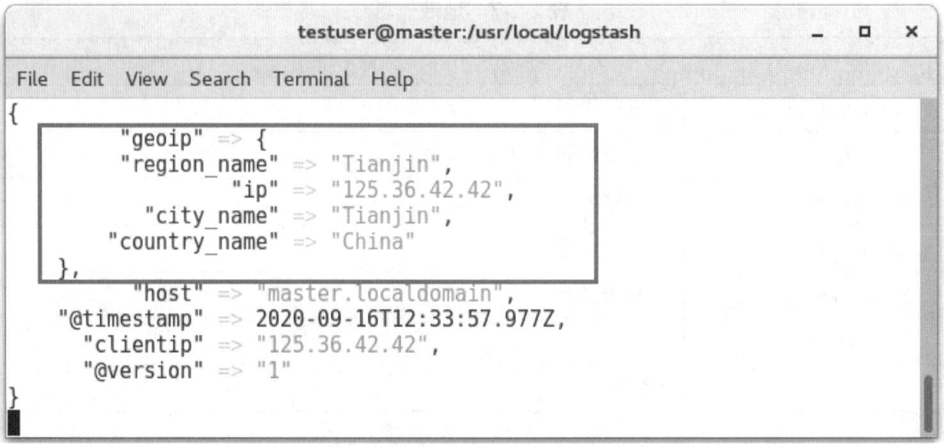

图 2-2-25　查看指定地域信息

若想查看全部地域信息，删除 target 和 fields 即可，命令如下。

```
[root@master logstash]# vim logstash-plain.conf
input {
stdin{}
}
filter{
    grok{
        match => {"message" => "%{IP:clientip}"}
        remove_field=>["message"]
    }
        geoip {
            source => ["clientip"]
        }
}
output{
        stdout{}
}
[root@master logstash]# logstash -f ./logstash-plain.conf
# 运行成功后手动输入如下数据
125.36.42.42 - - [15/Sep/2020:17:06:56 +0800] "GET / HTTP/1.1" 304 - "-" "Mozilla/5.0
(Windows  NT  10.0;  Win64;  x64)  AppleWebKit/537.36  (KHTML,  like  Gecko)
Chrome/85.0.4183.83 Safari/537.36"
```

结果如图 2-2-26 所示。

图 2-2-26　查看全部地域信息

5. 数据输出配置

Logstash 提供了数十种输出插件,能够适应不同的数据分析和存储场景,其中比较常用的是 Elasticsearch。在下一个技能点中会介绍 Elasticsearch 的基础知识和安装步骤,之后使用 Logstash 采集数据输出到 Elasticsearch。Elasticsearch 插件的常用参数见表 2-2-8。

表 2-2-8　Elasticsearch 插件的常用参数

参数	说明
hosts	指定 Elasticsearch 的主机地址和端口
Index	事件索引,默认值为 logstash-%{+YYYY.MM.dd}

技能点 2　Elasticsearch 搜索服务器

1. Elasticsearch 简介与安装

Elasticsearch 是一个构建在 Apache Lucene 之上的分布式可扩展实时搜索和分析引擎。Elasticsearch 使用 Java 语言开发,并且作为 Apache 的开源项目,在云计算方面能够提供稳定、可靠、快速的实时搜索服务。Elasticsearch 支持多种语言的编程接口,如 Java、.NET(C#)、PHP、Python、Apache Groovy 等。Elasticsearch 的基本概念如下。

● 倒排索引（Inverted Index）

倒排索引表中的每一项都包含一个属性值和该属性值的记录地址。之所以称为倒排索引是因为不是由记录地址决定属性值，而是由属性值决定记录地址。Elasticsearch 基于这个原理实现了高效的快速查询搜索功能。

● 节点 & 集群（Node & Cluster）

Elasticsearch 本质上是一个分布式的非关系数据库，支持多台服务器协同工作，并且每台服务器都能够运行多个 Elasticsearch 实例。每个 Elasticsearch 实例为一个节点，一组节点构成一个集群。

● 索引（Index）

索引是 Elasticsearch 数据管理的顶层单位，类似于关系型数据库中的数据库。在 Elasticsearch 中索引名必须小写。

● 文档（Document）

Index 的每条记录称之一个文档，多个文档组成一个 index。

● 类型（Type）

文档的分组称为类型，它是一种逻辑分组，类似于关系型数据库中的表。不同的类型应该具有相似的结构，性质完全不同的数据。

● 文档元数据（Document Metadata）

文档元数据包括 _index、_type、_id，可以唯一地表示一个文档。其中 _index 表示文档存储的位置，_type 表示文档对象的类别，_id 为文档的唯一标识。

● 字段（Field）

每个 Document 都类似于一个 JSON 结构，它包含许多字段，每个字段都有对应的值，多个字段组成一个 Document，可以类比关系型数据库数据表中的字段。

通过对 Elasticsearch 基本概念的学习，了解到 Elasticsearch 是一个全新的 NOSQL 数据库。通过以下步骤安装 Elasticsearch。

第一步，登录 https://www.elastic.co/cn/downloads/past-releases#elasticsearch，选择"Elasticsearch"和"6.1.0"，点击"Download"下载安装包，如图 2-2-27 所示。

图 2-2-27　下载 Elasticsearch

第二步，将安装包上传到 Linux 系统的 /usr/local 目录下，Elasticsearch 不能使用 root 用户启动，所以要为 Elasticsearch 创建用户，命令如下。

```
[root@master local]# adduser esuser
[root@master local]# passwd esuser
```

第三步，在 root 用户下解压 Elasticsearch 安装包，并为 esuser 用户设置对 Elasticsearch 的权限，命令如下。

```
[root@master local]# tar -zxvf elasticsearch-6.1.0.tar.gz
[root@master local]# chown -R esuser /usr/local/elasticsearch-6.1.0
```

第四步，进入 /elasticsearch-6.1.0 目录修改 elasticsearch.yml，使任何主机都能够访问 Elasticsearch，命令如下。

```
[root@master local]# cd ./elasticsearch-6.1.0/
[root@master elasticsearch-6.1.0]# vim ./config/elasticsearch.yml
# 将 network.host：前的 # 去掉，修改为：
network.host: 0.0.0.0
```

结果如图 2-2-28 所示。

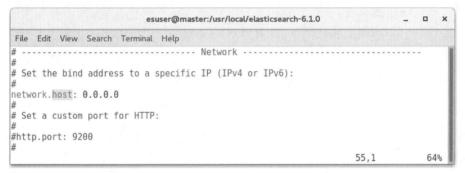

图 2-2-28　修改为所有 IP 都可访问

第五步，切换到 esuser 用户，启动 Elasticsearch，使用浏览器访问 9200 端口，命令如下。

```
[root@master elasticsearch-6.1.0]# su esuser
[esuser@master elasticsearch-6.1.0]$ ./bin/elasticsearch
```

结果如图 2-2-29 所示。

图 2-2-29　启动 Elasticsearch

2. 使用 Logstash 将结果输出到 Elasticsearch

Elasticsearch 启动后就能够添加数据了，常用的方式是使用 Logstash 监控数据文件，将结果输出到 Elasticsearch。使用 Logstash 监控 /var/log/httpd/access_log 文件，将结果输出到 Elasticsearch，步骤如下。

修改 logstash-plain.conf 配置文件，将输入配置设置为 Elasticsearch，命令如下。

```
[root@master logstash]# vim logstash-plain.conf  # 配置文件内容如下
input {
file{
        path => ['/var/log/httpd/access_log']
        type => 'logstash_access_log'
        start_position => "beginning"
}
}
filter{
    grok{
        match => {
            "message" => "%{HTTPD_COMBINEDLOG}"
        }
    }
}


output{
    elasticsearch {
        hosts => ["192.168.0.10:9200"]
        index => "httpd_logdata-%{+YYYY.MM.dd}"
    }
}
[root@master logstash]# logstash -f ./logstash-plain.conf
```

结果如图 2-2-30 所示。

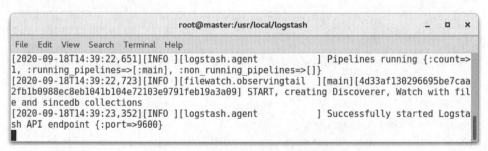

图 2-2-30　向 Elasticsearch 中加载数据

技能点 3　Kibana 可视化平台

1. Kibana 简介与安装

Kibana 是一个开源的分析与可视化平台,能可视化管理 Elasticsearch 中的数据。Kibana 通过丰富的图表、表格、地图等直观的方式展示数据,从而达到数据分析可视化的目的。

Elasticsearch、Logstash 和 Kibana 这三种技术就是 ELK 技术栈,具有典型的 MVC 思想。Logstash 担任控制层的角色,负责收集和过滤数据;Elasticsearch 担任数据持久层的角色,负责储存数据;Kibana 负责使用图形化的界面展示存储在 Elasticsearch 中的数据。Kibana 的安装步骤如下。

第一步,使用浏览器访问 https://www.elastic.co/cn/downloads/past-releases#kibana,选择"Kibana"和"6.1.0",如图 2-2-31 所示。

图 2-2-31　选择 Kibana 版本

第二步,点击"Download"按钮后页面跳转到选择安装包版本页面,选择"RPM 64-BIT",如图 2-2-32 所示。

图 2-2-32　选择安装包版本

第三步,将安装包上传到 Linux 的 /usr/local 目录下,使用 RPM 安装,命令如下。

```
[root@master local]# rpm -ivh kibana-6.1.0-x86_64.rpm
```

结果如图 2-2-33 所示。

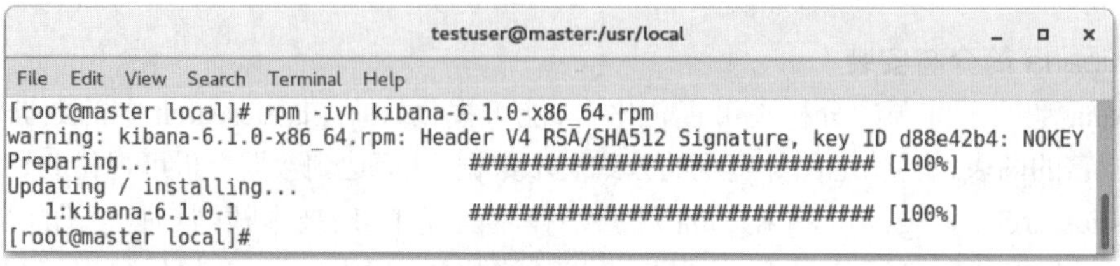

图 2-2-33　安装 Kibana

第四步,修改配置文件允许所有 IP 访问 Kibana 并设置端口,设置 Elasticsearch 的服务器和端口,命令如下。

```
[root@master local]# vim /etc/kibana/kibana.yml
#Kibana 页面映射在 5601 端口
server.port: 5601
# 允许所有 IP 访问 5601 端口
server.host: "0.0.0.0"
# 设置 Elasticsearch 所在的 IP 和监听的地址
elasticsearch.url: "http://localhost:9200"
```

第五步,启动 Kibana,在启动前应确保 Elasticsearch 已经启动,命令如下。

```
[root@master local]# systemctl start kibana
[root@master local]# systemctl status kibana
```

结果如图 2-2-34 所示。

图 2-2-34　启动 Kibana 并查看状态

第六步，通过浏览器访问 5601 端口，查看 Kibana 界面，如图 2-2-35 所示。

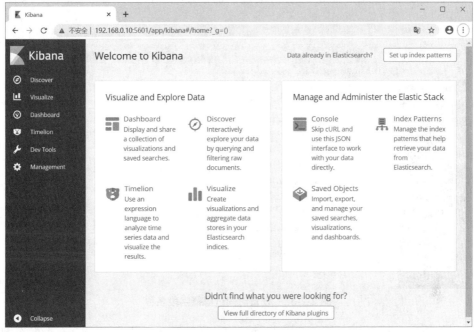

图 2-2-35　Kibana 页面

2. Kibana 高频功能

Kibana 有很多使用功能，其中创建索引（Management）、创建图表（Visualize）是较常用的功能，使用方法如下。

1）创建索引

使用 Logstash 将数据采集到 Elasticsearch 中后，如果想在 Kibana 中对数据进行分析搜索，需要在 Kibana 中创建索引，如图 2-2-36 所示。

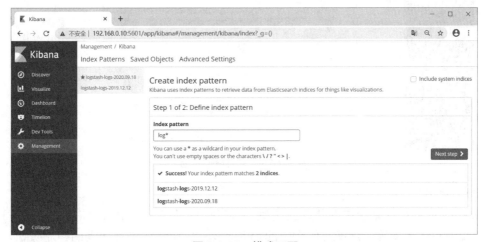

图 2-2-36　模式匹配

创建索引的第一步是模式匹配，匹配的是 Logstash 输出配置中的 index，当有多个 index

满足用户输入的匹配模式时,会将多个 index 中的数据创建到同一个索引中。匹配完成后提示"Success",点击"Next step"设置时间过滤器字段名称,选择"@timestamp",如图 2-2-37 所示。

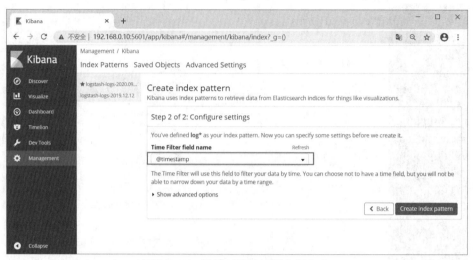

图 2-2-37　设置时间过滤器字段名称

索引创建完成后会自动跳转到索引详情页面,导航栏右侧显示所有索引,页面右侧显示索引字段的详细信息,包括类型(type)、是否可搜索(searchable)和是否可聚合(aggregatable)等,如图 2-2-38 所示。

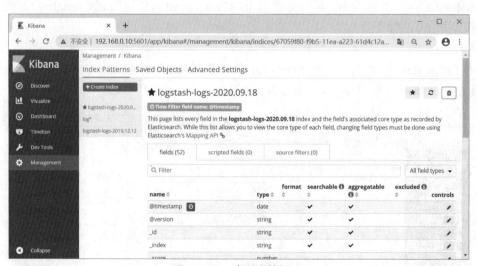

图 2-2-38　索引详情页面

2)创建图表

Kibana 能够根据索引中的数据创建图表,直观地将数据展现出来,常用的图形有柱状图、折线图和环形图等。点击导航栏中的"Visualize"按钮进入创建图表的控制页面,如图 2-2-39 所示。

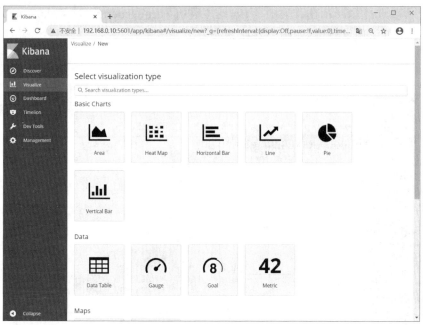

图 2-2-39　创建图表

创建图表时用户需要自定义统计类型,例如求和、求平均值、求最大值、求最小值等,点击要创建的图表后选择要创建的图表的索引即可进入配置页面。下面以 Vertical Bar 图为例讲解创建方法,Vertical Bar 的配置如图 2-2-40 所示。

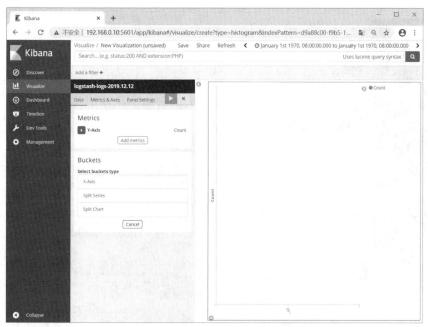

图 2-2-40　Vertical Bar 的配置

Y 轴的默认统计方式是计数统计,可以点击"Y-Axis"前的三角符号修改统计方式。点击"Buckets"下的"X-Axis"可添加 X 轴的指标,在"Aggregation"处选择"Terms",在

"Field"处可以选择想展示在 X 轴的字段，这里选择"geoip.country_name.keyword"，在柱状图中显示各国的访问量排行，如图 2-2-41 所示。

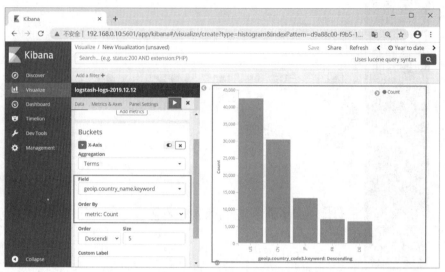

图 2-2-41　绘制柱状图

配置完成后保存图表。点击页面上方的"Save"按钮，输入图表名称后点击下方的"Save"按钮即可，如图 2-2-42 所示。

图 2-2-42　保存图表

所有创建的图表能够通过 Dashboard 汇总到同一个页面中显示，实现数据大屏的效果。数据大屏的创建方法非常简单，只需将想要组成数据大屏的图表拖动到页面中即可，可根据需要任意调整图表的大小和位置。点击"Dashboard"→"Create a dashboard"，然后选择图表，如图 2-2-43 所示。

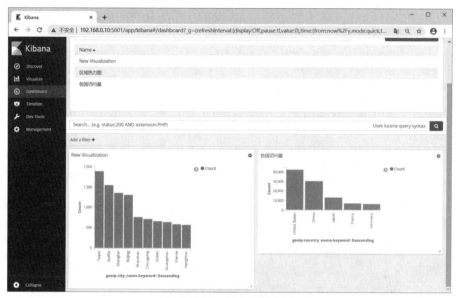

图 2-2-43　创建数据大屏

通过对以上内容的学习，对 Logstash、Elasticsearch 和 Kibana 等工具有了一定的了解，并且能够进行数据的采集、搜索和图表绘制。为了巩固所学的知识，通过以下几个步骤，使用 filebeat 采集日志数据，通过 kafka 将数据传输给 Logstash 进行过滤，最后输出到 Elasticsearch 绘制数据图表，数据格式如下。

> 131.89.96.126 - - [01/May/2018:12:05:12 +0800]\"GET /static/image/magic/bump.small.
> gif HTTP/1.1\" 200 174

数据说明见表 2-2-9。

表 2-2-9　数据说明

数据	说明
131.89.96.126	访问者 IP
[01/May/2018:12:05:20 +0800]	访问时间
GET	请求方式
/static/image/magic/bump.small.gif	请求地址
1.1	HTTP 版本
200	状态码
174	流量

第一步,在 /usr/local 目录下创建名为 accelog 的文件夹并将数据文件上传到该文件夹中,命令如下。

```
[root@master ~]# cd /usr/local/
[root@master local]# mkdir ./accelog
```

第二步,编写 filebeat 配置文件,采集 /accelog 目录下名为 access_2018_05_01.log 的数据文件,命令如下。

```
[root@master local]# cd ./filebeat
[root@master filebeat]# vim filebeat.yml    修改以下配置
filebeat.inputs:
- type: log
    enabled: true
    paths:
        - /var/log/httpd/access_log

output.kafka:
    hosts: ["master:9092"]
    topic: "applog"

processors:
- drop_fields:
    fields: ["beat", "input", "source", "offset"]

name: 192.168.0.10
```

结果如图 2-2-44 至图 2-2-46 所示。

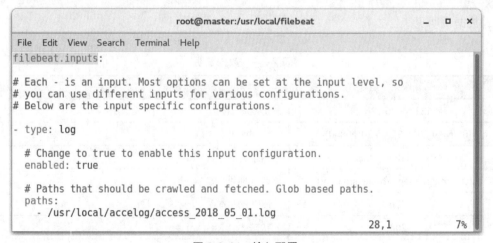

图 2-2-44　输入配置

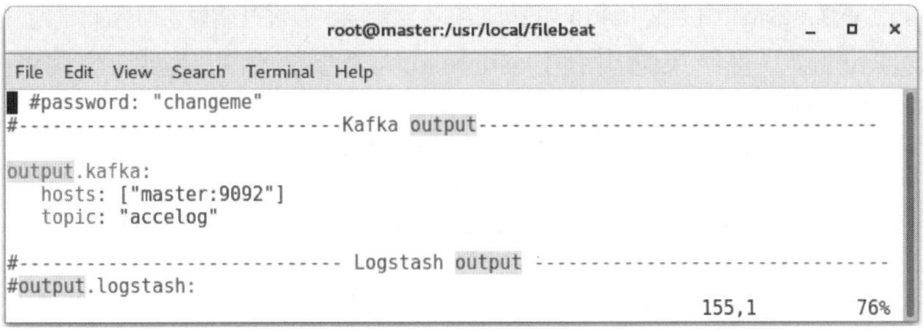

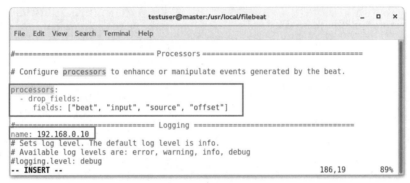

图 2-2-45　输出配置

图 2-2-46　性能参数配置

第三步，启动 kafka 进程，并启动 filebeat，命令如下。

```
[root@master filebeat]# cd /usr/local/kafka/bin/
[root@master bin]# ./zookeeper-server-start.sh/usr/local/kafka/config/zookeeper.properties
1>/dev/null 2>&1 &
[root@master bin]# ./kafka-server-start.sh -daemon /usr/local/kafka/config/server.properties
[root@master bin]# jps
[root@master bin]# cd /usr/local/filebeat/
[root@master filebeat]# nohup ./filebeat -e -c filebeat.yml &
```

结果如图 2-2-47 所示。

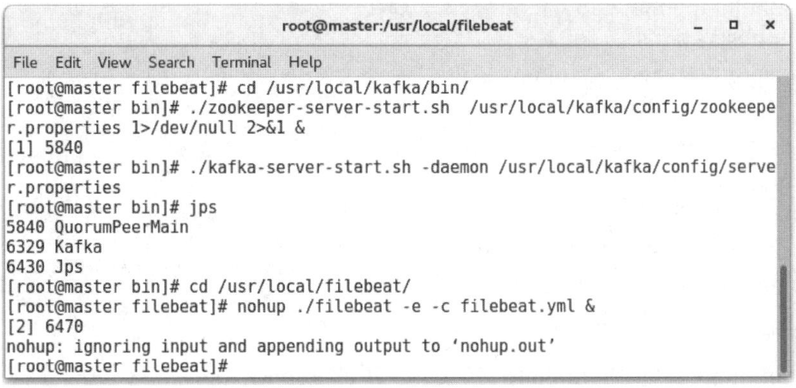

图 2-2-47　启动 kafka 和 filebeat

　　第四步,配置 Logstash 接收 kakfa 数据,并匹配日志文件中的详细指标,使用 geoip 取出 IP 地址的地理位置,并将结果输出到 Elasticsearch,需要注意的是如果想用经纬度绘制地图,index 必须要以"logstash-logs"开头,命令如下。

```
[root@master filebeat]# cd /usr/local/logstash/
[root@master logstash]# vim logstash-plain-map.conf  # 配置文件内容如下
input{
  kafka{
    bootstrap_servers=> "master:9092"
    topics => ["accelog"]
    group_id => "logstash-file"
    codec => "json"
  }

}
filter{
  grok{
        match => {
              "message" =>
"%{IPORHOST:clientip} %{HTTPDUSER:ident} %{HTTPDUSER:auth} \[%{HTTP-
DATE:timestamp}\]  \"%{WORD:verb}  %{NOTSPACE:request}(?:  HTTP/%{NUM-
BER:httpversion})\" %{NUMBER:response}\ %{NUMBER:bytes}"
        }
  }
    geoip {
    source => "clientip"
    }
}
output{
    elasticsearch {
      hosts => ["192.168.0.10:9200"]
      index => "logstash-logs-2020"
    }

        stdout{
            codec => rubydebug
        }
}
[root@master logstash]# logstash -f ./logstash-plain-map.conf
```

结果如图 2-2-48 所示。

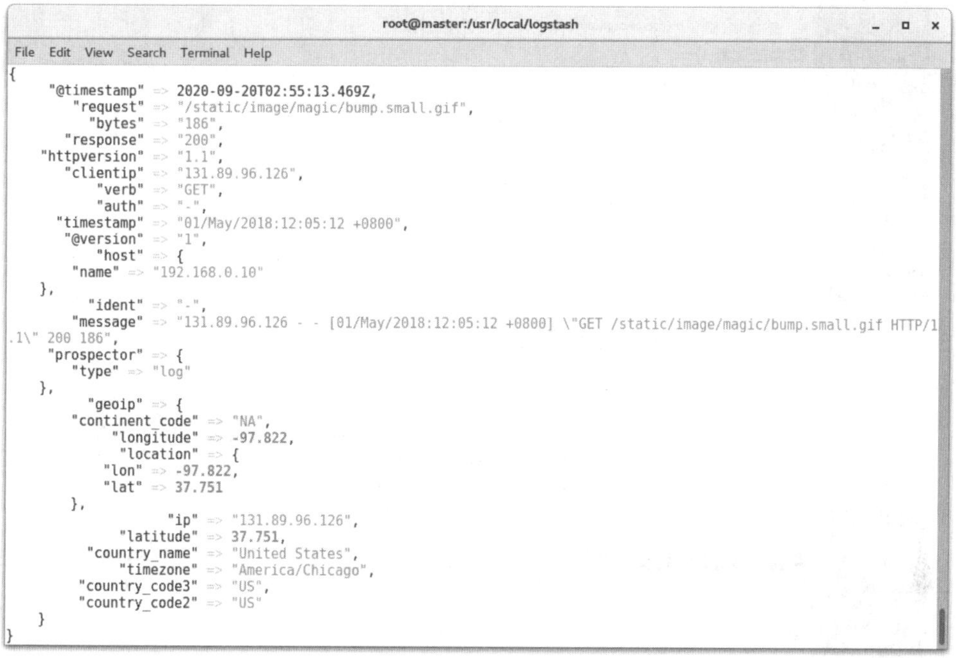

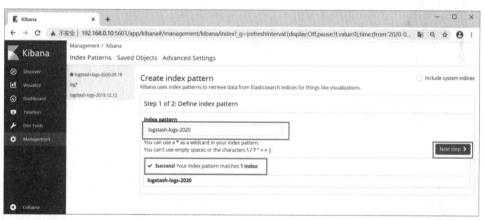

图 2-2-48　将数据输出到 Elasticsearch

第五步，访问 Kibana，点击"Management"，选择"Create index pattern"，在"Index pattern"栏中输入"logstash-logs-2020"，点击"Next step"，如图 2-2-49 所示。

图 2-2-49　模式匹配

第六步，设置时间过滤器字段名称，选择"@timestarmp"，点击"Create index pattern"，索引详情如图 2-2-50 所示。

第七步，绘制各时间段访问流量图。点击"Visualize"，选择加号，创建"Line"图，设置 X 轴的"Aggregation"为"Terms"，"Field"为"timestamp.keyword"，"Size"为"10"，如图 2-2-51 所示。

图 2-2-50　索引详情

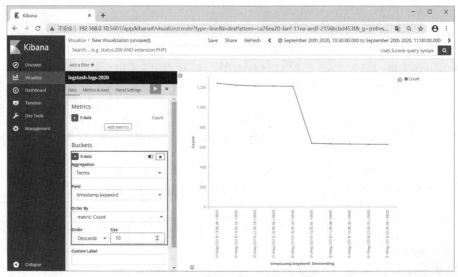

图 2-2-51　创建各时间段访问流量图

第八步,保存各时间段访问流量图。点击"Save",将名称设置为"各时间段访问流量",如图 2-2-52 所示。

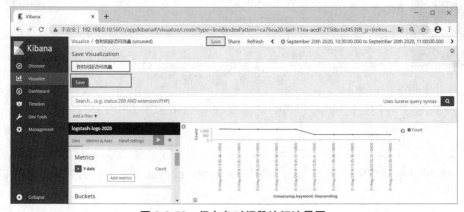

图 2-2-52　保存各时间段访问流量图

第九步,创建访问流量前 10 名图。点击"Visualize",选择加号,创建"Vertical Bar"图,设置 X 轴的"Aggregation"为"Terms","Field"为"geoip.country_code3.keyword","Size"为"10",并保存为访问流量前 10 名图,如图 2-2-53 所示。

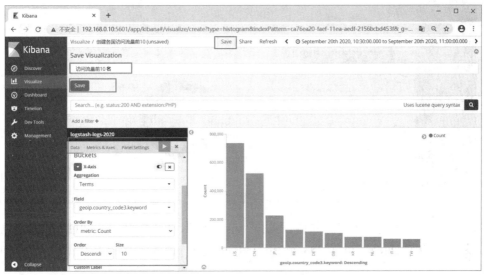

图 2-2-53　保存访问流量前 10 名图

第十步,绘制网站总访问流量图。点击"Visualize",选择加号,创建"Metric"图,并保存为网站总访问流量图,如图 2-2-54 所示。

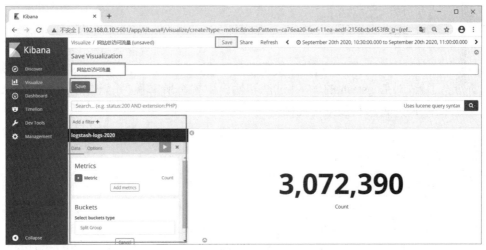

图 2-2-54　保存网站总访问流量图

第十一步,创建访问流量前 10 名访问量占比图。点击"Visualize",选择加号,创建"Pie"图,设置 X 轴的"Aggregation"为"Terms","Field"为"geoip.country_code3.keyword","Size"为"10",并保存为访问流量前 10 名访问量占比图,如图 2-2-55 所示。

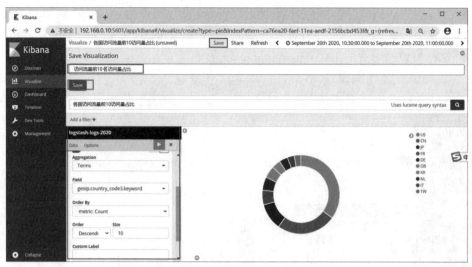

图 2-2-55　保存访问流量前 10 名访问量占比图

第十二步，创建世界访问分布图。点击"Visualize"，选择加号，创建"Coordinate Map"图，设置 X 轴的"Aggregation"为"Geohash"，"Field"为"geoip.location"，并保存为世界访问分布图。

第十三步，创建仪表盘。点击"Dashboard"，选择"Create a dashboard"，点击"Add"，单击显示的所有图表名称，结果如图 2-2-1 所示。

本任务通过日志实时分析的实现，使读者对 Logstash、Elasticsearch 和 Kibana 的相关知识有了初步了解，对 Logstash 的输入、过滤和输出配置有所掌握，并能够使用 Elasticsearch 存储数据，使用 Kibana 实现数据可视化。

file	文件	path	路径
type	类型	service	服务
mode	模式	install	安装
start	开始	document	文档

1. 选择题

（1）使用 Logstash 时用于匹配日志中的 IP 地址的匹配模式是（　　）。

A. IPORHOST　　　　B. IP　　　　　　　　C. HOST　　　　　　　D. IPV4

（2）file 插件中用于设置刷新文件的频率的配置是（　　）。

A. stat_interval　　　B. start_position　　　C. reload　　　　　　D. load

（3）从关系中删除不需要的行使用（　　）。

A. FILTER　　　　　B. DISTINCT　　　　C. STREAM　　　　　D. GENERATE

（4）Logstash 的过滤配置中用于处理基础类型数据的是（　　）。

A. mutate　　　　　B. grok　　　　　　C. geoip　　　　　　D. hosts

（5）grok 中用于匹配日志中的报文头数据的匹配模式是（　　）。

A. QS　　　　　　　B. NUMBER　　　　C. HTTPDATE　　　　D. WORD

2. 简答题

（1）简单介绍 Logstash。

（2）简单介绍 Elasticsearch。

任务 2-3——Structured Streaming 职位需求信息实时统计

通过职位需求信息实时统计的实现,了解 Structured Streaming 的相关知识,熟悉 Structured Streaming 的基本架构和程序流程,掌握 Structured Streaming 的操作和管理,具有使用 Structured Streaming 知识实现职位需求信息实时统计的能力,在任务实施过程中:

● 了解 Structured Streaming 的相关知识;
● 熟悉 Structured Streaming 的基本架构和程序流程;
● 掌握 Structured Streaming 的操作和管理;
● 具有使用 Structured Streaming 知识实现职位需求信息实时统计的能力。

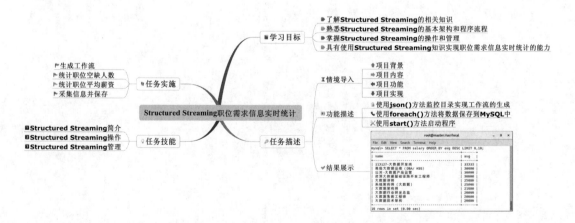

【情境导入】

从 2001 年开始，全国普通高校应届毕业生人数不断攀升，2020 年全国普通高校应届毕业生有 874 万人，同比增加 40 万人。因此，"找工作难"一直以来都是以应届毕业生为主的就业大军所反映的社会问题。在互联网逐步普及，走进人们生活的过程中，网络求职逐渐成了应届毕业生和有工作经验的人士寻找工作的主要途径。面对日益完善、成熟的电子招聘机制，用人单位也乐于使用这一廉价而快速的招聘手段。通过对招聘信息的分析，求职者可以了解当前各个职位的需求量和薪资等信息，选择最适合自己的工作。本任务通过对 Structured Streaming 相关知识的学习，最终实现职位需求信息实时统计。

【功能描述】

● 使用 json() 方法监控目录实现工作流的生成；
● 使用 foreach() 方法将数据保存到 MySQL 中；
● 使用 start() 方法启动程序。

【结果展示】

通过对本任务的学习，能够使用 Structured Streaming 的相关知识实现职位需求信息实时统计，结果如图 2-3-1 和图 2-3-2 所示。

```
root@master:/usr/local                          _  □  ✕

File  Edit  View  Search  Terminal  Help
mysql> SELECT * FROM people ORDER BY sum DESC LIMIT 0,10;
+--------------------------------------------+------+
| name                                       | sum  |
+--------------------------------------------+------+
| 大数据开发工程师                            | 245  |
| 市场大数据分析师                            |  50  |
| 大数据架构师                                |  21  |
| （北京）大数据工程师                        |  20  |
| 大数据开发工程师助理                        |  16  |
| 大数据工程师                                |  16  |
| 材料工程转行大数据分析师实习生              |  15  |
| 大数据分析工程师                            |  14  |
| Java开发工程师（大数据）                    |  10  |
| Java开发工程师(大数据方向)                  |  10  |
+--------------------------------------------+------+
10 rows in set (0.01 sec)
```

图 2-3-1　人数需求最大的十个职位

```
root@master:/usr/local                    _  □  ×

File  Edit  View  Search  Terminal  Help

mysql> SELECT * FROM salary ORDER BY avg DESC LIMIT 0,10;
+-----------------------------------------------+--------+
| name                                          | avg    |
+-----------------------------------------------+--------+
| 113127-大数据开发岗                            | 33333  |
| 高级大数据运维（DBA/ K8S）                      | 30000  |
| 公共-大数据产品运营                            | 30000  |
| 资深大数据基础设施开发工程师                    | 30000  |
| 大数据讲师                                     | 25000  |
| 系统架构师（大数据）                           | 25000  |
| 大数据架构师                                   | 21000  |
| 大数据行业研发总监                             | 20000  |
| 大数据售前工程师                               | 20000  |
| 大数据技术架构师                               | 20000  |
+-----------------------------------------------+--------+
10 rows in set (0.00 sec)
```

图 2-3-2   平均薪资最高的十个职位

课程思政

技能点 1   Structured Streaming 简介

1. Structured Streaming 的概念

Structured Streaming 是 Spark 2.0 版本中新增的可扩展和高容错的实时计算框架,基于 Spark SQL 引擎构建,可以对实时数据进行不间断的计算和更新处理,类似于数据的批处理操作。Structured Streaming 可以用类似于批处理的方式对结构化实时数据进行流计算。

Spark Streaming 采用的数据抽象 DStream 本质上是 RDD,故对数据的操作实际上就是对 RDD 的操作。而 Structured Streaming 采用的数据抽象是 DataFrame,可以很好地支持 DataFrame 的相关操作。简单来说,Structured Streaming 在 Spark Streaming 的基础上对两个方面进行了更改。

第一,重新抽象了流式计算;

第二,进行了架构的调整,Spark 2.0 版本之前的 Spark Streaming 只能做到 at least once,Spark 2.0 版本之后的 Structured Streaming 重新设计了流式计算框架,使得 exactly once 操作易于实现。

2. 与其他流式计算框架对比

目前,流式计算框架除了 Structured Streaming 和 Spark Streaming 外,还有基于 Hadoop 的 Storm、Flink、Kafka 和 Google 的 Dataflow 等,不同的框架在不同的方面有着各自的优

势。Structured Streaming 与其他流式计算框架在 API、查询、操作等方面的对比见表 2-3-1。

表 2-3-1 Structured Streaming 与其他流式计算框架对比

属性	Structured Streaming	Spark Streaming	Storm	Flink	Kafka	Dataflow
Streaming API	增量执行批处理计算	基于批处理计算引擎	与批处理无关	与批处理无关	与批处理无关	基于批处理计算引擎
保证基于数据位置前缀的计算完整性	支持	支持	不支持	不支持	不支持	不支持
一致性语义	exactly once	exactly once	exactly once	exactly once	at least once	exactly once
事务性存储操作	支持	部分支持	部分支持	部分支持	不支持	不支持
交互式查询	支持	支持	支持	不支持	不支持	不支持
与静态数据进行 join	支持	支持	不支持	不支持	不支持	不支持

3. Structured Streaming 的架构

在 Spark 2.0 之前,作为 Spark 平台的流式实现,Spark Streaming 接收实时输入的数据流,然后将数据以时间为单位拆分成多个块(batch),再将每个块包含的数据作为一个 RDD 交给 Spark 的计算引擎进行处理,最后产生由多个块组成的结果数据流。需要注意的是,Spark Streaming 关注的是尽量快速地通过 DStream 的转换、窗口等操作处理完当前 batch 中的数据,但面对类似于分组操作的操作时,Spark Streaming 则非常不便。Spark Streaming 的架构如图 2-3-3 所示。

图 2-3-3 Spark Streaming 的架构

到了 Spark 2.0 时代,Structured Streaming 出现了,其提供了快速、可扩展、高可用、高可靠的流式处理,数据被源源不断地通过固定模式"追加"或者"更新"到 unbounded table 中,每条数据都是该表中的一行,并且该表是无边界的。这个数据表与 DataFrame 类似,可以进行 map、filter 等操作,也可以进行分组操作,甚至可以与 DataFrame 连接。另外,Structured Streaming 还提供了基于 window 时间的流式处理。Structured Streaming 的架构如图 2-3-4 所示。

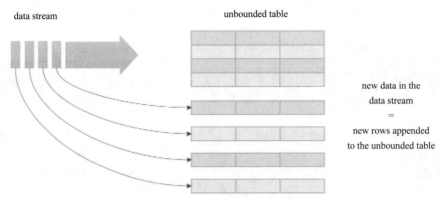

图 2-3-4　Structured Streaming 的架构

例如,有一个 Structured Streaming 处理流程,第一行表示不断从 socket 中接收的数据,第二行是时间轴,表示每隔 1 s 进行一次数据处理,第三行可以看成之前提到的 unbounded table,第四行为最终的 wordCounts,是结果集。当有新的数据到达时,Spark 会执行"增量"查询,并更新结果集。该 Structured Streaming 处理流程如图 2-3-5 所示。

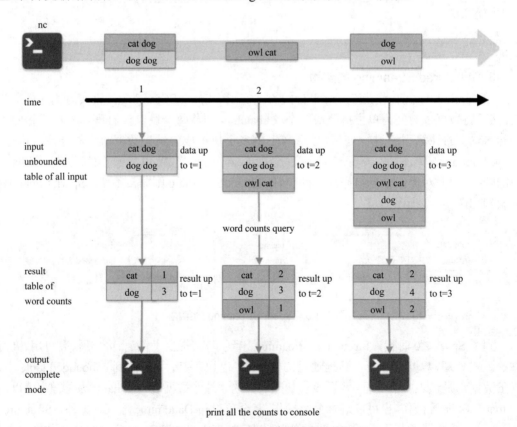

图 2-3-5　Structured Streaming 处理流程

由图 2-3-5 可知,在第 1 s 时到达的数据为"cat dog"和"dog dog",可以得到第 1 s 时的结果集"cat=1 dog=3",并输出到控制台;在第 2 s 时到达的数据为"owl cat",此时 unbounded table 增加一行数据"owl cat"，执行 word counts 查询并更新结果集，可得第 2 s 时的结果集"cat=2 dog=3 owl=1"，并输出到控制台；在第 3 s 时到达的数据为"dog"和"owl"，此时 unbounded table 增加两行数据"dog"和"owl"，执行 word counts 查询并更新结果集，可得第 3 s 时的结果集"cat=2 dog=4 owl=2"。

4. Structured Streaming 的程序流程

Spark Streaming 项目的构建可以分为四个步骤，分别是创建 StreamingContext 对象、创建 DStream、操作 DStream、启动 Spark Streaming。而 Structured Streaming 项目的构建与 Spark Streaming 相比增加了执行流查询，为实例化 SparkSession 对象、创建 DataFrame、转换 DataFrame、执行流查询和启动 Structured Streaming。下面通过词频统计示例进行 Structured Streaming 程序流程的讲解，步骤如下。

第一步，实例化 SparkSession 对象。

登录 Linux 系统，启动 Spark Shell，引入 SparkSession 和 spark.implicits._ 包并实例化 SparkSession 对象，命令如下。

```
[root@master bin]// ./spark-shell
import org.apache.spark.sql.SparkSession
import spark.implicits._
// 实例化 SparkSession 对象
val spark = SparkSession.builder.appName("StructuredNetworkWordCount"). getOrCreate()
```

结果如图 2-3-6 所示。

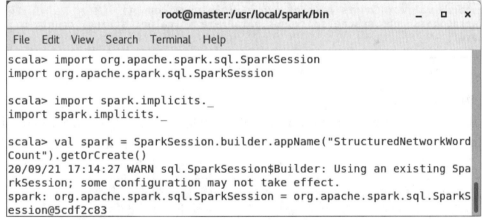

图 2-3-6　实例化 SparkSession 对象

第二步，创建 DataFrame。

通过 SparkSession.readStream.load 方法创建 DataFrame，在创建的同时设置数据源为网络套接字和套接字的主机、端口，命令如下。

```
val lines = spark.readStream.format("socket").option("host","master").option("port",9999).
load()
```

结果如图 2-3-7 所示。

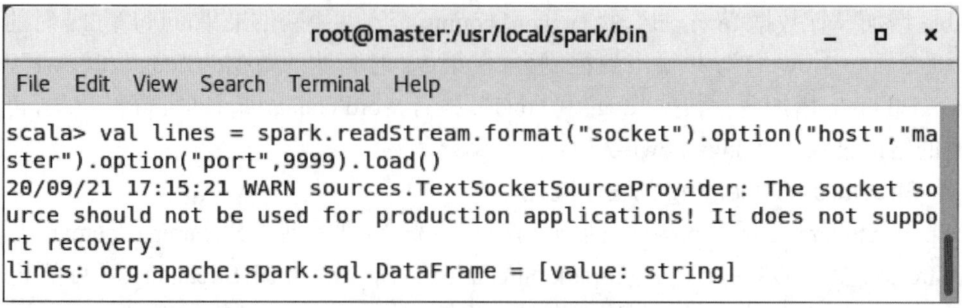

图 2-3-7 创建 DataFrame

第三步,转换 DataFrame。

获取 lines 后,通过 flatMap() 方法进行数据的拆分,之后通过 groupBy() 方法分组后进行统计,命令如下。

```
val words = lines.as[String].flatMap(_.split(" "))
val wordCounts = words.groupBy("value").count()
```

结果如图 2-3-8 所示。

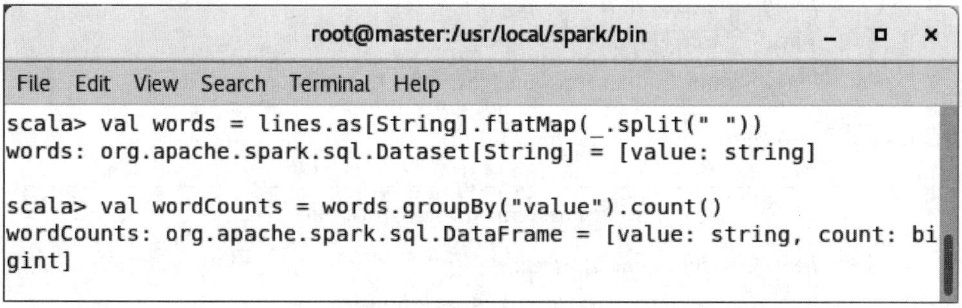

图 2-3-8 转换 DataFrame

第四步,执行流查询。

通过 wordCounts.writeStream 定义将实时流查询的结果输出到外部存储的接口,通过 outputMode() 方法设置查询模式,通过 format() 方法定义输出媒介,最后调用 start() 方法开启流查询并通过 awaitTermination() 方法设置等待关闭,命令如下。

```
val query = wordCounts.writeStream.format("console").outputMode("complete").start().awaitTermination()
```

结果如图 2-3-9 所示。

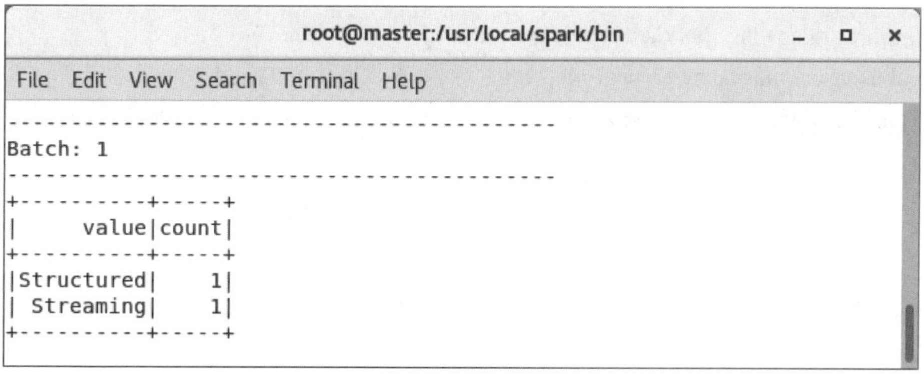

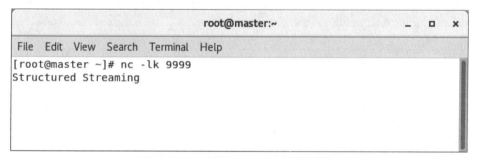

图 2-3-9　执行流查询

需要注意的是，在启动 Structured Streaming 之前，需要在另外一个终端上启动 NetCat 简单服务程序监听本地 9999 端口，并在该窗口中输入 Structured Streaming，之后该终端会将输入的内容传输给 Structured Streaming，命令如下。

[root@master ~]// nc -lk 9999
Structured Streaming

结果如图 2-3-10 所示。

图 2-3-10　启动 NetCat 简单服务程序

技能点 2　Structured Streaming 操作

1. 生成工作流

目前，Structured Streaming 工作流的生成有两种方式，分别是本地文件和 socket 网络套接字。

1）基于本地文件生成工作流

基于本地文件生成工作流主要通过对指定目录中包含的文件进行监控实现，只要是出现在目录中的文件，Structured Streaming 就会读取该文件中的内容生成 DataFrame。目前，Structured Streaming 支持的本地文件类型有 CSV 文件、JSON 文件、文本文件、Parquet 文件等。基于本地文件生成工作流语法格式如下。

```
import org.apache.spark.sql.types._
val userSchema = new StructType().add(" 列名称 "," 类型 ").add(" 列名称 2"," 类型 ")
SparkSession.readStream.schema(userSchema).format(" 文件类型 ").load(" 目录路径 ")
```

其中，format() 方法支持的参数见表 2-3-2。

表 2-3-2　format() 方法支持的参数

参数	描述
csv	CSV 文件
json	JSON 文件
text	文本文件
parquet	Parquet 文件

除了使用 format() 方法结合 load() 方法生成工作流外，还可以直接使用指定方法进行指定目录中文件的监控，常用方法见表 2-3-3。

表 2-3-3　常用的对指定目录中的文件进行监控方法

方法	描述
csv()	CSV 文件
json()	JSON 文件
text()	文本文件
parquet()	Parquet 文件

语法格式如下。

```
SparkSession.readStream.schema(userSchema).json(" 目录路径 ")
```

需要注意的是，当文件为本地文件时，可以不使用 schema() 方法。

下面在 /usr/local 路径下创建 json 目录，之后编写 Structured Streaming 程序对 /json 目录下的 JSON 文件进行监控，生成工作流并对数据进行统计，命令如下。

```
import org.apache.spark.sql.SparkSession
import spark.implicits._
import org.apache.spark.sql.types._
val spark = SparkSession.builder.appName("StructuredCount").getOrCreate()
// 创建 Schema
val userSchema = new StructType().add("name","string").add("age","integer"). add("hobby",
"string")
// 基于 JSON 文件生成工作流
```

```
val lines = spark.readStream.schema(userSchema).json("file:///usr/local/json/")
// 获取 age 小于 25 的数据并对 hobby 列进行统计
val words = lines.filter($"age"<25)
val wordCounts = words.groupBy("hobby").count()
val query = wordCounts.writeStream.format("console").outputMode("complete").start().
awaitTermination()
```

然后进入 /json 目录，创建 people.json 文件并添加数据，命令如下。

```
[root@master ~]// cd /usr/local/json/
[root@master json]// vim people
{"name":"json","age":23,"hobby":"running"}
{"name":"Charles","age":32,"hobby":"basketball"}
{"name":"Tom","age":28,"hobby":"football"}
{"name":"Lili","age":24,"hobby":"running"}
{"name":"Bob","age":20,"hobby":"swimming"}
```

结果如图 2-3-11 所示。

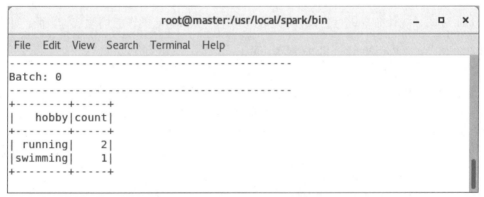

图 2-3-11　基于本地文件生成工作流

2）基于 socket 网络套接字生成工作流

对于本地文件，Structured Streaming 通过监控指定目录包含的文件生成工作流；而对于 socket 网络套接字，客户端可以产生实时数据，并通过网络传输给 Spark 进行实时处理。词频统计示例就是基于 socket 网络套接字生成工作流。相较于基于本地文件的方法，基于 socket 网络套接字生成工作流时，只需将 format() 方法的参数直接设置为"socket"，之后通过 option() 方法分别指定主机名 /IP 和端口号即可，语法格式如下。

```
SparkSession.readStream.format("socket").option("host"," 主机名 /IP").option("port"," 端
口号 ").load()
```

2. window 操作

在 Structured Streaming 中，window 操作主要指基于事件时间（生成数据时携带的时间）窗口进行的操作，能够对指定时间范围内的数据进行聚合操作，在工作流生成之后使

用。在进行具体操作时,将事件时间作为窗口的结束时间,按照滑动宽度沿时间轴向前推进,直到超出窗口宽度为止,最终将窗口包含的所有窗口信息输出。window 操作的语法格式如下。

```
words.groupBy(
    window($"timestamp","windowswidth","stepwidth"),$"word"
).count()
```

属性说明见表 2-3-4。

表 2-3-4　属性说明

属性	描述
words	工作流
$"timestamp"	指定 DataFrame 中存放时间的列
windowswidth	窗口宽度,如 10 minutes 表示窗口宽度为 10 min
stepwidth	滑动宽度,如 2 minutes 表示滑动宽度为 2 min
$"word"	指定被操作的列

下面对词频统计命令进行修改,将其修改为基于 window 操作的词频统计,命令如下。

```
import org.apache.spark.sql.SparkSession
import spark.implicits._
val spark = SparkSession.builder.appName("StructuredNetworkWordCount"). getOrCreate()
val lines = spark.readStream.format("socket").option("host","master").option("port",9999).
load()
// 将获取的数据拆分为两列并设置列名称
val words=lines.as[String].map(s=>{
    val arr = s.split(",")
    (arr(0),arr(1))
}).toDF("ts","words")
// 基于 windows 操作进行统计,窗口宽度为 10 minutes,滑动宽度为 2 minutes
val wordCounts=words.groupBy(
    window($"ts","10 minutes","2 minutes"),$"words"
).count()
val query = wordCounts.writeStream.format("console").outputMode("complete").start().
awaitTermination()
```

在执行 Structured Streaming 程序前,需要启动 NetCat 简单服务程序,之后在该窗口中输入两条信息,当输入"2019-03-08 11:53:00,dog"时,统计结果如图 2-3-12 所示。

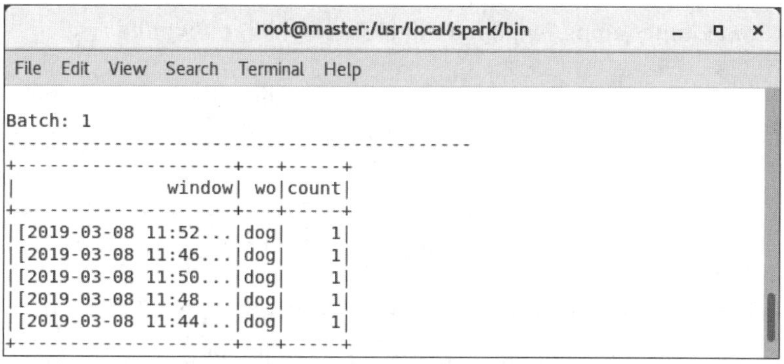

```
root@master:/usr/local/spark/bin
File Edit View Search Terminal Help
Batch: 1
-------------------------------------------
+--------------------+---+-----+
|              window| wo|count|
+--------------------+---+-----+
|[2019-03-08 11:52...|dog|    1|
|[2019-03-08 11:46...|dog|    1|
|[2019-03-08 11:50...|dog|    1|
|[2019-03-08 11:48...|dog|    1|
|[2019-03-08 11:44...|dog|    1|
+--------------------+---+-----+
```

图 2-3-12　基于 window 操作的词频统计(a)

当输入“2019-03-08 12:00:00,dog”时，统计结果如图 2-3-13 所示。

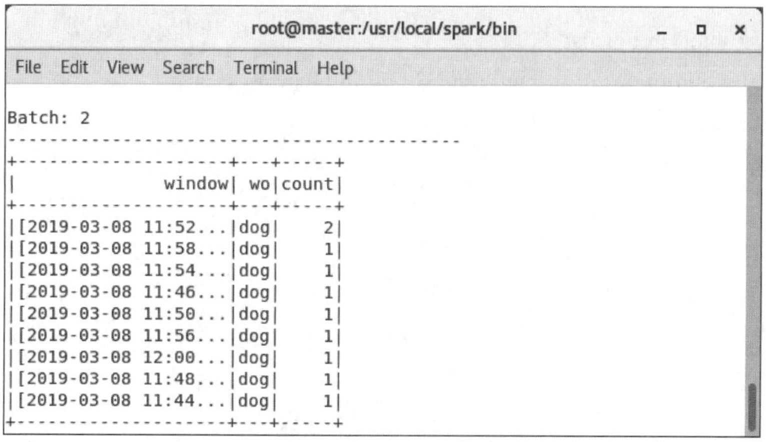

```
root@master:/usr/local/spark/bin
File Edit View Search Terminal Help
Batch: 2
-------------------------------------------
+--------------------+---+-----+
|              window| wo|count|
+--------------------+---+-----+
|[2019-03-08 11:52...|dog|    2|
|[2019-03-08 11:58...|dog|    1|
|[2019-03-08 11:54...|dog|    1|
|[2019-03-08 11:46...|dog|    1|
|[2019-03-08 11:50...|dog|    1|
|[2019-03-08 11:56...|dog|    1|
|[2019-03-08 12:00...|dog|    1|
|[2019-03-08 11:48...|dog|    1|
|[2019-03-08 11:44...|dog|    1|
+--------------------+---+-----+
```

图 2-3-13　基于 window 操作的词频统计(b)

3. watermark 操作

在 Structured Streaming 中，可以根据事件时间进行聚合操作，但并不能保证数据按事件时间的先后到达，当接收到的数据的事件时间落后于已经处理的数据的事件时间时，为了避免数据干扰，提高数据分析的准确性，可以通过 watermark 操作结合业务需求对聚合过程中的延时数据进行处理并减少内存中维护的聚合状态。例如，当前最近事件时间为“12:00:00”，延迟时间为 2 min，这时事件时间为“11:58:00”之前的数据将不再被处理。

watermark 操作主要通过 withWatermark() 方法实现，该方法接收两个参数，第一个参数为事件时间所在列的名称，第二个参数为延迟阈值，如“2 minutes”表示允许数据延时 2 min。需要注意的是，在不同输出模式中 watermark 操作会有不同的作用，在 Complete 中，每次都会将之前的所有聚合结果输出，因此，使用 watermark 操作不产生任何作用；在 Append 中，必须使用 watermark 操作定义聚合操作，主要定义何时输出结果并清理过期状态；在 Update 中，使用 watermark 操作可以过滤过期数据并及时清理过期状态。watermark 操作的语法格式如下。

```
words.withWatermark("timestamp","delaytime")
.groupBy(
```

```
    window($"timestamp","windowswidth","stepwidth"),$"word"
).count()
```

下面继续对词频统计命令进行修改,添加延时数据处理功能,并将输出模式改为 Update,命令如下。

```
import org.apache.spark.sql.SparkSession
import spark.implicits._
val spark = SparkSession.builder.appName("StructuredNetworkWordCount"). getOrCreate()
val lines = spark.readStream.format("socket").option("host","master").option("port",9999).
load()
import java.sql.Timestamp
import java.text.SimpleDateFormat
// 创建 SimpleDateFormat 对象
val sdf=new SimpleDateFormat("yyyy-MM-dd HH:mm:ss")
val words=lines.as[String].map(s=>{
    val arr = s.split(",")
    // 格式化时间
    val date=sdf.parse(arr(0))
    // 将 date 类型转换为 timestamp 类型
    (new Timestamp(date.getTime),arr(1))
}).toDF("ts","words")
// 基于 window 操作进行统计,并将延迟处理时间设置为 2 min
val wordCounts=words.withWatermark("ts","2 minutes").groupBy(
    window($"ts","10 minutes","2 minutes"),$"words"
).count()
val query = wordCounts.writeStream.format("console").outputMode("update").start().
awaitTermination()
```

在 NetCat 简单服务程序窗口中输入三条信息,当输入"2019-03-08 11:56:00,dog"时,统计结果如图 2-3-14 所示。

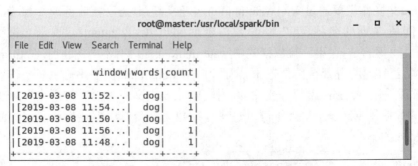

图 2-3-14　基于 watermark 操作的词频统计(a)

当输入"2019-03-08 12:00:00,dog"时,统计结果如图 2-3-15 所示。

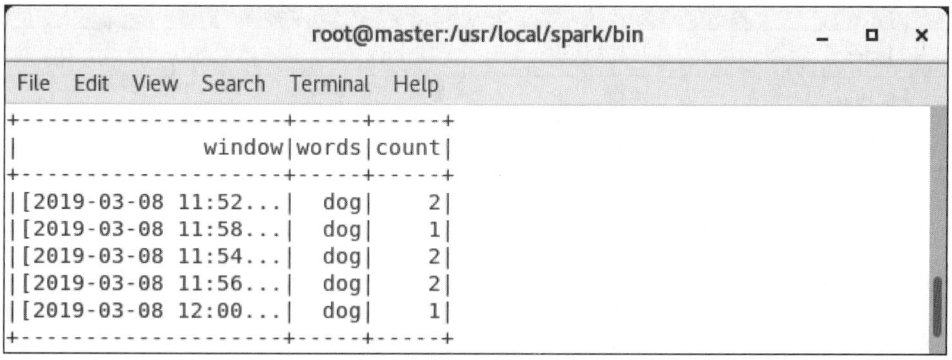

图 2-3-15　基于 watermark 操作的词频统计(b)

当输入"2019-03-08 11:56:00,dog"时,统计结果如图 2-3-16 所示。

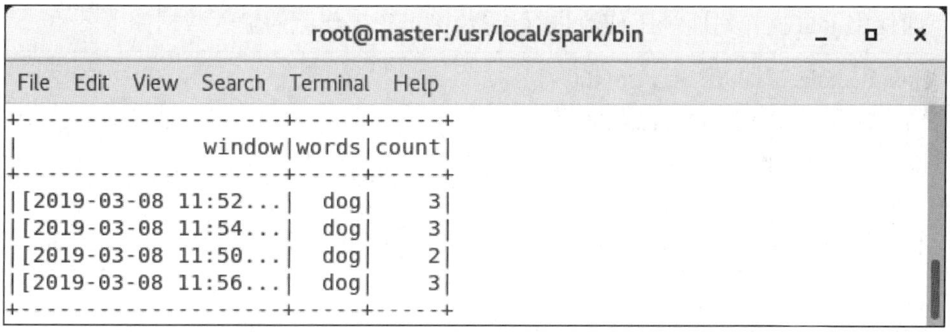

图 2-3-16　基于 watermark 操作的词频统计(c)

4. join 操作

在 Structured Streaming 中,join 操作主要用于实现数据的连接,分为 Stream-Static 和 Stream-Stream 两种模式,Stream-Static 表示工作流与普通 DataFrame 连接,而 Stream-Stream 表示多个工作流连接。Spark 2.3 及之后的版本才支持 Stream-Stream 模式,并且 Stream-Stream 模式在进行 join 操作时,输出模式必须为 Append,而 Stream-Static 模式可以选择 Append 和 Update 两种输出模式。

在使用 Stream-Stream 模式时,Structured Streaming 会自动对工作流进行状态维护,保障数据之间的 join 操作,导致状态不断增长,但可以通过 watermark 操作清除过期状态。

join 操作可以通过 join() 方法实现,其接收三个参数,第一个参数为被连接的 DataFrame 或工作流;第二个参数为 join 操作的条件;第三个参数为连接方式。其中,join 操作的条件可以通过事件时间窗口定义,语法格式如下。

```
// 根据 name 列和 window 数据进行连接
$"name1"===$"name2" && $"ts2">=$"ts1"
```

连接方式可以通过参数 joinType 进行指定,joinType 为可选项,其包含的常用参数值见表 2-3-5。

表 2-3-5　joinType 包含的常用参数值

参数值	描述
inner	内连接，默认值
left_outer	左外连接
right_outer	右外连接

join 操作的语法格式如下。

```
stream1.join(
    stream2,
    $"name1"===$"name2" && $"ts2">=$"ts1",
    joinType="inner"
)
```

下面使用 join 操作对两个工作流进行连接，第一个工作流的输入数据如下。

```
Alice,Female,2020-08-08 11:56:00
Bob,Female,2020-08-08 11:57:00
Karen,Male,2020-08-08 11:58:00
Tom,Male,2020-08-08 11:59:00
Mary,Male,2020-08-08 12:00:00
```

第二个工作流的输入数据如下。

```
Alice,16,2020-08-08 11:56:00
Bob,18,2020-08-08 11:57:00
Karen,15,2020-08-08 11:58:00
Tom,19,2020-08-08 11:59:00
Mary,22,2020-08-08 12:00:00
```

命令如下。

```
import org.apache.spark.sql.SparkSession
import spark.implicits._
val spark = SparkSession.builder.appName("StructuredJoin"). getOrCreate()
import java.sql.Timestamp
import java.text.SimpleDateFormat
val sdf=new SimpleDateFormat("yyyy-MM-dd HH:mm:ss")
// 读取 8888 端口的数据生成工作流
val stream=spark.readStream.format("socket").option("host","master").option("port",
8888).load().as[String].map(s=>{
    val arr = s.split(",")
    val date=sdf.parse(arr(2))
```

```
        (arr(0),arr(1),new Timestamp(date.getTime))
}).toDF("name1","sex","ts1")
// 读取 9999 端口的数据生成工作流
val stream2=spark.readStream.format("socket").option("host","master").option("port",
9999).load().as[String].map(s=>{
        val arr = s.split(",")
        val date=sdf.parse(arr(2))
        (arr(0),arr(1),new Timestamp(date.getTime))
}).toDF("name2","age","ts2")
// 分别给两个工作流添加延迟处理
val streamsex=stream.withWatermark("ts1","2 minutes")
val streamage=stream2.withWatermark("ts2","1 minutes")
// 以 name1 和 name2 为基准合并两个工作流
val result=streamsex.join(
        streamage,
        $"name1"===$"name2" && $"ts2">=$"ts1",
        joinType="inner"
)
val query = result.writeStream.format("console").outputMode("append").start(). awaitTer-
mination()
```

工作流连接结果如图 2-3-17 所示。

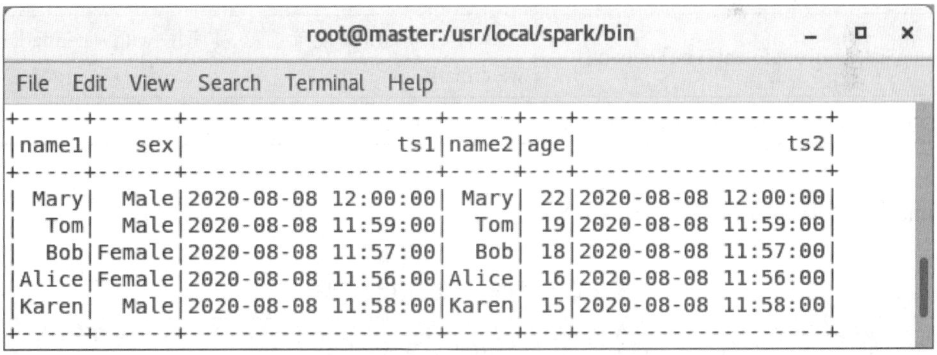

图 2-3-17　工作流连接

5. 分组操作

目前，Structured Streaming 提供了 mapGroupsWithState() 和 flatMapGroupsWithState()
两种方法实现分组操作。其中，mapGroupsWithState() 方法是 flatMapGroupsWithState() 方
法的一个特例，mapGroupsWithState() 方法可以返回一条数据，而 flatMapGroupsWithState()
方法可以返回任意条数据；mapGroupsWithState() 方法只支持 Update 模式，而 flatMap-
GroupsWithState() 方法支持 Update 和 Append 模式。除了功能不同，两种方法在使用上基
本相同，语法格式如下。

```
import org.apache.spark.sql.streaming.GroupStateTimeout
import org.apache.spark.sql.Row
groupByKey[String]((row:Row)=>{
// 将每行数据当作 key 进行分组
}).mapGroupsWithState[S: Encoder, U: Encoder](timeoutConf: GroupStateTimeout)(func:
(K, Iterator[V], GroupState[S]) => U)
```

分组操作方法包含的属性的说明见表 2-3-6。

表 2-3-6　分组操作方法包含的属性的说明

属性	描述
S	状态类型,如 (String,Long)
U	函数返回值的类型,如 (String,String,Long)
timeoutConf	超时配置
func	应用于每组数据的函数

其中,timeoutConf 支持的超时配置方法有三种,需要在设置前引入 GroupStateTimeout 类,详细说明见表 2-3-7。

表 2-3-7　超时配置方法

方法	描述
GroupStateTimeout.NoTimeout()	无超时
GroupStateTimeout.EventTimeTimeout()	事件时间超时,设置前必须使用 withWatermark 指定 watermark
GroupStateTimeout.ProcessingTimeTimeout()	处理时间超时

func 包含的属性的说明见表 2-3-8。

表 2-3-8　func 包含的属性说明

属性	描述
K	当前分组的 key
Iterator[V]	当前批次当前分组内的数据,可以通过 size 属性查看数据条数
GroupState[S]	当前分组的状态
U	函数体,可以在该区域编写数据操作代码

GroupState[S] 中包含数据是否存在、数据状态是否过期、watermark 信息等多项内容,并且为每项内容的获取提供了属性和方法。GroupState[S] 中包含的属性和方法见表 2-3-9。

表 2-3-9   GroupState[S] 中包含的属性和方法

属性和方法	描述
getCurrentWatermarkMs()	获取 watermark 信息
exists	数据是否存在,返回值为 true(存在)或 false(不存在)
hasTimedOut	数据状态是否过期,返回值为 true(过期)或 false(没有过期)
remove	删除当前分组的状态
update()	替换分组的内容,包含两个参数,第一个参数为分组的 key;第二个参数为替换数据

下面使用 mapGroupsWithState() 方法进行分组操作,并按照事件时间对相同时间相同单词出现的次数进行统计,命令如下。

```
import org.apache.spark.sql.SparkSession
import org.apache.spark.sql.Row
import org.apache.spark.sql.streaming.GroupStateTimeout
import spark.implicits._
val spark = SparkSession.builder.appName("StructuredNetworkWordCount"). getOrCreate()
val lines = spark.readStream.format("socket").option("host","master").option("port",9999).
load()
import java.sql.Timestamp
import java.text.SimpleDateFormat
// 创建 SimpleDateFormat 对象
val sdf=new SimpleDateFormat("yyyy-MM-dd HH:mm:ss")
val words=lines.as[String].map(s=>{
    val arr = s.split(",")
    // 格式化数据
    val date=sdf.parse(arr(0))
    // 更改 date 的数据类型
    (new Timestamp(date.getTime),arr(1))
}).toDF("ts","words")
// 以整行数据作为 key 进行分组操作
val wordCounts=words.withWatermark("ts","2 minutes").groupByKey[String]((row:
Row)=>{
    row+","+row.getString(1)
}).
```

```
// 超时配置方法为事件时间超时
mapGroupsWithState[(String,Int),(String,String,Int)](GroupStateTimeout.EventTimeTim-
eout())((timeAndWord,iterator,groupState)=>{
        var count=0
        // 判断数据状态是否过期和数据是否存在,如果数据状态没有过期
        // 并且数据存在,则进入 if 语句
        if(groupState.hasTimedOut==false && groupState.exists==true){
                // 获取之前单词出现的次数和当前批次当前分组内的数据,
                // 相加得到现有单词出现的次数
                count=groupState.getOption.getOrElse((timeAndWord,0))._2+iterator.size
                // 更新分组中的数据
                groupState.update(timeAndWord,count)
        }else{
                // 获取当前批次当前分组内的数据
                count=iterator.size
                groupState.update(timeAndWord,count)
        }
        // 对单词出现的次数进行判断,如果不等于 0,说明统计成功,进入 if 语句
        // 如果等于 0 或小于 0,则说明数据错误或统计失败,返回 null
        if(count!=0){
                // 拆分数据
                val arr = timeAndWord.split(",")
                // 设置返回值的格式
                (arr(0),arr(1),dropRight(1),count)
        }else{
                null
        }
}).filter(_!=null).toDF("time","word","count")
val query = wordCounts.writeStream.format("console").outputMode("update").start().
awaitTermination()
```

在 NetCat 简单服务程序窗口中输入三条信息,当输入"2020-08-08 11:56:00,dog"时,统计结果如图 2-3-18 所示。

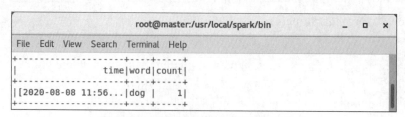

图 2-3-18　基于分组操作的词频统计(a)

当输入"2020-08-08 11:56:00,cat"时,统计结果如图 2-3-19 所示。

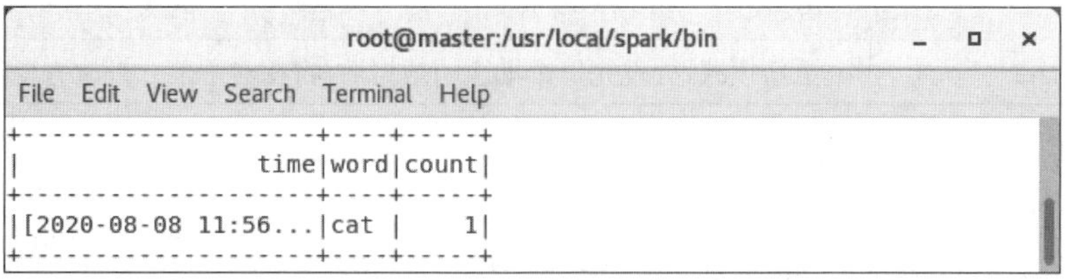

图 2-3-19　基于分组操作的词频统计(b)

当输入"2020-08-08 11:56:00,dog"时,统计结果如图 2-3-20 所示。

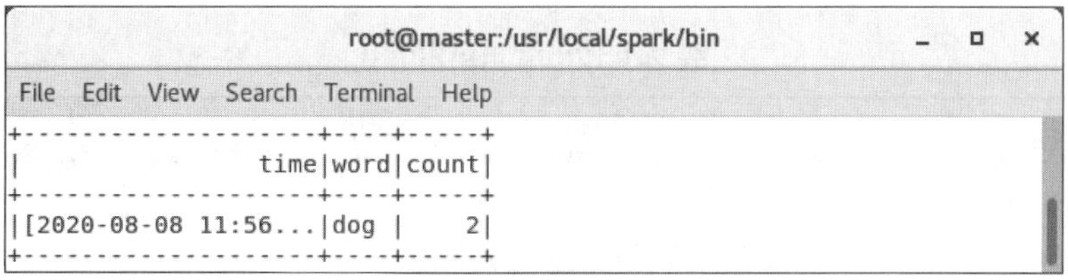

图 2-3-20　基于分组操作的词频统计(c)

6. 输出操作

在 Structured Streaming 中,输出操作用于触发 Structured Streaming 程序中的其他任务,是 Structured Streaming 程序必不可少的。可以将工作流中的数据输出到指定的位置,包括本地文件、HDFS、Kafka、命令窗口、内存表等。需要注意的是,输出操作必须使用调用 Dataset.writeStream() 返回的 DataStreamWriter 对象才能实现。DataStreamWriter 对象包含多种设置输出操作的方法,常用方法见表 2-3-10。

表 2-3-10　常用的 DataStreamWriter 对象设置输出操作的方法

方法	描述
outputMode()	输出模式
format()	输出方式
option()	输出参数
trigger()	任务触发机制
foreach()	遍历结果中的每一行,使数据按照指定逻辑输出到指定目标,如 MySQL

其中,outputMode() 方法支持的输出模式有三种,详细说明见表 2-3-11。

表 2-3-11　输出模式

模式	描述
Append	追加模式,为默认模式,可以保证每行数据只输出一次
Complete	全量模式,处理完每个批次的数据后,将截至目前的所有分析结果输出。注意,使用 Complete 模式时必须存在聚合操作,否则没有意义

模式	描述
Update	更新模式,处理完每个批次的数据后,将相对于前一批次有变化的内容输出

语法格式如下。

```
Dataset.writeStream().outputMode("Append")
```

format() 主要用于定义输出方式,也可以理解为输出目标,就是将数据输出到哪个地方,如本地文件、HDFS 等。常用输出方式见表 2-3-12。

表 2-3-12　常用输出方式

方式	描述
csv	CSV 文件,需要设置输出目录
json	JSON 文件,需要设置输出目录
parquet	Parquet 文件,需要设置输出目录
kafka	kafka 分布式发布订阅消息系统,需要设置 kafka 集群地址和主题名称
console	命令窗口,不需要设置输出参数

需要注意的是,csv、json、parquet 只支持 Append 模式,语法格式如下。

```
Dataset.writeStream().format("kafka")
```

option() 方法用于设置输出参数,包括本地目录、HDFS 目录、kafka 集群地址、主题名称等。常用输出参数见表 2-3-13。

表 2-3-13　常用输出参数

参数	描述
path	输出目录
kafka.bootstrap,servers	kafka 集群地址
topic	主题名称
checkpointLocation	检查点路径,在应用 csv、json、parquet 输出方式时必须设置

语法格式如下。

```
Dataset.writeStream().option("kafka.bootstrap,servers","localhost:2181")
```

trigger() 方法用于设置任务触发机制,目前有三种设置任务触发机制的方法,见表 2-3-14。

表 2-3-14　任务触发机制设置方法

方法	描述
Once()	只触发一次计算,适用于非实时性的数据分析
ProcessingTime()	以一定的间隔时间调度计算逻辑,当间隔为 0 时,上一批次调用完成后,立即调用下一批次,适用于流式数据的批处理作业
Continuous()	以超低延迟对数据进行处理,最低延迟为 100 ms,适用于超高实时性的流处理任务

需要注意的是,在使用任务触发机制设置方法时,需要通过 org.apache.spark.sql.streaming 引入 Trigger 类。trigger() 方法的语法格式如下。

```
import org.apache.spark.sql.streaming.Trigger
Dataset.writeStream().trigger(Trigger.ProcessingTime(0))
```

通过 foreach() 方法可以对结果中的数据进行任意操作,如将数据存储到 MySQL 中,但需要通过自定义类实现。foreach() 方法的语法格式如下。

```
import org.apache.spark.sql.{ForeachWriter,Row}
import java.sql.{Connection, DriverManager}
class MysqlSink(url: String, user: String, pwd: String) extends ForeachWriter[Row] {
    var conn: Connection = _
    override def open(partitionId: Long, epochId: Long): Boolean = {
        // 加载 com.mysql.jdbc.Driver 工具
        Class.forName("com.mysql.jdbc.Driver")
        // 连接 MySQL
        conn = DriverManager.getConnection(url, user, pwd)
        true
    }
    override def process(value: Row): Unit = {
        // 定义数据存储语句
        val p = conn.prepareStatement("sql 语句 ")
        // 执行语句
        p.execute()
    }
    override def close(errorOrNull: Throwable): Unit = {
        // 关闭连接
        conn.close()
    }
}
```

```
// 实例化 MysqlSink 并获取数据库
val mysqlSink=MysqlSink("jdbc:mysql://IP: 端口 / 数据库名称 ", "user", "password")
Stream.writeStream.outputMode("complete").foreach(mysqlSink).start()
```

下面编写 Structured Streaming 程序，对输入的内容统计单词长度并将统计结果保存到本地目录 /usr/local/wordcount 下，命令如下。

```
import org.apache.spark.sql.SparkSession
import spark.implicits._
import org.apache.spark.sql.streaming.Trigger
val spark = SparkSession.builder.appName("StructuredWordLength").getOrCreate()
val lines = spark.readStream.format("socket").option("host","master").option("port",9999).
load()
// 拆分数据获取单词长度并修改单词长度的数据类型
val words=lines.as[String].flatMap(_.split("    ")).map(s=>(s,s.length.toString)).
toDF("word","length")
// 设置输出方式为 csv，输出目录为 /usr/local/wordcount/，
// 检查点路径为 ./wordcount/，输出模式为 Append，
// 任务触发机制为 ProcessingTime
val query = words.writeStream.format("csv").option("path","file:///usr/local/wordcount/").
option("checkpointLocation","./wordcount/").outputMode("append").trigger(Trigger.Pro-
cessingTime(0)).start().awaitTermination()
```

运行命令，并在 NetCat 简单服务程序终端中输入 Structured Streaming，程序运行结果如图 2-3-21 所示。

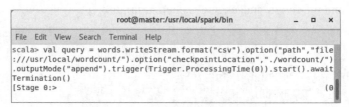

图 2-3-21　单词长度统计程序运行结果

统计完成后，Structured Streaming 程序会将统计结果保存到 /usr/local/wordcount 目录下，进入目录查看文件内容，验证结果是否保存成功，结果如图 2-3-22 所示。

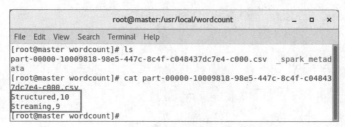

图 2-3-22　保存单词长度统计结果

技能点 3 Structured Streaming 管理

Structured Streaming 程序在编写完成后并不会被执行,工作流的相关操作只创建了执行流程,设定了执行计划,需要进行 Structured Streaming 的运行操作才会启动 Structured Streaming 程序执行预期的操作。在 Spark Shell 中,启动程序后,计算结束程序也不会停止,只能通过相关方法手动停止程序;而在实际开发过程中,用开发工具打包的程序在计算结束后会立即停止,但需要通过 Structured Streaming 进行数据的实时计算,这可以通过对停止的程序进行监听实现。Structured Streaming 程序的运行可以通过 start() 方法实现,这样会生成一个 StreamingQuery 对象,用于监听和查询,如 Structured Streaming 程序的停止、id 查询、异常查询等。StreamingQuery 对象的常用属性和方法见表 2-3-15。

表 2-3-15 StreamingQuery 对象的常用属性和方法

属性和方法	描述
awaitTermination()	等待程序结束,用于使程序持续运行
stop()	停止 Structured Streaming 程序
explain()	获取查询的详细信息
id	获取当前查询的 UUID
runId	获取本次查询的 UUID
exception	获取查询的异常信息
recentProgress	获取最近几次查询任务的处理进度
lastProgress	获取上一个查询任务的处理进度

语法格式如下。

```
StreamingQuery.awaitTermination()
```

登录 Linux 系统,启动 Spark Shell,引入 SparkSession 和 spark.implicits._ 包并实例化 SparkSession 对象,命令如下。

```
import org.apache.spark.sql.SparkSession
import spark.implicits._
val spark = SparkSession.builder.appName("StructuredNetworkWordCount"). getOrCreate()
val lines = spark.readStream.format("socket").option("host","master").option("port",9999).load()
val words = lines.as[String].flatMap(_.split(" "))
```

```
val query = words.writeStream.format("console").start()
// 获取当前查询的 UUID
query.id
// 获取查询的详细信息
query.explain()
```

结果如图 2-3-23 所示。

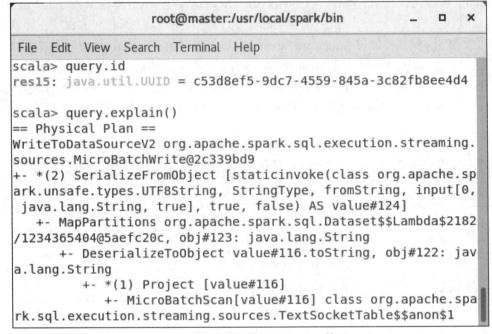

图 2-3-23　Structured Streaming 管理

 任 务 实 施

通过对以上内容的学习，可以了解 Structured Streaming 的相关知识和使用方法。为了巩固所学的知识，通过以下几个步骤，使用 Structured Streaming 的相关知识结合信息采集知识实现职位需求信息实时统计。

第一步，在启动 Spark Shell 时通过 --driver-class-path 参数将 MySQL 数据库连接工具 mysql-connector-java-5.1.39.jar 添加到 Spark 中，命令如下。

```
[root@master ~]// cd /usr/local/spark/bin/
[root@master  bin]//  ./spark-shell  --driver-class-path  /usr/local/mysql-connector-java-
5.1.39. jar
```

结果如图 2-3-24 所示。

```
root@master:/usr/local/spark/bin
File Edit View Search Terminal Help
[root@master bin]# ./spark-shell --driver-class-path /usr/local/mysql-
connector-java-5.1.39.jar
20/09/26 14:52:57 WARN util.NativeCodeLoader: Unable to load native-ha
doop library for your platform... using builtin-java classes where app
licable
Setting default log level to "WARN".
To adjust logging level use sc.setLogLevel(newLevel). For SparkR, use
setLogLevel(newLevel).
Spark context Web UI available at http://master:4040
Spark context available as 'sc' (master = local[*], app id = local-160
1103188436).
Spark session available as 'spark'.
Welcome to
      ____              __
     / __/__  ___ _____/ /__
    _\ \/ _ \/ _ `/ __/  '_/
   /___/ .__/\_,_/_/ /_/\_\   version 3.0.1
      /_/

Using Scala version 2.12.10 (Java HotSpot(TM) 64-Bit Server VM, Java 1
.8.0_144)
Type in expressions to have them evaluated.
Type :help for more information.

scala>
```

图 2-3-24 启动 Spark Shell

第二步，进入 MySQL 命令窗口，创建表 people 和 salary，其中，people 包含 varchar 类型的 name 列和 int 类型的 sum 列，salary 包含 varchar 类型的 name 列和 int 类型的 avg 列，并将 people 和 salary 的 name 列设为主键，命令如下。

```
[root@master ~]// mysql -uroot -p123456
mysql> CREATE DATABASE position;
// 连接 position 数据库
mysql> USE position;
// 创建 people 表
mysql> CREATE TABLE people (
    name VARCHAR(255),
    sum INT
);
// 设置主键
mysql> ALTER TABLE people ADD PRIMARY KEY (name);
// 创建 salary 表
mysql> CREATE TABLE salary (
    name VARCHAR(255),
    avg INT
);
// 设置主键
```

```
mysql> ALTER TABLE salary ADD PRIMARY KEY (name);
mysql> show tables;
```

结果如图 2-3-25 所示。

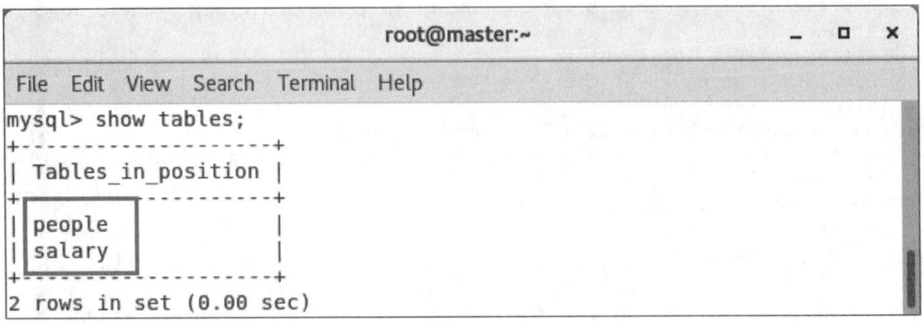

图 2-3-25　创建数据表

第三步,返回 Spark Shell,导入所需的包,创建 SparkSession 对象,定义 Schema,最后通过对 /position 目录(该目录需自行创建)下的文件进行监控生成工作流,命令如下。

```
// 导入所需的包
scala> import org.apache.spark.sql.SparkSession
scala> import spark.implicits._
scala> import org.apache.spark.sql.types._
scala> import java.sql.{Connection, DriverManager}
scala> import org.apache.spark.sql.{ForeachWriter, Row}
// 创建 SparkSession 对象
scala> val spark = SparkSession.builder.appName("StructuredCount").getOrCreate()
// 定义 Schema
scala> val userSchema = new StructType().add("time","string").add("job_name","string").
add("company_name","string").add("providesalary_text","integer").add("people","integer")
// 生成工作流
scala> val lines = spark.readStream.schema(userSchema).json("file:///usr/local/position/")
```

结果如图 2-3-26 所示。

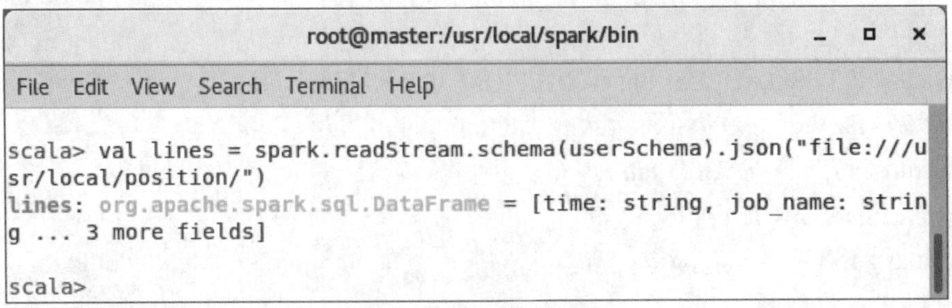

图 2-3-26　生成工作流

第四步, 统计职位空缺总人数, 之后定义数据添加类, 将职位空缺总人数添加到 MySQL 数据库的 people 表中, 再创建临时表并查询表中的所有数据, 最后将查询的数据通过数据添加类添加到指定位置, 命令如下。

```scala
// 统计每个职位的招聘总人数
scala> val people=lines.groupBy("job_name").sum("people")
// 定义 PeopleMysqlSink 类
scala> class PeopleMysqlSink(url: String, user: String, pwd: String) extends ForeachWriter
[Row] {
    var conn: Connection = _
    override def open(partitionId: Long, epochId: Long): Boolean = {
        // 加载 com.mysql.jdbc.Driver 工具
        Class.forName("com.mysql.jdbc.Driver")
        // 连接 MySQL
        conn = DriverManager.getConnection(url, user, pwd)
        true
    }
    override def process(value: Row): Unit = {
        // 定义数据存储语句
        val p = conn.prepareStatement("replace into people(name,sum) values(?,?)")
        // 添加第一个数据
        p.setString(1, value(0).toString)
        // 添加第二个数据
        p.setString(2, value(1).toString)
        // 执行语句
        p.execute()
    }
    override def close(errorOrNull: Throwable): Unit = {
        // 关闭连接
        conn.close()
    }
}
// 创建临时表 people
scala> people.createOrReplaceTempView("people")
// 读取临时表包含的全部数据
scala> val peopleresult = spark.sql("select * from people")
// 实例化 peoplemysqlSink 并获取数据库
scala> val peoplemysqlSink = new PeopleMysqlSink("jdbc:mysql://192.168.0.136:3306/
position", "root", "123456")
```

```
// 运行程序
scala> val peoplequery = peopleresult.writeStream.outputMode("complete").foreach
(peoplemysqlSink).start()
```

结果如图 2-3-27 所示。

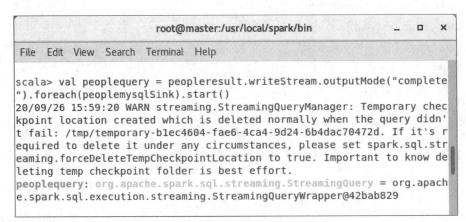

图 2-3-27　统计职位空缺总人数

第五步,与第四步类似,不同的是统计目的,这里同样需要定义数据添加类,并将统计的平均薪资添加到数据库中,命令如下。

```
scala> val salary=lines.groupBy("job_name").mean("providesalary_text")
scala> class SalaryMysqlSink(url: String, user: String, pwd: String) extends ForeachWriter
[Row] {
    var conn: Connection = _
    override def open(partitionId: Long, epochId: Long): Boolean = {
        Class.forName("com.mysql.jdbc.Driver")
        conn = DriverManager.getConnection(url, user, pwd)
        true
    }
    override def process(value: Row): Unit = {
        val p = conn.prepareStatement("replace into salary(name,avg) values(?,?)")
        p.setString(1, value(0).toString)
        p.setString(2, value(1).toString)
        p.execute()
    }
    override def close(errorOrNull: Throwable): Unit = {
        conn.close()
    }
}
scala> salary.createOrReplaceTempView("salary")
```

```
scala> val salaryresult = spark.sql("select * from salary")
scala> val salarymysqlSink = new SalaryMysqlSink("jdbc:mysql://192.168.0.136:3306/
position", "root", "123456")
scala> val salaryquery = salaryresult.writeStream.outputMode("complete").foreach
(salarymysqlSink).start()
```

结果如图 2-3-28 所示。

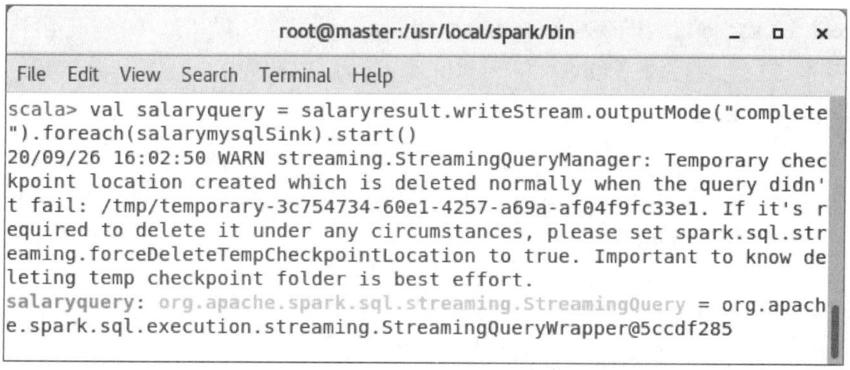

图 2-3-28　统计职位平均薪资

第六步，分析招聘网站，编写 Python 数据采集命令获取职位信息，包括发布时间、职位名称、公司名称、薪资和招聘人数，命令如下。

```python
// 导入所需的库
from urllib import request
import json
// 获取整个页面
def urlPage(url):
    try:
        ua_header = {
            "User-Agent": "Mozilla/4.0 (compatible; MSIE 8.0; Windows NT 5.1;
Trident/4.0; .NET CLR 2.0.50727; 360SE)"}
        url_buf = request.Request(url, headers=ua_header)
        reponse = request.urlopen(url_buf)
        html = reponse.read().decode("gbk")
    except request.URLError as e:
        if hasattr(e, "code"):
            print (e.code)
        if hasattr(e, "reason"):
            print (e.reason)
    return (html)
// 定位数据所在位置、所需范围
```

```
def dispose(htmlPage):
    html = htmlPage.split('engine_search_result":')
    page = html[1].split(',"jobid_count')
    return page[0]
// 调用 urlPage() 和 dispose() 方法
def getContent(url,index):
    htmlPage = urlPage(url)
    real = dispose(htmlPage)
    // 将数据类型转为 JSON
    data=json.loads(real)
    // 创建文件
    f = open('/usr/local/position/canteen'+index+'.txt', 'a', encoding="utf-8")
    // 遍历获取的数据
    for i in range(len(data)-1):
        // 获取发布时间
        time = data[i]["issuedate"]
        // 获取职位名称
        job_name = data[i]["job_name"]
        // 获取公司名称
        company_name = data[i]["company_name"]
        // 获取薪资，由于单位不统一，需要对数据进行处理
        providesalary_text = data[i]["providesalary_text"]
        if providesalary_text=="":
            providesalary_text=10000
        elif providesalary_text[-1]==" 月 ":
            if providesalary_text.split("/")[0][-1]==" 万 ":
                providesalary_text
=int(float(providesalary_text.split("/")[0].split("-")[0])*10000)
            elif providesalary_text.split("/")[0][-1]==" 千 ":
                providesalary_text
=int(float(providesalary_text.split("/")[0].split("-")[0])*1000)
            elif providesalary_text.split("/")[0][-1]==" 元 ":
                providesalary_text
=int(float(providesalary_text.split("/")[0].split("-")[0]))
        elif providesalary_text[-1] == " 天 ":
            if providesalary_text.split("/")[0][-1]==" 万 ":
                providesalary_text
=int(float(providesalary_text.split("/")[0].split("-")[0])*10000)
```

```
                elif providesalary_text.split("/")[0][-1]==" 千 ":
                        providesalary_text
=int(float(providesalary_text.split("/")[0].split("-")[0])*1000)
                elif providesalary_text.split("/")[0][-1]==" 元 ":
                        providesalary_text
=int(float(providesalary_text.split("/")[0][0:-1]))
                elif providesalary_text[-1] == " 年 ":
                        providesalary_text
=int(float(providesalary_text.split("/")[0].split("-")[0])*10000/12)
            // 获取招聘人数
            people = data[i]["attribute_text"][-1].split(" 招 ")[1].split(" 人 ")[0]
            if people==" 若干 ":
                people="10"
            // 将发布时间、职位名称、公司名称、薪资和招聘人数
            // 保存到上面创建的文件中
            f.write(
                '{"time":"'+time+'",    "job_name":"'+job_name+'",    "company_name":"'+
company_name+'",  "providesalary_text":'+str(providesalary_text)+',  "people":'+people+
'}'+ '\n')
    f.close()
// 采集前 4 页数据
for x in range(1,5):
    print (" 第 "+str(x)+" 页 ")
    url=
'https://search.51job.com/list/000000,000000,0000,01,9,99,%25E5%25A4%25A7%25E6
%2595%25B0%25E6%258D%25AE,2,'+str(x)+'.html?lang=c&postchannel=0000&
workyear=99&cotype=99&degreefrom=99&jobterm=99&companysize=99&ord_field=
0&dibiaoid=0&line=&welfare='
    // 调用 getContent() 方法采集数据
    getContent(url,str(x))
```

结果如图 2-3-29 所示。

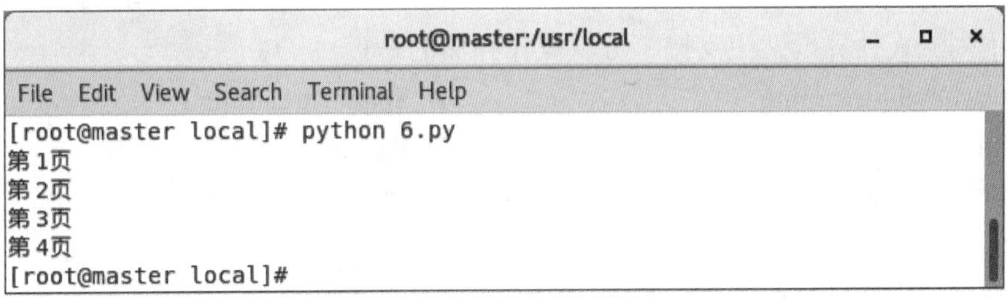

图 2-3-29　采集前 4 页数据

　　之后返回 MySQL 命令窗口，分别查看 people 和 salary 表中统计结果最大的前十条数据，其中 people 表中统计结果最大的前十条数据为人数需求最大的十个职位，salary 表中统计结果最大的前十条数据为平均薪资最高的十个职位，命令如下。结果如图 2-3-1 和图 2-3-2 所示。

```
mysql> SELECT * FROM people ORDER BY sum DESC LIMIT 0,10;
mysql> SELECT * FROM salary ORDER BY avg DESC LIMIT 0,10;
```

　　至此，基于 Structured Streaming 的职位需求信息实时统计完成。

　　本任务通过职位需求信息实时统计的实现，使读者对 Structured Streaming 的相关知识有了初步了解，对 Structured Streaming 程序流程、Structured Streaming 操作和 Structured Streaming 管理等知识有所掌握，并能够使用所学的 Structured Streaming 基础知识实现职位需求信息实时统计。

structured	结构化的	exactly	确切的
unbounded	无界的	static	静态的
encoder	编码器	termination	终端

1. 选择题

（1）Structured Streaming 是 Spark（　　）版本中新增的可扩展和高容错的实时计算框架。

A. 初始　　　　　　B. 1.0　　　　　　C. 2.0　　　　　　D. 3.0

（2）下列流式计算框架中支持事务性操作存储的是（　　）。

A. Structured Streaming　　　　　　B. Spark Streaming

C. Flink　　　　　　D. Kafka

（3）Spark Streaming 项目的构建可以分为（　　）个步骤。

A. 一　　　　　　B. 二　　　　　　C. 三　　　　　　D. 四

（4）在下列连接中，Spark Streaming 不支持（　　）。

A. inner   B. outer   C. left_outer   D. right_outer

（5）Spark Streaming 支持的输出模式有（   ）种。

A. 一   B. 二   C. 三   D. 四

2. 简答题

（1）简述 Structured Streaming 的架构。

（2）简述 Structured Streaming 的程序流程。

单元3 基于用户数据构建推荐系统

任务 3-1——Spark MLlib 歌手推荐系统

通过歌手推荐系统的实现,了解 Spark MLlib 的相关知识,熟悉 Spark MLlib 的构成和数据分析时使用的数据类型,掌握数学统计计算库的使用、特征提取与数据处理的实现、机器学习算法的使用和评估,具有使用 Spark MLlib 知识实现歌手推荐的能力,在任务实施过程中:

● 了解 Spark MLlib 的相关知识;

● 熟悉 Spark MLlib 的构成和数据分析时使用的数据类型;

● 掌握数学统计计算库的使用、特征提取与数据处理的实现、机器学习算法的使用和评估;

● 具有使用 Spark MLlib 知识实现歌手推荐的能力。

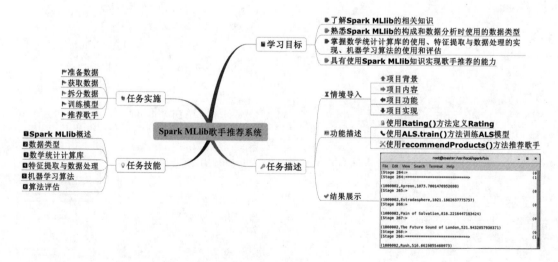

【情境导入】

音乐是用声音来表达情感与反映现实生活的一种艺术形式,它通过旋律、曲式、速度、力度等来表现艺术构思,通过听觉引起人们生理上的刺激和心理上的反应,使神经系统处于兴奋状态,从而得到美的享受。但音乐多种多样,用户怎么才能找到自己喜欢的音乐?歌手推荐系统的出现给人们带来了极大的便利,它通过对用户音乐数据的分析,将与用户经常收听的音乐所属的歌手类似的歌手推荐给用户。本任务通过对 Spark MLlib 知识的学习,最终实现歌手推荐。

【功能描述】

● 使用 Rating() 方法定义 Rating;
● 使用 ALS.train() 方法训练 ALS 模型;
● 使用 recommendProducts() 方法推荐歌手。

【结果展示】

通过对本任务的学习,能够使用 Spark MLlib 的相关知识实现歌手推荐,结果如图 3-1-1所示。

```
root@master:/usr/local/spark/bin                                    _  □  ×

File  Edit  View  Search  Terminal  Help
[Stage 264:>                                                          (0
[Stage 264:==========================>                               (1

(1000002,Ayreon,1073.7001476952698)
[Stage 265:>                                                          (0

(1000002,Estradasphere,1021.1862637775757)
[Stage 266:>                                                          (0

(1000002,Pain of Salvation,816.2216447163424)
[Stage 267:>                                                          (0

(1000002,The Future Sound of London,521.9432857930371)
[Stage 268:>                                                          (0
[Stage 268:==========================>                               (1

(1000002,Rush,516.6619855468973)
```

图 3-1-1 结果图

技能点 1　Spark MLlib 概述

1. Spark MLlib 简介

MLlib 是 Spark 中基于 RDD 的可扩展机器学习库,可以实现大数据全量数据的迭代计算,能够与 Spark SQL、GraphX、Spark Streaming 无缝集成,并以 RDD 为基石联合构建大数据计算中心。MLlib 主要包含一些通用学习算法和工具,如分类、回归、聚类、协同过滤、底层的优化原语和高层的管道 API 等,可以将其归为五个方面,分别是机器学习算法、特征处理、管道(pipeline)、持久化、工具类。

- 机器学习算法:常用的学习型算法,如分类、回归、聚类、协同过滤等。
- 特征处理:特征提取、转换、降维、选择等。
- 管道:用于构建、评估、调整 ML Pipeline 的工具。
- 持久化:主要用于保存和加载算法、模型、ML Pipeline。
- 工具类:包含线性代数、统计、数据处理等。

Spark 机器学习库从 1.2 版本以后被分为两个包,分别是 spark.mllib 和 spark.ml。

- spark.mllib 包含基于 RDD 的原始算法 API,但从 Spark 2.0 开始, spark.mllib 进入维护模式(即不增加任何新的特性)。
- spark.ml 提供了基于 DataFrame 的高层次 API,可以用来构建机器学习工作流(PipeLine)。ML Pipeline 弥补了原始 MLlib 库的不足,向用户提供了一个基于 DataFrame 的机器学习工作流式 API 套件。

2. Spark MLlib 的优势

相较于基于 Hadoop MapReduce 的机器学习算法(如 Hadoop 的 Manhout 组件), Spark MLlib 在机器学习方面具有一些得天独厚的优势。

- 使用 Hadoop MapReduce 计算框架进行机器学习的计算,每次计算都会进行磁盘的读写、任务的启动等工作,导致 I/O 和 CPU 消耗变大。而 Spark 是基于内存进行计算的,所有操作直接在内存中完成,只在必要时才会操作磁盘和网络,因此 Spark MLlib 才是机器学习的理想平台。
- Spark 具有出色而高效的 Akka 和 Netty 通信系统,通信效率高于 Hadoop MapReduce 计算框架的通信机制。

因此,相同的算法(如 Logistic Regression 算法)在 Spark 中运行比在 Hadoop 中运行快 100 倍以上,如图 3-1-2 所示。

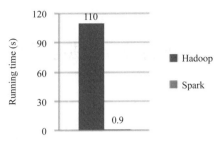

图 3-1-2　Logistic Regression 算法在 Spark 和 Hadoop 中运行的性能比较

3. Spark MLBase 的组成

MLBase 是 Spark 生态圈的一部分,专注于机器学习,让机器学习的门槛更低,让一些可能并不了解机器学习的用户也能方便地使用 MLBase。MLBase 分为四个部分,MLlib 就是 MLBase 的一部分,除了 MLlib 外,MLBase 还包含 MLI、ML Optimizer 和 MLRuntime。

● ML Optimizer 会选择最适合的已经在内部实现的机器学习算法和相关参数来处理用户输入的数据,并返回模型或其他帮助分析的结果。

● MLI 是基于特征抽取和高级 ML 编程抽象算法实现的 API 或平台。

● MLlib 基于 Spark 实现一些常见的机器学习算法和实用程序,包括分类、回归、聚类、协同过滤、降维和底层优化等。

● MLRuntime 基于 Spark 计算框架,将 Spark 的分布式计算应用到机器学习领域。

4. Spark MLlib 的构成

在使用 Spark MLlib 时,开发者只需要有 Spark 基础并且了解算法的原理和算法参数的含义,即可通过相应算法的 API 调用算法实现基于海量数据的分析过程。MLlib 主要由数据类型、数学统计计算库、特征提取、数据处理、机器学习算法和算法评估等部分组成。各个部分包含的内容见表 3-1-1。

表 3-1-1　Spark MLlib 的构成说明

名称	描述
数据类型	局部向量、标记点、评分等
数学统计计算库	摘要统计、相关系数统计等
特征提取	TF-IDF、Word2Vec 等
数据处理	Normalizer 标准化、StandardScaler 零 – 均值标准化
机器学习算法	特征提取、分类算法、回归算法、聚类算法、推荐算法等
算法评估	准确率、召回率、F-Measure 等

其中,分类算法包括朴素贝叶斯算法、支持向量机算法、决策树算法等;回归算法包括线性回归算法、逻辑回归算法等;聚类算法包括 K-means 算法、LDA 算法等;推荐算法包括交替最小二乘法(ALS)算法。

技能点 2　数据类型

在 MLlib 中, 不同算法有不同的数据类型需求, 如向量、矩阵、标记点等, 常见的数据类型见表 3-1-2。

表 3-1-2　MLlib 常见的数据类型

数据类型	描述
Vector	局部向量
LabeledPoint	标记点
Rating	评分, 用于 ALS 算法

1. Vector

Vector 表示局部向量, 目前, MLlib 支持密集向量和稀疏向量两种局部向量。其中, 密集向量表示存储向量的每个值, 由 double 类型的数组支持; 而稀疏向量主要用于存储非零向量, 由两个平行数组支持。例如向量 (2.0, 0.0, 5.0), 用密集向量表示为 [2.0, 0.0, 5.0], 用稀疏向量表示为 (3, [0, 2],[2.0, 5.0])。在稀疏向量中, "3"表示向量 (2.0, 0.0, 5.0) 的长度, 即向量中值的个数; "[0, 2]"表示向量 (2.0, 0.0, 5.0) 中非零值的索引; "[2, 5]"表示向量 (2.0, 0.0, 5.0) 中非零的值。在 MLlib 中, 局部向量通过 Vectors 类实现, Scala 会默认导入 scala.collection.immutable.Vectors, 因此需要重新通过 org.apache.spark.mllib.linalg.Vectors 引入 MLlib 中能够使用的 Vectors 类。有两种创建 Vectors 类的局部向量的方法, 见表 3-1-3。

表 3-1-3　创建 Vectors 类的局部向量的方法

方法	描述
dense()	创建密集向量
sparse()	创建稀疏向量

其中, dense() 方法接收多个 double 类型的值, 每个值之间通过逗号","连接; sparse() 方法接收三个参数, 第一个参数为向量的长度, 第二个参数为数组格式的非零值的索引, 第三个参数为数组格式的非零的值。下面分别使用 dense() 和 sparse() 方法创建值为 (2.0, 0.0, 5.0) 的局部向量, 命令如下。

```
// 导入 Vectors 类
import org.apache.spark.mllib.linalg.Vectors
// 创建密集向量 (2.0, 0.0, 5.0)
val dv = Vectors.dense(2.0, 0.0, 5.0)
```

```
// 给向量 (2.0, 0.0, 5.0) 创建稀疏向量
val sv = Vectors.sparse(3, Array(0, 2), Array(2.0, 5.0))
```

结果如图 3-1-3 所示。

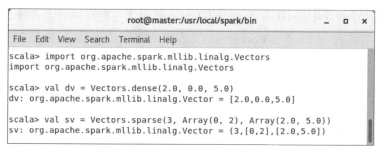

图 3-1-3　创建 Vector

2. LabeledPoint

在 MLlib 中，LabeledPoint 表示标记点，是监督学习算法的常用数据类型，用来表示带标签的数据，可通过 org.apache.spark.mllib.regression.LabeledPoint 引入 LabeledPoint() 方法实现。该方法包含两个参数，第一个参数为数据的类别标签，由浮点数组成，对于只有两种的分类，使用二分法，标签为 0.0（负）或 1.0（正），对于有多种的分类，标签从零开始，即 0、1、2 等；第二个参数为值是 Double 类型的局部向量。下面使用 LabeledPoint() 方法分别通过密集向量和稀疏向量创建标记点，命令如下。

```
// 导入 Vectors 类和 LabeledPoint() 方法
import org.apache.spark.mllib.linalg.Vectors
import org.apache.spark.mllib.regression.LabeledPoint
// 使用标签 1.0 和一个密集向量创建一个标记点
val pos = LabeledPoint(1.0, Vectors.dense(2.0, 0.0, 5.0))
// 使用标签 0.0 和一个稀疏向量创建一个标记点
val neg = LabeledPoint(0.0, Vectors.sparse(3, Array(0, 2), Array(2.0, 5.0)))
```

结果如图 3-1-4 所示。

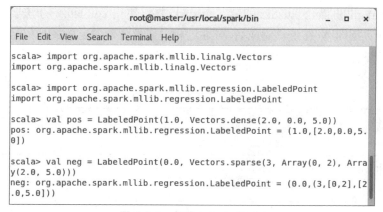

图 3-1-4　创建 LabeledPoint

3. Rating

Rating 表示用户对产品的评分，主要用于协同过滤算法中的 ALS 算法，可通过 org. apache.spark.mllib.recomendation.Rating 引入 Rating() 方法实现。该方法包含三个参数，第一个参数为 Int 类型的用户 ID；第二个参数为 Int 类型的商品 ID；第三个参数为评分。下面使用 Rating() 方法创建用户 ID 为 1、商品 ID 为 1、评分为 4.8 的 Rating，命令如下。

```
// 导入 Rating() 方法
import org.apache.spark.mllib.recommendation.Rating
// 生成用户 ID 为 1、商品 ID 为 1、评分为 4.8 的 Rating
val rating = Rating(1, 1, 4.8)
```

结果如图 3-1-5 所示。

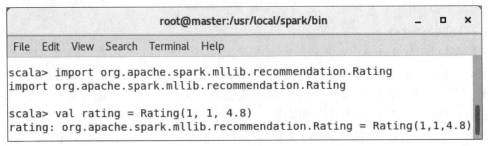

图 3-1-5　创建 Rating

技能点 3　数学统计计算库

MLlib 提供了多个涉及统计学、概率论的数学统计计算库，包括汇总统计、相关系数统计等。

1. 汇总统计

汇总统计主要包括每列的最大值、最小值、平均值、方差、L1 范数、L2 范数等，可通过 org.apache.spark.mllib.stat.Statistics 引入 Statistics 类后使用 colStats() 方法实现，只需传入 Vector 类型的数据即可，在统计完成后，可通过相关属性查看指定的统计信息。常用的汇总统计属性见表 3-1-4。

表 3-1-4　常用的汇总统计属性

属性	描述
max	最大值
min	最小值
mean	平均值
variance	方差

属性	描述
normL1	L1 范数
normL2	L2 范数

下面使用 colStats() 方法对 stat.txt 文件包含的数据进行汇总统计并查看最大值、最小值、平均值、方差等具体信息。stat.txt 文件为本地文件，存储在 /usr/local/ 目录下，其包含的内容如图 3-1-6 所示。

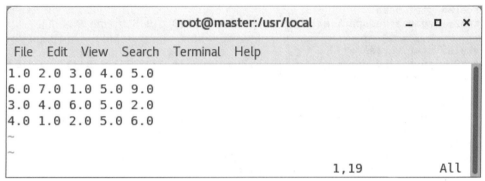

图 3-1-6　stat.txt 文件包含的内容

命令如下。

```
// 导入 Vectors 类和 Statistics 类
import org.apache.spark.mllib.linalg.Vectors
import org.apache.spark.mllib.stat.Statistics
// 导入数据
val data = sc.textFile("file:///usr/local/stat.txt").map(_.split(" ")).map(f => f.map(f => f.toDouble))
// 更改数据类型
val newdata = data.map(f => Vectors.dense(f))
// 汇总统计
val stat = Statistics.colStats(newdata)
// 查看具体信息
stat.max
stat.min
stat.mean
stat.variance
stat.normL1
stat.normL2
```

结果如图 3-1-7 所示。

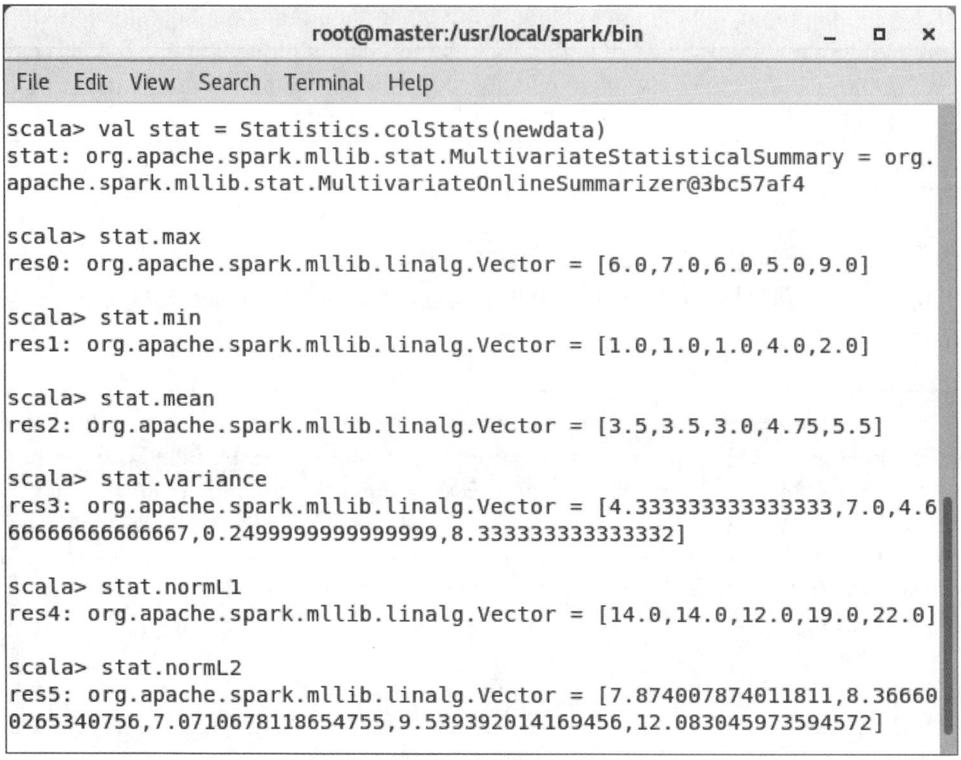

图 3-1-7　汇总统计

2. 相关系数统计

相关系数主要用于表示变量之间线性相关的程度,相关系数大于 0,表示正相关(一个变量的值越大,另一个变量的值也越大);相关系数小于 0,表示负相关(一个变量的值越大,另一个变量的值反而越小);相关系数等于 0,表示不相关。MLlib 提供了一种 corr() 方法,能够实现任意情况下相关系数的计算。其包含在 Statistics 类中,有两种使用方式,一种方式是计算单个数据集的相关系数,接收数据集和相关系数类型两个参数;另一种方式是计算两个数据集的相关矩阵,数据集由浮点类型的数据组成,接收两个数据集和相关系数类型三个参数。corr() 方法的语法格式如下。

```
Statistics.corr(rdd, method)
Statistics.corr(rdd1, rdd2, method)
```

其中,method 可以使用的相关系数类型见表 3-1-5。

表 3-1-5　method 可以使用的相关系数类型

参数值	相关系数类型
pearson	皮尔森相关系数
spearman	斯皮尔曼相关系数

下面使用 corr() 方法获取 stat.txt 文件包含的数据的皮尔森相关系数,命令如下。

```
import org.apache.spark.mllib.linalg.Vectors
import org.apache.spark.mllib.stat.Statistics
val data = sc.textFile("file:///usr/local/stat.txt").map(_.split(" ")).map(f => f.map(f =>
f.toDouble))
val newdata = data.map(f => Vectors.dense(f))
val stat = Statistics.colStats(newdata)
// 获取皮尔森相关系数
val r = Statistics.corr(newdata, "pearson")
```

结果如图 3-1-8 所示。

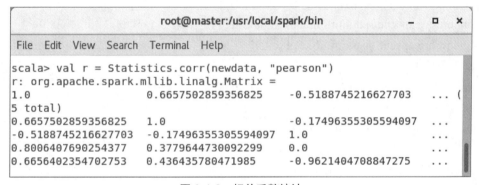

图 3-1-8   相关系数统计

技能点 4   特征提取与数据处理

课程思政

1. 特征提取

目前，MLlib 提供了多种特征提取方法，其中较常见的是 TF-IDF 和 Word2Vec 两种方法，它们包含在 feature 类中，通过 org.apache.spark.mllib.feature 引入即可。

1）TF-IDF

TF-IDF 主要用于将文档数据转换为局部向量，其中，TF 指词频，即出现的次数，IDF 指逆文档概率，即出现的概率，TF 与 IDF 的乘积表示词在文档中的重要程度。在 MLlib 中 TF-IDF 需要用两种方法进行计算，TF 使用 HashingTF() 方法实现，该方法会计算词频并通过哈希法进行排序，最后使词与向量一一对应；IDF 使用 IDF() 方法实现，该方法会计算逆文档概率，还需通过 fit() 方法获取 IDFModel（语料库的逆文档概率），最后通过 IDFModel 的 transform() 方法将 TF 向量转为 IDF 向量。需要注意的是，HashingTF() 和 IDF() 方法在使用时不接收任何参数，只需通过与关键字 new 结合生成对象后，通过 fit() 方法或 transform() 方法进行计算即可。

下面使用 TF-IDF 方法对 TfIdf.txt 文件包含的数据进行特征提取操作。TfIdf.txt 文件为本地文件，存储在 /usr/local/ 目录下，其包含的内容如图 3-1-9 所示。

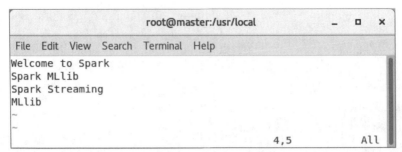

图 3-1-9　Tfldf.txt 文件包含的内容

命令如下。

```
// 导入 HashingTF 和 IDF 方法
import org.apache.spark.mllib.feature.HashingTF
import org.apache.spark.mllib.feature.IDF
// 导入数据
val data = sc.textFile("file:///usr/local/TfIdf.txt").map(_.split(" ").toSeq)
// 初始化 HashingTF
val HashingTF = new HashingTF()
// 生成 TF 向量
val tf = HashingTF.transform(data).cache()
// 初始化 IDF
val IDF = new IDF()
// 获取 IDFModel
val idf = IDF.fit(tf)
// 将 TF 向量转为 IDF 向量
val tfidf = idf.transform(tf)
tfidf.collect
```

结果如图 3-1-10 所示。

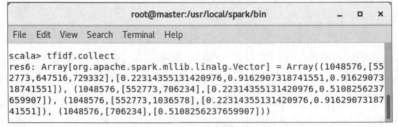

图 3-1-10　TF-IDF 特征提取

2）Word2Vec

Word2Vec 用于 NLP 中的语义相似度判断，在实现时将语料库中每个词用 K（一般为模型中的超参数）维密集向量表示，不含有标点并以空格断句，之后通过词与词之间的距离（余弦相似度、欧式距离等）进行语义相似度的判断。每一个文档都由一个单词序列组成，即含有 N 个单词的文档由 N 个 K 维向量组成。Word2Vec 同样需要通过与关键字 new 结合生成对象,之后通过 fit() 方法进行数据的计算,最后通过 findSynonyms() 方法进行相似词的查询。该方法接收两个参数,第一个参数为查询的词,第二个参数为相似词的个数。

下面使用 Word2Vec 方法对 TfIdf.txt 文件包含的数据进行特征提取操作,命令如下。

```
// 导入 Word2Vec 方法
import org.apache.spark.mllib.feature.Word2Vec
// 导入数据
val data = sc.textFile("file:///usr/local/TfIdf.txt").map(line=>line.split(" ").toSeq)
// 初始化 Word2Vec
val Word2Vec = new Word2Vec().setMinCount(0)
// 计算数据
val newdata = Word2Vec.fit(data)
// 获取相似词
val result = newdata.findSynonyms("Spark", 3)
```

结果如图 3-1-11 所示。

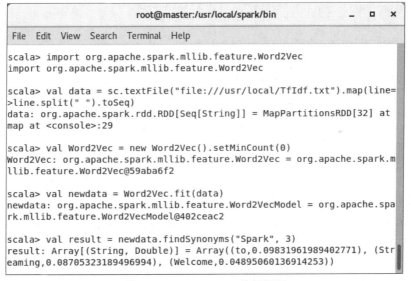

图 3-1-11　Word2Vec 特征提取

2. 数据处理

在 MLlib 中,数据处理主要用于规范化数据,将其转换为便于机器学习算法使用的数据。目前最常用的数据处理方式有 Normalizer 归一化和 StandardScaler 零 - 均值标准化,它们同样包含在 feature 类中。

1）Normalizer 归一化

Normalizer 主要用于实现数据的归一化操作,能将数据转换为 -1 到 1 之间的数值进行表示。在使用 Normalizer 时,通过关键字 new 结合方法生成对象后,通过 transform() 方法进行计算,需要注意的是,transform() 接收 Vector 类型的数据。

下面使用 Normalizer 方法对数据进行归一化操作,命令如下。

```
// 导入 Normalizer 方法和 Vectors 类
import org.apache.spark.mllib.feature.Normalizer
import org.apache.spark.mllib.linalg.Vectors
// 创建密集向量 (2.0, 0.0, 5.0)
val data = Vectors.dense(2.0, 0.0, 5.0)
// 初始化 Normalizer
val Normalizer = new Normalizer()
// 规范化数据
val newdata = Normalizer.transform(data)
```

结果如图 3-1-12 所示。

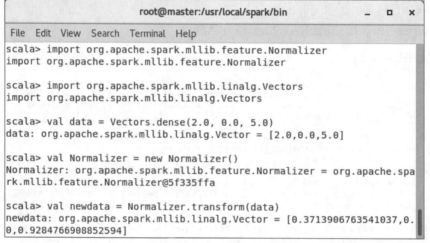

图 3-1-12　归一化

2）StandardScaler 零 – 均值标准化

StandardScaler 主要用于实现数据的零 – 均值标准化操作,通过缩放到单位方差或通过对训练集的样本使用汇总统计溢出均值使特征标准化,提高优化过程的收敛速度,防止在模型训练期间非常大的差异对特征产生过大的影响。在使用 StandardScaler 时,通过与关键字 new 结合生成对象后,通过 fit() 方法获取 StandardScalerModel,最后通过 StandardScaler-Model 的 transform() 方法实现数据标准化,需要注意的是,fit() 和 transform() 接收的数据类型为 org.apache.spark.rdd.RDD[org.apache.spark.mllib.linalg.Vector]。

下面使用 StandardScaler 方法对数据进行零 – 均值标准化操作,命令如下。

```
// 导入 StandardScaler 方法和 Vectors 类
import org.apache.spark.mllib.feature.StandardScaler
import org.apache.spark.mllib.linalg.Vectors
```

```
// 创建数据
val data = sc.parallelize(Array(
  Vectors.dense(2.0, 0.0, 5.0),
  Vectors.dense(2.0, 1.0, 1.0),
  Vectors.dense(4.0, 10.0, 2.0)))
// 初始化 StandardScaler
val StandardScaler = new StandardScaler()
// 获取 StandardScalerModel
val StandardScalerModel = StandardScaler.fit(data)
// 零 - 均值标准化数据
val newdata = StandardScalerModel.transform(data)
newdata.collect
```

结果如图 3-1-13 所示。

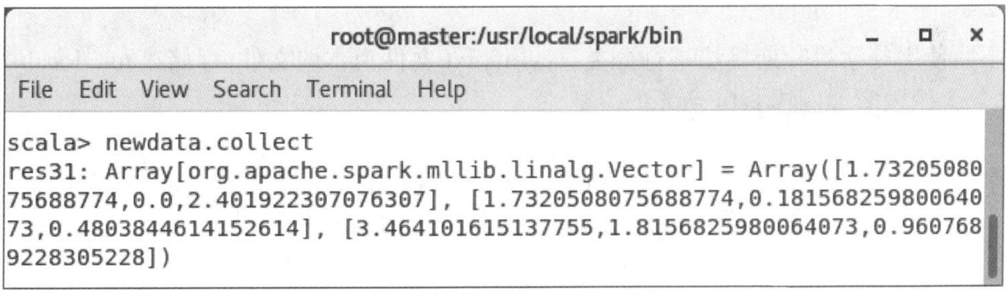
root@master:/usr/local/spark/bin
File Edit View Search Terminal Help
scala> newdata.collect
res31: Array[org.apache.spark.mllib.linalg.Vector] = Array([1.7320508075688774,0.0,2.401922307076307], [1.7320508075688774,0.18156825980064073,0.4803844614152614], [3.464101615137755,1.8156825980064073,0.9607689228305228])

图 3-1-13　零 - 均值标准化

技能点 5　机器学习算法

1. 分类算法

分类算法是监督学习方法的一种，通过分类变量划分项目，可以使用 LabeledPoint 类型的数据进行训练。MLlib 支持的分类算法有朴素贝叶斯算法、支持向量机算法、决策树算法等。

1）朴素贝叶斯算法

朴素贝叶斯算法是一种基于每对特征之间独立性的假设的简单的多元分类算法，对于给出的待分类项，求解在此项出现的条件下各个类别出现的概率，哪个类别出现的概率最大，此待分类项就属于哪个类别。在 MLlib 中朴素贝叶斯算法的实现需要通过 org.apache.spark.mllib.classification 引入 NaiveBayes 类，之后通过朴素贝叶斯算法包含的方法进行计算和预测，常用方法见表 3-1-6。

表 3-1-6　常用的朴素贝叶斯算法包含的方法

方法	描述
train()	创建模型并执行 run() 方法进行训练
run()	训练模型,获取各个类别的先验概率和各个特征在各个类别中的条件概率
predict()	根据模型的先验概率、条件概率进行样本所属类别概率的计算,并取最大项作为样本类别

其中,train() 方法包含多个朴素贝叶斯模型的设置参数,常用参数见表 3-1-7。

表 3-1-7　常用的朴素贝叶斯模型的设置参数

参数	描述
lambda	平滑参数,默认值为 1
modelType	模型类别,multinomial 表示多项式模型,bernoulli 表示伯努利模型

下面使用朴素贝叶斯算法进行分类,classify.txt 文件为本地文件,存储在 /usr/local/ 目录下,其包含的内容如图 3-1-14 所示。

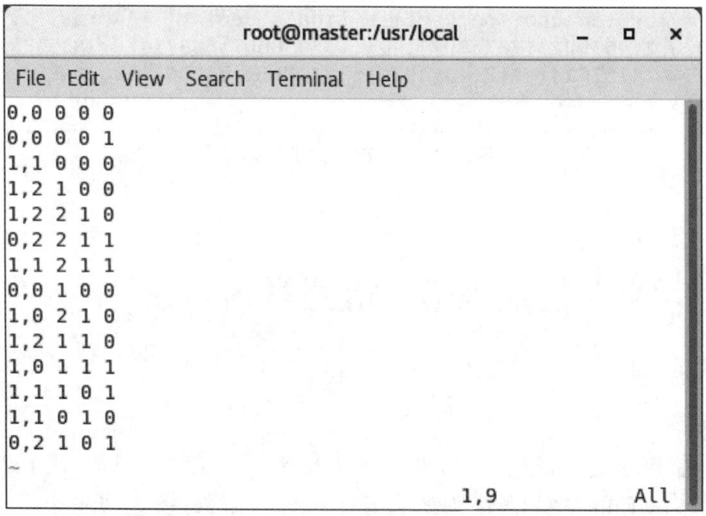

图 3-1-14　classify.txt 文件包含的内容

其中,第一列为是否踢足球(是为 1,否为 0),第二列为天气(晴天为 0,多云为 1,下雨为 2),第三列为温度(热为 0,舒适为 1,凉爽为 2),第四列为湿度(高为 0,正常为 1),第五列为风速(低为 0,高为 1)。

命令如下。

```
// 导入 NaiveBayes 类、Vectors 类和 LabeledPoint 类
import org.apache.spark.mllib.classification.NaiveBayes
import org.apache.spark.mllib.linalg.Vectors
```

```
import org.apache.spark.mllib.regression.LabeledPoint
// 读入数据
val data = sc.textFile("file:///usr/local/classify.txt")
val parsedData = data.map{line =>
    val parts = line.split(',')
    LabeledPoint(parts(0).toDouble,Vectors.dense(parts(1).split(' ').map(_.toDouble)))
}
// 把数据的 60% 作为训练集, 40% 作为测试集
val splits = parsedData.randomSplit(Array(0.6,0.4),seed=11L)
val training = splits(0)
val test = splits(1)
// 获得训练模型, training 为数据
val model = NaiveBayes.train(training,lambda=1.0)
// 对模型进行准确度分析
val predictionAndLabel = test.map(p => (model.predict(p.features),p.label))
val accuracy = 1.0*predictionAndLabel.filter(x => x._1 == x._2).count() / test.count()
println("accuracy-->"+accuracy)
println("Predictionof (0.0, 2.0, 0.0, 1.0):"+model.predict(Vectors.dense(0.0,2.0,0.0,1.0)))
```

结果如图 3-1-15 所示。

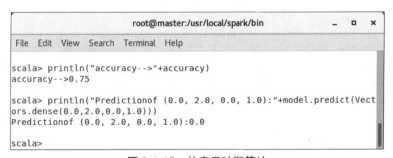

图 3-1-15　朴素贝叶斯算法

2）支持向量机算法

支持向量机算法是一种大规模分类任务线性或非线性分割平面的分类算法,相较于朴素贝叶斯算法,底层的实现不同,支持向量机算法可以用更少的样本训练出精度更高的模型。支持向量机算法包含在 org.apache.spark.mllib.classification 的 SVMWithSGD 类中,包含方法与朴素贝叶斯算法相同,不同之处在于支持向量机算法的 train() 方法只包含两个参数,第一个参数为训练数据,第二个参数为迭代次数。

下面使用支持向量机算法进行分类,只需修改朴素贝叶斯算法的部分命令,命令如下。

```
// 导入 SVMWithSGD 类
import org.apache.spark.mllib.classification.SVMWithSGD
```

```
// 设置迭代次数
val numIterations = 100
// 将训练数据训练成模型
val model = SVMWithSGD.train(training, numIterations)
```

结果如图 3-1-16 所示。

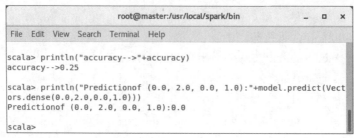

图 3-1-16　支持向量机算法

3）决策树算法

决策树算法支持连续型和离散型的特征变量,在实现时会从根节点开始逐个测试待分类项中相应的特征属性,并安装其选择输出的分支,直到到达叶节点,将叶节点中存储的类别作为决策结果。在 MLlib 中决策树算法的实现需要通过 org.apache.spark.mllib.classification 引入 DecisionTree 类,之后通过决策树算法包含的方法进行计算和决策,常用方法见表 3-1-8。

表 3-1-8　常用的决策树算法包含的方法

方法	描述
trainClassifier()/ trainRegressor()	创建模型并执行 run() 方法进行训练,trainClassifier() 方法使用在分类算法中用于训练分类树,trainRegressor() 方法使用在回归算法中用于训练回归树
run()	训练模型,获取各个类别的先验概率和各个特征在各个类别中的条件概率
predict()	根据模型的先验概率、条件概率进行样本所属类别概率的计算,并取最大项作为样本类别

其中, trainClassifier() 和 trainRegressor() 方法包含多个决策树模型的设置参数,常用参数见表 3-1-9。

表 3-1-9　常用的决策树模型的设置参数

参数	描述
data	训练数据
numClasses	分类个数
categoricalFeaturesInfo	映射表,可以指定哪些特征是分类的和每个特征可以采用的分类个数
impurity	节点的不纯净度,在分类算法中可以是 gini、entropy,在回归算法中则为 variance

续表

参数	描述
maxDepth	树的最大深度
maxBins	离散连续特征时使用的箱子数

下面使用决策树算法进行分类,只需修改朴素贝叶斯算法的部分命令,命令如下。

```scala
// 导入 DecisionTree 类
import org.apache.spark.mllib.classification.DecisionTree
// 设置分类个数
val numClasses = 2
// 设置映射表
val categoricalFeaturesInfo = Map[Int, Int]()
// 设置节点的不纯净度
val impurity = "gini"
// 设置树的最大深度
val maxDepth = 5
// 设置离散连续特征时使用的箱子数
val maxBins = 32
// 将训练数据训练成模型
val model = DecisionTree.trainClassifier(training, numClasses, categoricalFeaturesInfo, impurity, maxDepth, maxBins)
```

结果如图 3-1-10 所示。

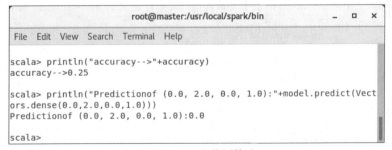

图 3-1-10 决策树算法

2. 回归算法

回归算法同样是监督学习方法的一种,通过研究自变量与因变量之间的关系,利用已知标签或结果的 LabeledPoint 类型的数据进行模型的训练,实现结果的预测。MLlib 支持的回归算法有线性回归算法、逻辑回归算法等。

1)线性回归算法

线性回归算法是只利用线性回归方程的最小平方函数生成线性组合实现数据预测的算法,是回归分析常用的算法之一。线性回归算法可以通过 org.apache.spark.mllib.regression

引入 LinearRegressionWithSGD 类,之后通过线性回归算法包含的方法进行计算和预测,常用方法见表 3-1-10。

表 3-1-10 常用的线性回归算法包含的方法

方法	描述
train()	根据线性回归参数创建线性回归类,并执行 run() 方法进行训练
run()	权重的优化计算
predict()	根据线性回归模型计算样本的预测值
runMiniBatchSGD()	根据训练样本迭代计算随机梯度,获取最优权重

其中,train() 方法包含多个线性回归算法的调优参数,常用参数见表 3-1-11。

表 3-1-11 常用的线性回归算法的调优参数

参数	描述
input	样本数据
numIterations	迭代次数,默认值为 100
stepSize	迭代步长,默认值为 1
intercept	是否添加干扰特征或偏差特征,默认值为 false
reParam	正规化参数,默认值为 1
miniBatchFraction	迭代时参与计算的样本的比例,默认值为 1,表示全部参与计算
initialWeights	初始化权重

下面使用线性回归算法进行数据预测,regression.txt 文件为本地文件,存储在 /usr/local/ 目录下,其包含的内容如图 3-1-18 所示。

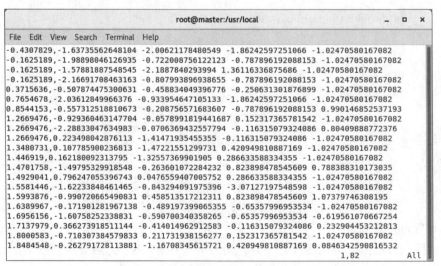

图 3-1-18 regression.txt 文件包含的内容

命令如下。

```
// 导入 LinearRegressionWithSGD 类、Vectors 类和 LabeledPoint 类
import org.apache.spark.mllib.regression.LinearRegressionWithSGD
import org.apache.spark.mllib.linalg.Vectors
import org.apache.spark.mllib.regression.LabeledPoint
// 读入数据
val data = sc.textFile("file:///usr/local/regression.txt")
val parsedData = data.map{line =>
    val parts = line.split(',')
    LabeledPoint(parts(0).toDouble,Vectors.dense(parts(1).split(' ').map(_.toDouble)))
}
// 设置迭代次数
val numIterations = 100
// 设置迭代步长
val stepSize = 0.1
// 获得训练模型
val model = LinearRegressionWithSGD.train(parsedData, numIterations, stepSize)
// 对样本进行测试
val prediction = model.predict(parsedData.map(_.features))
val predictionAndLabel = parsedData.map(p => (model.predict(p.features),p.label))
val printPredict = predictionAndLabel.take(10)
for(i <- 0 to printPredict.length-1){
    println(printPredict(i)._1+"\t"+printPredict(i)._2)
}
// 预测模型的均方误差
val mse = predictionAndLabel.map{ case (v,p) => math.pow((v-p),2)}.mean()
println("Test RMSE-->"+mse)
```

结果如图 3-1-19 所示。

2）逻辑回归算法

在 MLlib 中，逻辑回归算法可以通过指定阈值进行数据预测，将概率大于或等于阈值的数据分配到一个类，将小于阈值的分配到另一个类，在实现时可以通过 org.apache.spark. mllib.regression 引入 LogisticRegressionWithSGD 类，之后通过逻辑回归算法包含的 train()、run()、predict()、runMiniBatchSGD() 等方法进行计算和预测。其中，run()、predict()、runMini-BatchSGD() 方法与线性回归算法相同，而 train() 方法的参数与线性回归算法不同。train() 方法包含的常用参数见表 3-1-12。

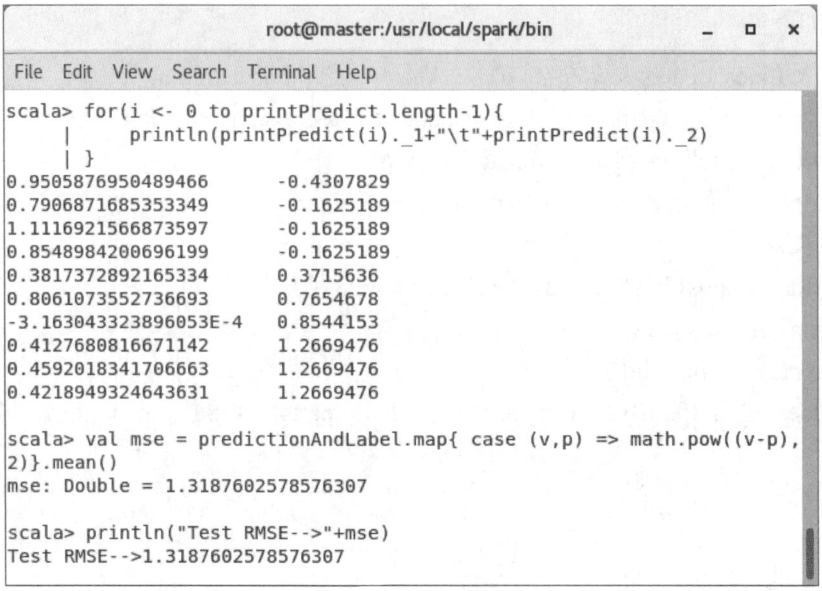

图 3-1-19　线性回归算法

表 3-1-12　常用的逻辑回归算法的参数

参数	描述
input	样本数据
numIterations	迭代次数,默认值为 100
stepSize	迭代步长,默认值为 1
miniBatchFraction	迭代时参与计算的样本的比例,默认值为 1,表示全部参与计算
initialWeights	初始化权重

下面使用逻辑回归算法进行数据预测,命令如下。

```scala
// 导入 LogisticRegressionWithSGD 类、Vectors 类和 LabeledPoint 类
import org.apache.spark.mllib.regression.LogisticRegressionWithSGD
import org.apache.spark.mllib.linalg.Vectors
import org.apache.spark.mllib.regression.LabeledPoint
// 读入数据
val data = sc.textFile("file:///usr/local/regression.txt")
val parsedData = data.map{line =>
   val parts = line.split(',')
   LabeledPoint(parts(0).toDouble,Vectors.dense(parts(1).split(' ').map(_.toDouble)))
}
// 把数据的 60% 作为训练集,40% 作为测试集
val splits = parsedData.randomSplit(Array(0.6,0.4),seed=11L)
```

```
val training = splits(0)
val test = splits(1)
// 设置迭代次数
val numIterations = 100
// 设置迭代步长
val stepSize = 0.1
// 获得训练模型，training 为数据
val model = LogisticRegressionWithSGD.train(training, numIterations, stepSize)
// 对模型进行准确度分析
val predictionAndLabel = test.map(p => (model.predict(p.features),p.label))
val accuracy = 1.0*predictionAndLabel.filter(x => x._1 == x._2).count() / test.count()
println("accuracy-->"+accuracy)
println("Predictionof (0.0, 2.0, 0.0, 1.0):"+model.predict(Vectors.dense(0.0,2.0,0.0,1.0)))
```

结果如图 3-1-20 所示。

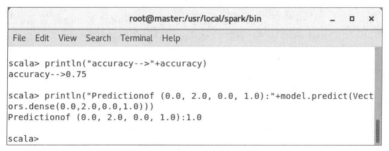

图 3-1-20　逻辑回归算法

3. 聚类算法

聚类算法属于无监督学习方法的一种，分类算法和回归算法都具有类别标签，也就是说在进行分析之前样本中就已经存在样本的分类，而聚类算法的样本中只有特征，需要以相似性为基础将样本数据聚合在一起。目前，MLlib 支持的聚类算法有 K-means 算法、Latent Dirichlet Allocation（LDA）算法等。

1）K-means 算法

K-means 算法是典型的基于原型的目标函数聚类算法，它以数据点到原型的某种距离作为优化的目标函数，利用函数求极值的方法得到迭代运算的调整规则。在 MLlib 中 K-means 算法的实现需要通过 org.apache.spark.mllib.clustering 引入 KMeans 类，之后通过 K-means 算法包含的方法进行计算和预测，常用方法见表 3-1-13。

表 3-1-13　常用的 K-means 算法包含的方法

方法	描述
train()	创建模型并执行 run() 方法进行训练
run()	训练模型，计算聚类中心点

续表

方法	描述
predict()	预测样本类别
iteration()	迭代计算样本的所有计算中心点，并更新最新中心点
initRandom()	初始化中心点，可随机选择中心点或通过 k-means++ 方法生成中心点
computeCost()	计算聚类错误的样本比例

其中，train() 方法包含多个 K-means 模型的设置参数，常用参数见表 3-1-14。

表 3-1-14　常用的 K-means 模型的设置参数

参数	描述
data	样本数据
k	聚类数量
maxIterations	最大迭代次数，默认值为 100
runs	并行计算数量，默认为 1。简单来说就是 K-means 算法的运行次数，最终聚类结果会综合所有 K-means 算法返回的结果
initializationMode	初始化中心方法，可选值为 random（随机选择中心点）、k-means++（默认方法，可手动生成中心点）
seed	初始化式的随机种子

下面使用 K-means 算法进行聚类，kmeans.txt 文件为本地文件，存储在 /usr/local/ 目录下，其包含的内容如图 3-1-21 所示。

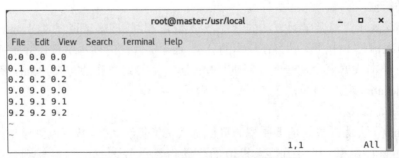

图 3-1-21　kmeans.txt 文件包含的内容

命令如下。

```
// 导入 KMeans 类、Vectors 类
import org.apache.spark.mllib.clustering.KMeans
import org.apache.spark.mllib.linalg.Vectors
// 读入数据
val data = sc.textFile("file:///usr/local/kmeans.txt")
```

```
// 将数据切分成标志格式,并封装成 linalg.Vector 类型
val parsedData = data.map(s => Vectors.dense(s.split(' ').map(_.toDouble)))
// 类簇的个数为 4 个、迭代次数为 1000 次
val numClusters = 4
val numIterations = 1000
// 获得训练模型
val model = KMeans.train(parsedData, numClusters, numIterations)
// 打印数据模型的中心点
for (point <- model.clusterCenters){
    println(point.toString)
}
// 使用误差的平方之和来评估数据模型,统计聚类错误的样本比例
println(" 聚类错误的样本比例 = " + model.computeCost(parsedData))
// 对部分点进行预测分类
println(" 点 (0  0  0) 所属族 :"+model.predict(Vectors.dense("0  0  0".split(' ').map(_.toDouble))))
println(" 点（8  8  8）所属族 :"+model.predict(Vectors.dense("8  8  8".split(' ').map(_.toDouble))))
println(" 点（10 10 10）所属族 :"+model.predict(Vectors.dense("10 10 10".split(' ').map(_.toDouble))))
println(" 点（1  1  1）所属族 :"+model.predict(Vectors.dense("1  1  1".split(' ').map(_.toDouble))))
```

结果如图 3-1-22 所示。

图 3-1-22   K-means 算法

2）Latent Dirichlet Allocation（LDA）算法

LDA 算法是无监督学习方法的一种，可以用来识别大规模文档集或语料库中潜藏的主题信息。它采用了词袋的方法，这种方法将每一篇文档视为一个词频向量，从而将文本信息转化为易于建模的数字信息。每一篇文档代表由一些主题构成的概率分布，而每一个主题代表由很多单词构成的概率分布。在 MLlib 中 LDA 算法的实现需要通过 org.apache.spark.mllib.clustering 引入 LDA 类，之后通过 run() 方法与关键字 new 结合生成 LDA 对象，并在生成 LDA 对象后通过 LDA 对象的方法和属性进行模型创建、结果获取等操作，常用的 LDA 对象的方法和属性见表 3-1-15。

表 3-1-15 常用的 LDA 对象的方法和属性

方法和属性	描述
run()	训练模型
topicsMatrix	获取主题的概率分布
describeTopics()	获取基于词典权重排序的主题分布
asInstanceOf[DistributedLDAModel].topicDistributions	获取文档的主题分布，DistributedLDAModel 需要通过 org.apache.spark.mllib.clustering.DistributedLDAModel 引入
vocabSize	样本列数

下面使用 LDA 算法进行聚类，lda.txt 文件为本地文件，存储在 /usr/local/ 目录下，其包含的内容如图 3-1-23 所示。

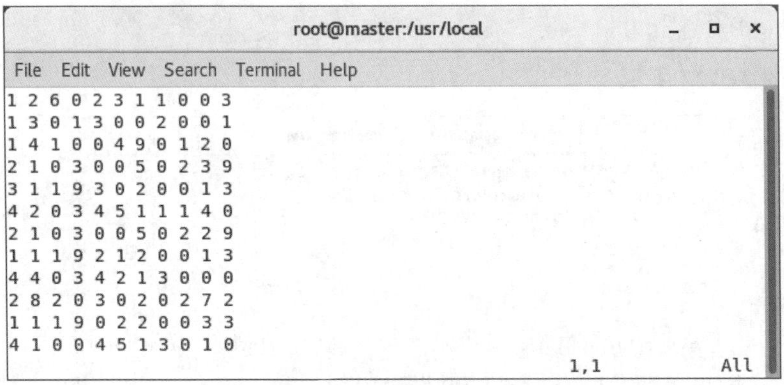

图 3-1-23 lda.txt 文件包含的内容

命令如下。

```
// 导入 LDA 类、DistributedLDAModel、Vectors 类
import org.apache.spark.mllib.clustering.LDA
import org.apache.spark.mllib.clustering.DistributedLDAModel
import org.apache.spark.mllib.linalg.Vectors
// 读入数据
```

```
val data = sc.textFile("file:///usr/local/lda.txt")
// 将数据切分成标志格式，并封装成 linalg.Vector 类型
val parsedData = data.map(s => Vectors.dense(s.trim.split(' ').map(_.toDouble))).
zipWithIndex().map(_.swap).cache()
// 设置参数，训练模型
val model = new LDA().run(parsedData)
// 主题分布
val topics = model.topicsMatrix
for (topic <- Range(0, 3)) {
    print("Topic " + topic + ":")
    for (word <- Range(0, model.vocabSize)) {
        print(" " + word + "(" + topics(word, topic) + ")");
    }
    println()
}
// 主题分布排序
val topics2 = model.describeTopics(3)
// 文档分布
val docs = model.asInstanceOf[DistributedLDAModel].topicDistributions
docs.collect
```

结果如图 3-1-24 至图 3-1-26 所示。

```
root@master:/usr/local/spark/bin                    _  □  ✕

File  Edit  View  Search  Terminal  Help

scala> for (topic <- Range(0, 3)) {
     |     print("Topic " + topic + ":")
     |     for (word <- Range(0, model.vocabSize)) {
     |         print(" " + word + "(" + topics(word, topic) + ")");
     |     }
     |     println()
     | }
Topic 0: 0(2.3232555321604877) 1(3.0401118002569216) 2(1.0719457699800
152) 3(4.011779050849374) 4(2.1010476482786737) 5(1.379939012137659) 6
(3.1994142887494506) 7(0.6974030805927462) 8(0.9588393489998932) 9(2.7
819620286039655) 10(4.3139257437471965)
Topic 1: 0(2.550655516102413) 1(2.732939315381161) 2(1.535015078688835
) 3(5.945472706593055) 4(3.3339866193441674) 5(2.0191288414411295) 6(1
.773163611029656) 7(1.2574333993231197) 8(0.5579096242346989) 9(1.8244
537331890247) 10(2.2631132072617843)
Topic 2: 0(1.8497120548375747) 1(1.8356050048251027) 2(1.1034360986961
114) 3(7.122233648982894) 4(1.9668335313555059) 5(1.7467076681450182)
6(2.2599262291862265) 7(0.6590403136752623) 8(0.6592072200727024) 9(2.
4385057812270405) 10(4.535727524430536)
```

图 3-1-24　LDA 算法(a)

```
root@master:/usr/local/spark/bin
File  Edit  View  Search  Terminal  Help
scala> val topics2 = model.describeTopics(3)
topics2: Array[(Array[Int], Array[Double])] = Array((Array(10, 3, 6),A
rray(0.16669198361249032, 0.1550169028223089, 0.12362677196351947)), (
Array(3, 4, 1),Array(0.23050479158568737, 0.12925799659111925, 0.10595
55124371684)), (Array(3, 10, 9),Array(0.2720805024904092, 0.1732719094
638065, 0.09315474765093804)), (Array(5, 1, 0),Array(0.175923339530168
42, 0.13532627514729878, 0.12269302641958604)), (Array(4, 0, 1),Array(
0.18232872052182764, 0.1616393184194567, 0.13008615214150884)), (Array
(3, 10, 6),Array(0.2043678085189675, 0.1357627874067244, 0.11047228103
429392)), (Array(9, 3, 6),Array(0.14994567886343552, 0.134309755885257
73, 0.1259021449136876)), (Array(6, 10, 3),Array(0.250768990924384 9, 0
.1840646825848514 2, 0.11906183013594375)), (Array(10, 6, 1),Array(0.19
730826247157532, 0.18028963...
```

图 3-1-25 LDA 算法(b)

```
root@master:/usr/local/spark/bin
File  Edit  View  Search  Terminal  Help
scala> docs.collect
res2: Array[(Long, org.apache.spark.mllib.linalg.Vector)] = Array((4,[
0.1018783297328084,0.1212145551232386 8,0.13085124737514117,0.070939152
01110992,0.09513529011397424,0.1116406533097388,0.09191268226215765,0.
09272701503605538,0.07515135277941325,0.10854972225636247]), (0,[0.090
81940354231491,0.10647684958804958,0.08740753456932428,0.1346609633273
0748,0.09893694888875473,0.10488457212413875,0.086387480095119,0.10056
447159149304,0.10029254013976151,0.08956923613373666]), (6,[0.11800491
129858458,0.07538983210629692,0.11382659702569958,0.06751279254402166,
0.06237166260534776,0.1010354650489167 2,0.09678921969525368,0.14351079
43686536,0.14104597226932783,0.08051275303789769]), (8,[0.085494370433
74156,0.11630431924697945,0.08223067700822713,0.12495453865427902,0.14
91743080575771,0.0928195445...
scala>
```

图 3-1-26 LDA 算法(c)

4. 推荐算法

推荐算法是推荐系统的核心,主要基于一组兴趣相同的用户或项目进行推荐。目前,ALS 算法是 Spark MLlib 中最受欢迎的推荐算法。

ALS 算法是 Spark MLlib 内置的算法,特指使用交替最小二乘法求解的协同推荐算法。它通过观察到的所有用户给产品的打分来推断每个用户的喜好并向用户推荐适合的产品。

在 MLlib 中 ALS 算法的实现需要通过 org.apache.spark.mllib.recommendation 引入 ALS 类,数据类型为 Rating,之后通过 ALS 算法包含的方法进行计算和推测,常用方法见表 3-1-16。

表 3-1-16 常用的 ALS 算法包含的方法

方法	描述
train()	创建模型并执行 run() 方法进行训练
run()	训练模型
predict()	预测用户对产品的评分

方法	描述
recommendProducts	获取指定用户对应的推荐产品列表
recommendUsers	获取指定产品对应的推荐用户列表
recommendProductsForUsers	获取指定个数的对应所有用户的产品
recommendUsersForProducts	获取指定个数的对应所有产品的用户

其中,train() 方法包含多个 ALS 模型的设置参数,常用参数见表 3-1-17。

表 3-1-17　常用的 ALS 模型的设置参数

参数	描述
ratings	评分
rank	特征数量,默认值为 10
iterations	迭代次数,默认值为 10
lambda	正则因子,默认值为 0.01
blocks	数据分割,并行计算
seed	随机种子

下面使用 ALS 算法进行产品推荐,als.txt 文件为本地文件,存储在 /usr/local/ 目录下,其包含的内容如图 3-1-27 所示。

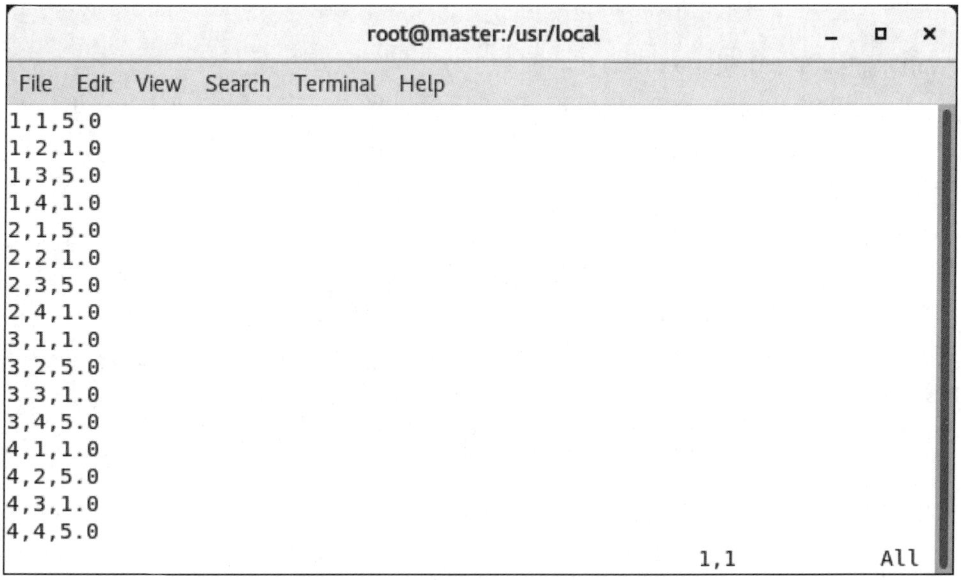

```
root@master:/usr/local                    _  □  ✕

File  Edit  View  Search  Terminal  Help
1,1,5.0
1,2,1.0
1,3,5.0
1,4,1.0
2,1,5.0
2,2,1.0
2,3,5.0
2,4,1.0
3,1,1.0
3,2,5.0
3,3,1.0
3,4,5.0
4,1,1.0
4,2,5.0
4,3,1.0
4,4,5.0
                                1,1              All
```

图 3-1-27　als.txt 文件包含的内容

其中,第一列为用户 ID,第二列为产品 ID,第三列为产品评分。

命令如下。

```
// 导入 ALS 类、Rating 类
import org.apache.spark.mllib.recommendation.ALS
import org.apache.spark.mllib.recommendation.Rating
// 读入数据
val data = sc.textFile("file:///usr/local/als.txt")
val parsedData = data.map(_.split(",") match{
    case Array(user, item, rate)=>
        Rating(user.toInt, item.toInt, rate.toDouble)
})
// 建立模型
val rank = 10
val numIteration = 20
val model = ALS.train(parsedData, rank, numIteration, 0.01)
// 预测结果
val usersProducts = parsedData.map{
    case Rating(user, product, rate) =>
        (user, product)
}
val predictions = model.predict(usersProducts).map{
    case Rating(user, product, rate) =>
        ((user, product), rate)
}
val ratesAndPreds = parsedData.map{
    case Rating(user, product, rate) =>
        ((user, product), rate)
}.join(predictions)
val MSE = ratesAndPreds.map{
    case((user, product), (r1, r2)) =>
        val err = (r1 - r2)
        err*err
}.mean()
println ("Mean Squared Error = "+MSE)
```

结果如图 3-1-28 所示。

图 3-1-28　ALS 算法

技能点 6　算法评估

在使用算法进行预测后，可以通过对算法的评估了解模型的优劣、预测结果的准确性和如何进行模型的优化等。目前，在 MLlib 中算法评估的实现需要通过 org.apache.spark.mllib. evaluation 引入 BinaryClassificationMetrics 类，之后通过与关键字 new 结合生成 Metrics 对象，并在生成 Metrics 对象后通过 Metrics 对象的属性计算精确度、召回率、F 值、ROC 曲线等，常用的 Metrics 对象的属性见表 3-1-19。

表 3-1-19　常用的 Metrics 对象的属性

属性	描述
precisionByThreshold	精确度
recallByThreshold	召回率
fMeasureByThreshold	F 值
roc	ROC 曲线
pr	Precision-Recall 曲线
areaUnderROC	ROC 曲线下的面积
areaUnderPR	Precision-Recall 曲线下的面积

下面使用 BinaryClassificationMetrics 类的属性进行朴素贝叶斯算法的评估，命令如下。

```
// 导入 BinaryClassificationMetrics 类
import org.apache.spark.mllib.evaluation.BinaryClassificationMetrics
// 算法评估
val metrics = new BinaryClassificationMetrics(predictionAndLabel)
// 计算精确度
metrics.precisionByThreshold.collect
// 计算召回率
metrics.recallByThreshold.collect
// 计算 F 值
```

> metrics.fMeasureByThreshold.collect

结果如图 3-1-29 所示。

```
root@master:/usr/local/spark/bin           _  □  ×

File  Edit  View  Search  Terminal  Help
scala> metrics.precisionByThreshold.collect
res16: Array[(Double, Double)] = Array((1.0,1.0), (0.0,0.75))

scala> metrics.recallByThreshold.collect
res17: Array[(Double, Double)] = Array((1.0,0.6666666666666666), (0.0,
1.0))

scala> metrics.fMeasureByThreshold.collect
res18: Array[(Double, Double)] = Array((1.0,0.8), (0.0,0.8571428571428
571))
```

图 3-1-29　算法评估

通过对以上内容的学习,可以了解 Spark MLlib 的相关知识和使用方法。为了巩固所学的知识,通过以下几个步骤,使用 Spark MLlib 的相关知识实现歌手推荐。

第一步,打开命令窗口,启动 Hadoop 和 Spark 相关服务,将本地目录 /usr/local 下的数据文件上传到 HDFS 的 /music 目录下,数据格式如图 3-1-30 和图 3-1-31 所示。

```
1000002 1000006 33
1000002 1000007 8
1000002 1000009 144
1000002 1000010 314
1000002 1000013 8
1000002 1000014 42
1000002 1000017 69
1000002 1000024 329
1000002 1000025 1
1000002 1000028 17
```

图 3-1-30　用户与歌手的关系数据

```
1134999   06Crazy Life
6821360   Pang Nakarin
10113088  Terfel, Bartoli- Mozart: Don
10151459  The Flaming Sidebur
6826647   Bodenstandig 3000
10186265  Jota Quest e Ivete Sangalo
6828986   Toto_XX (1977
10236364  U.S Bombs -
1135000   artist formaly know as Mat
10299728  Kassierer - Musik für beide Ohren
```

图 3-1-31　歌手 ID 和名称数据

图 3-1-30 中每列数据代表的意义见表 3-1-20。

表 3-1-20   用户与歌手的关系数据

列	名称
第一列	用户 ID
第二列	歌手 ID
第三列	播放次数

图 3-1-31 中每列数据代表的意义见表 3-1-21。

表 3-1-21   歌手 ID 和名称数据

列	名称
第一列	歌手 ID
第二列	歌手名称

命令如下。

```
[root@master ~]# hadoop dfs -mkdir /music
[root@master ~]# hadoop dfs -put /usr/local/artist_data.txt /music
[root@master ~]# hadoop dfs -put /usr/local/user_artist_data.txt /music
```

结果如图 3-1-32 所示。

图 3-1-32   上传数据

第二步，启动 Spark Shell，通过 textFile() 方法读取数据，分别生成 DataFrame 格式的歌手 ID 和名称数据、RDD 格式的用户与歌手的关系数据，命令如下。

```
[root@master ~]# cd /usr/local/spark/bin
[root@master bin]# ./spark-shell
```

```
// 读取原始数据
val rawArtistData = sc.textFile("/artist_data.txt")
// 数据预处理
val artistIdDF = rawArtistData.flatMap(line => {
    val (id, name) = line.span(_ != '\t')
    try {
        if (name.nonEmpty)
            Some(id.toInt, name.trim)
        else
            None
    } catch {
        case _: Exception => None
    }
}).toDF("id", "name")
// 导入 Rating 方法
import org.apache.spark.mllib.recommendation.Rating
// 读取原始数据
val rawUserArtistData =sc.textFile("/user_artist_data.txt")
// 数据预处理
val allDF =rawUserArtistData.map(_.split(" ") match{
    case Array(user, artist, count)=>
        Rating(user.toInt, artist.toInt, count.toDouble)
})
allDF.collect
```

结果如图 3-1-33 所示。

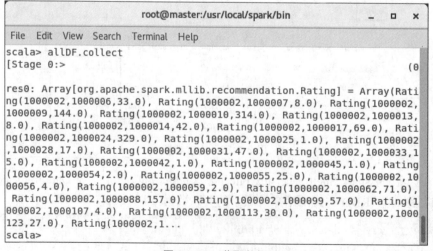

图 3-1-33　获取数据

第三步,使用 randomSplit() 方法将获取的用户与歌手的关系数据按照 8∶2 的比例拆分成训练集和测试集,命令如下。

```
// 拆分数据
val splits = allDF.randomSplit(Array(0.8,0.2),seed=11L)
// 获取训练集
val trainDF = splits(0)
// 获取测试集
val testDF = splits(1)
trainDF.collect
```

结果如图 3-1-34 所示。

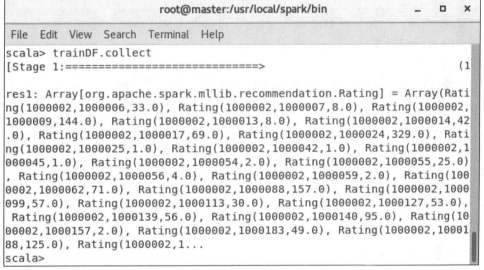

图 3-1-34　拆分数据

第四步,导入 ALS 类并设置 ALS 模型参数,之后通过 train() 方法使用训练集进行模型训练,命令如下。

```
// 导入 ALS 类
import org.apache.spark.mllib.recommendation.ALS
// 定义参数,训练模型
val rank = 10
val numIteration = 10
val seed = 0.01
val model = ALS.train(trainDF, rank, numIteration, seed)
```

结果如图 3-1-35 所示。

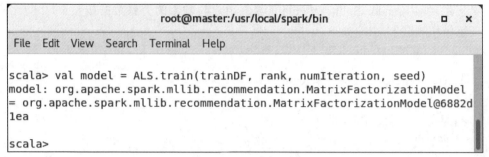

图 3-1-35　训练模型

第五步,准备用户数据并获取第一个用户,之后通过 recommendProducts() 方法向该用户推荐五个歌手,最后遍历推荐数据输出用户 ID、歌手名称和播放次数,命令如下,结果如图 3-1-1 所示。

```scala
var someUsers=testDF.toDF("user", "artist", "count").select("user").as[Int].take(1)
val sss=someUsers.map { user =>
    // 推荐
    model.recommendProducts(user,num=5).map{ case Rating(user, product, rate) =>
        (user, product, rate)
    }
}
for( x <- 0 to sss.length-1 ){
    for(y <- 0 to 4){

artistIdDF.where("id="+sss(x)(y)._2).select("name").rdd.collect().foreach(a=>println
(sss(x)(0)._1,a(0),sss(x)(y)._3))
    }
}
```

至此,基于 Spark MLlib 的歌手推荐系统完成。

本任务通过歌手推荐系统的实现,使读者对 Spark MLlib 的概念和构成有了初步了解,对 Spark MLlib 的数据类型、数学统计计算库和机器学习算法的使用、特征提取与数据处理的实现有所掌握,并能够使用所学的 Spark MLlib 知识实现歌手推荐。

pipeline	管道	optimizer	优化器
measure	测量	vector	矢量
rating	评分	variance	方差
statistics	统计	synonyms	同义词

1. 选择题

（1）Spark 机器学习库从 1.2 版本以后被分为（　　）个包。

A. 一　　　　　　　B. 两　　　　　　　C. 三　　　　　　　D. 四

（2）MLBase 分为（　　）个部分。

A. 一　　　　　　　B. 两　　　　　　　C. 三　　　　　　　D. 四

（3）在下列数据类型中，Spark MLlib 不经常使用的是（　　）。

A. RDD　　　　　　B. Vector　　　　　C. LabeledPoint　　D. Rating

（4）以下属于分类算法的是（　　）。

A. K-means 算法　　　　　　　　　　B. ALS 算法

C. LDA 算法　　　　　　　　　　　　D. 朴素贝叶斯算法

（5）下列 Metrics 对象的属性中表示召回率的是（　　）。

A. fMeasureByThreshold　　　　　　B. recallByThreshold

C. precisionByThreshold　　　　　　D. pr

2. 简答题

（1）简述 Spark MLlib 的优势。

（2）简述 Spark MLlib 的构成。